化学工业出版社“十四五”普通高等教育规划教材

工程招投标与合同管理

刘蒙蒙　李华东　张　璐　主编

化学工业出版社

·北京·

内容简介

《工程招投标与合同管理》全面、系统地介绍了建设工程招标投标与合同管理的相关知识、基本理论与方法。内容包括建设工程合同法律基础、建设工程合同管理基础、建设工程合同文本、建设工程市场、建设工程招标与投标管理、建设工程勘察设计合同管理、建设工程施工合同管理、建设工程监理合同管理、合同实施控制和风险管理、工程建设相关合同的管理、工程索赔程序和索赔额的计算等，并附有大量案例。各章节的知识点配有思维导图及案例分析，注重实务。

本书可作为高等院校工程造价、工程管理、土木工程等专业的教学用书，高职高专院校的建筑经济管理、工程造价管理、施工管理及相关专业的教材和教学参考书；可作为参加造价工程师、建造师、监理工程师等各类执业资格考试人员参考书；亦可作为建筑企业、工程造价咨询和招标代理公司、建设监理和建设单位相关人员的工作参考书。

图书在版编目（CIP）数据

工程招投标与合同管理/刘蒙蒙，李华东，张璐主编．—北京：化学工业出版社，2022.8

化学工业出版社“十四五”普通高等教育规划教材

ISBN 978-7-122-41568-4

Ⅰ.①工… Ⅱ.①刘… ②李… ③张… Ⅲ.①建筑工程-招标-高等学校-教材 ②建筑工程-投标-高等学校-教材 ③建筑工程-经济合同-管理-高等学校-教材 Ⅳ.①TU723

中国版本图书馆CIP数据核字（2022）第094861号

责任编辑：刘丽菲　　文字编辑：林　丹　沙　静

责任校对：赵懿桐　　装帧设计：关　飞

出版发行：化学工业出版社（北京市东城区青年湖南街13号　邮政编码100011）

印　　装：河北鑫兆源印刷有限公司

787mm×1092mm　1/16　印张14½　字数385千字　2023年2月北京第1版第1次印刷

购书咨询：010-64518888　　售后服务：010-64518899

网　　址：http：//www.cip.com.cn

凡购买本书，如有缺损质量问题，本社销售中心负责调换。

定　　价：49.80元

前言

建设工程合同有“工程宪法”之称，是工程建设与项目管理的基础，对于工程建设的各个环节，合同均应详尽地约定。工程项目管理的核心是合同管理，合同管理的重点是对合同订立阶段的管理。建设工程合同的订立，绝大多数是经过招标与投标来完成的。因此，不管是发包人还是承包人，都会抓好招投标这个环节，为本单位谋取最大的利益。

“工程招投标与合同管理”是一门以工程招投标为重点的建设工程合同管理课程，是高等院校工程造价、工程管理、土木工程等专业，高职高专院校建筑经济管理、工程造价管理、施工管理及相关专业的主干专业课。因而，关于“工程招投标与合同管理”课程的必要性与重要性，设立相关专业的普通高等院校、成人高等教育以及自学考试中心等均已认同。

《工程招投标与合同管理》依据《中华人民共和国招标投标法》《中华人民共和国民法典》以及现行的工程法律制度和示范文本修订成果编写而成，重点梳理我国的招标投标制度及现行的主要合同示范文本。

全书结构体系完整，教学性强，内容注重实用性，支持启发性和交互式教学。建设工程合同中，施工合同是最具代表性、最普遍，也是最复杂的一类合同。本书以施工合同管理为重点，阐述合同管理的基本原理和基本方法，工程建设的其他相关合同，可以结合其各自的特点，运用这些基本原理和基本方法做好合同管理工作。基于这个认识，本书的内容体系编排如下：第一，概述合同管理的原则、任务、法律依据和合同文本；第二，介绍合同管理的市场环境；第三，着重讲授运用招标投标交易方式订立建设工程合同的程序和法律责任等；第四，以施工合同为例，重点介绍合同管理的基本方法和实务；第五，简单介绍勘察设计合同、监理合同、物资采购合同和其他相关合同的管理特点；第六，介绍工程索赔的基本知识。各章均有大量的案例分析，重要的知识点配有拓展思考，章后有思考题。

本书由刘蒙蒙（西华大学）、李华东（西华大学）、张璐（成都纺织高等专科学校）担任主编，李雪梅（四川建筑职业技术学院）、曹丹（成都纺织高等专科学校）、李兴华（西南交通大学希望学院）、张阳（西华大学）担任副主编。本书共9章，具体编写分工如下：第1章由李华东、张阳编写，第2章由李雪梅、张阳编写，第3章由李兴华和曹丹编写，第4、5章由刘蒙蒙、李华东、张阳编写，第6章~第9章由张璐、刘蒙蒙编写。全书由刘蒙蒙和张璐负责统稿、修改并定稿。

四川电力职业技术学院菊燕宁老师、四川建筑职业技术学院彭笑川和彭友老师对本教材的编写给予了大力支持，西南交通大学王琴宇老师，成都艺术职业大学黄敏老师、李世娇老师，四川长江职业学院龚长兰老师，上海中侨职业技术大学王旭东老师等对本书进行了一定指导，西华大学的奉凯文、魏川等参与了本书的编辑和校稿，在此一并表示衷心的谢意。

本书结合编者们多年的教学成果，并根据实践中与工程建设相关的招标投标过程、合同管理的相关问题，综合工程实际进行编写。本书具有较强的针对性、实用性和可读性，可以作为国内普通高等学校、成人高等教育以及自学考试等工程管理类专业的教材，也可以作为相关从业人员的参考用书。

本书在编写过程中参考了相关教材和文献，主要参考文献列于书末，谨向作者及资料提供者致以衷心谢意。

编者虽然努力，但限于编者的水平和经验，加上时间仓促，书中难免有不妥之处，恳请广大读者批评指正，以期今后再版时改进，从而更好地满足广大读者的要求。

编者

2022 年 10 月

目录

第1章 建设工程市场

第2章 建设工程招标与投标

第3章 建设工程招标与投标管理

第4章 建设工程合同管理概述

第5章 建设工程勘察设计合同管理

第6章 建设工程施工合同管理

第7章　建设工程监理合同管理

第8章　建设工程相关合同管理

第9章　工程索赔

参考文献

建设工程市场

学习目标

掌握建设工程市场基本特征；建设工程承发包方式等。

【本章知识体系】

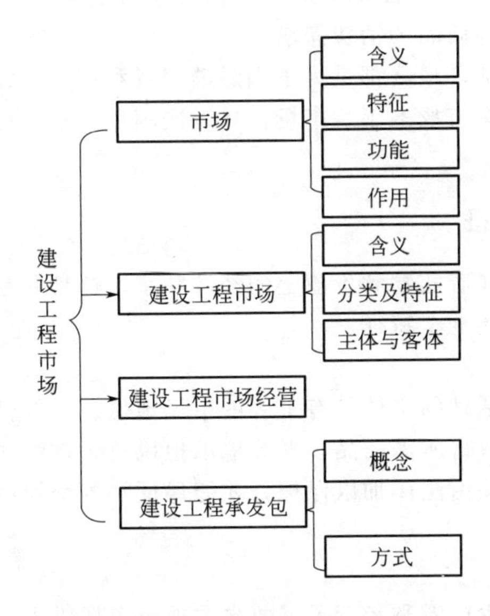

1.1 建设工程市场概述

1.1.1 市场的含义及特征

1.1.1.1 市场的含义

市场是社会分工和商品经济的产物。由于社会分工，不同的生产者分别从事不同产品的生产，并为满足自身和他人的需求而交换各自的产品。随着社会生产的发展，社会分工越来越细，商品交换日益频繁，交换关系越来越复杂，交换的领域也逐渐扩大，市场逐渐形成，它的内涵不断丰富和完善。

市场有广义和狭义两种理解。狭义的市场仅指有形市场；广义的市场包括有形市场和无形市场。

有形市场，是商品买卖双方发生交易行为的固定场所。它是最早意义上的市场形式。例如农贸市场、百货商场、汽车商城。无形市场，是指没有固定交易场所，依靠广告、中间商及其他形式，沟通买卖双方，实现商品交换。例如某些技术市场、房地产市场等。

广义的市场是指不同需求者通过买卖方式实现商品相互转移的商品交换关系的总和。市场的概念随着市场经济的发展而发展，可从不同角度理解市场。

（1）市场是商品交换的场所

市场里必须汇集商品、商品交易者，这是商品交换的必要条件。没有一定的场所，不能汇集商品和交易者，交换就无法进行。这里所指的场所，不仅是一块场地，还包括设立在该场地上的各种服务和从事商品流通的机构。

（2）市场是商品交换关系的总和

交换关系的总和，指参与商品或劳务的现实或潜在的交易活动的所有买卖之间的交换关系。它是生产与流通、供给与需求之间各种经济关系的总和，是价值实现、使用价值转移的枢纽。

（3）市场表现为对某种商品的消费需求

企业的一切生产经营活动最终都是为了满足消费者和用户的需求。需求主导市场，哪里有未满足的需求，哪里就有市场。了解市场，并设法满足需求，已成为企业经营活动的出发点和取得成功的基本条件。

1.1.1.2 市场的特征

市场上，交易各方存在着实物和价值上的经济联系，这种联系体现了交易各方的经济利益。它决定了市场具有下述五个特征。

（1）平等性

平等性是指参与市场活动的主体具有平等的市场地位。平等性体现为市场主体有均等机会进入市场，按市场价格取得所需商品，平等地承担税负，在法律和经济往来中处于平等地位。交易的平等和自由必须由法律加以保护，才能保证平等交换的契约关系，才能保证市场活动的正常进行。

（2）自主性

企业作为独立的商品生产者和经营者，要自主地对市场供求、竞争和价格变化做出灵活反应。企业的自主性体现为拥有独立的商品生产经营自主权。

（3）完整性

市场必须有比较完善的市场体系，才能有效发挥资源配置的功能。完善的市场体系，是供求、竞争和价格机制发挥调节作用的前提。完善的市场体系应具有齐全的商品市场和生产要素市场，众多的买者和卖者，全国范围内的统一市场，价格能真实反映资源稀缺状况，与国际市场密切联系。

（4）开放性

市场经济体制下的市场应是充分开放的市场，任何性质、规模和形式的企业都可以自由参与市场活动。开放的市场是资源合理流动的必要条件，是市场有效发挥作用的前提条件。

（5）竞争性

市场经济实质上是一种竞争经济，竞争是市场运行的突出特点。市场主体平等进入市场，从事交易活动，凭借自身的技术、经济实力开展全方位竞争，经过公平竞争，实现优胜劣汰。

1.1.2 市场的功能和作用

1.1.2.1 市场的功能

市场功能即市场机体所具有的客观作用。从市场活动的基本内容来看，市场具有五个功能。

（1）交换功能

市场活动的中心内容是进行商品交换，实现商品的使用价值和价值的转移。

（2）调节功能

调节功能是在市场内在机制作用下，自动调节社会经济的运行过程和社会资源在国民经济各部门、各地区、各企业之间的分配，即按照市场要求组织生产经营活动。市场调节功能是通过价值规律、供求规律、竞争规律、价格机制实现的。

（3）信息导向功能

市场向商品生产经营者、需求者发布各种信息，直接指导他们的经济活动。市场是最重要、最灵敏的经济信息源和汇集点。市场发布的信息主要有供求信息、价格信息、信贷信息、利率信息等。

（4）资源配置功能

社会资源以市场机制为基础自动实现优化配置。这是由于商品生产者要按市场需求组织生产经营活动，当生产资料需求过多，导致价格上涨，使商品生产成本增加，商品售价提高，这就抑制商品需求，如此反复，实现供求平衡。

（5）经济联动功能

市场是国民经济的桥梁和纽带，它将各部门、各行业、各地区、各企业联系在一起，使各行业的生产、服务与最终的居民消费形成良好的链条结构，以保证国民经济正常运转。市场也是国际社会经济活动交往和汇集的场所。

1.1.2.2 市场的作用

作为市场的一般功能，社会主义和资本主义市场都是基本相同的。但社会经济制度、市场环境不同，市场功能发挥作用的性质、范围和程度等存在着较大的差异，在我国的市场经济建设中，市场的作用表现为：

（1）市场是进行商品生产的必要条件

企业必须在市场中购买生产必需的材料、机械设备和能源等，才能进行生产；产品又必须在市场上出售，收回垫付资金才能继续生产。建筑业企业只有不断满足用户对建筑产品的需求，提高市场适应能力，才能增强企业生命力。

（2）市场是联系生产者和消费者的纽带

任何商品都是为了满足用户的消费需求。建筑业企业只有通过建设工程市场，才能了解用户的需求；建设单位也只有在建设工程市场上才能得到需求的满足。市场就成为联系生产者和消费者的纽带，协调生产与消费间的不平衡。

（3）市场是企业之间竞争的场所

同类商品在同一市场出售，必然造成同行业间的竞争。市场为企业提供竞争的场所。

(4) 市场促进社会分工和技术进步

市场机制又促进社会分工和专业化生产的发展，刺激企业不断采用新技术，提高管理水平。

1.1.3 建设工程市场的含义、分类及特征

1.1.3.1 建设工程市场的含义

建设工程市场简称建设市场或建筑市场，是进行建筑商品和相关要素交换的市场。建筑市场由有形建筑市场和无形建筑市场两部分构成，例如建设工程交易中心即是有形市场，包括建设信息的收集与发布，办理工程报建手续，承发包，订立合同及委托质量、安全监督和建设监理，提供政策法规及技术经济等咨询服务等。无形市场是在建设工程交易中心之外的各种交易活动及处理各种关系的场所。

建筑市场由工程建设发包人、承包人和中介服务机构组成市场主体。各种形态的建筑商品及相关要素（如建筑材料、建筑机械、建筑技术和劳动力）构成市场客体。建筑市场的主要竞争机制是通过招标投标制度，运用法律法规和监管体系保证市场秩序，保护建筑市场主体的合法权益。建筑市场是消费品市场的一部分，如住宅建筑等，也是生产要素市场的一部分，如工业厂房、港口、道路、水库等。

1.1.3.2 建设工程市场分类

(1) 按交易对象分为建筑商品市场、资金市场、劳动力市场、建筑材料市场、租赁市场、技术市场和服务市场等。

(2) 按市场覆盖范围分为国际市场和国内市场。

(3) 按有无固定交易场所分为有形市场和无形市场。

(4) 按固定资产投资主体分为国家投资形成的建筑市场，企事业单位自有资金投资形成的建筑市场，私人住房投资形成的市场和外商投资形成的建筑市场等。

(5) 按建筑商品的性质分为工业建筑市场、民用建筑市场、公用建筑市场、市政工程市场、道路桥梁市场、装饰装修市场、设备安装市场等。

1.1.3.3 建设工程市场的特征

建筑市场不同于其他市场，这是由于建筑市场的主要商品——建筑商品，是一种特殊的商品。建筑市场具有不同于其他产业市场的特征。

(1) 建设工程市场交换关系复杂

建筑商品的形成过程涉及买方（用户）、地质勘察、设计、施工、分包商、中介机构等单位的经济利益；建筑产品的位置、施工和使用，影响到城市的规划、环境、人身安全。这就要求用户、设计和施工等单位按照基本建设程序和国家的法律法规组织实施，确保利益实现。

(2) 建设工程市场的范围广、变化大

建筑产品遍及社会生活的各领域，有人群生活的地方就需要建筑产品，这为建筑业提供了广阔的市场。建筑产品的需求，取决于消费者的消费倾向和国民经济的发展状况。建筑市场的消费方向、需求规模随国民经济的发展而不断变化。

(3) 建筑产品生产和交易的统一性

建筑市场的交易活动与生产活动交织在一起，虽然在确立了买卖关系、价款支付方式后进行建筑产品的生产，但买方常在生产过程中按工程进度支付工程款（建筑产品的部分价款），最后通过竣工结算完成交易。它表明建筑产品生产与交易的统一。

(4) 建筑产品交易的长期性和阶段性

建筑产品的生产周期长，需要几个月到若干年。这样长的时间里，政策和市场中生产资料要素的价格有可能会发生变化，这就要求建筑产品的价值应能分阶段实现，即按照工程合同办理各阶段的交易活动，最终实现交易关系。

(5) 建设工程市场交易的特殊性

① 主要交易对象的单件性。由于建筑产品的多样性使建筑产品不能实现批量生产，建筑市场不可能出现相同的建筑商品，因而建筑商品交易中没有挑选机会——单件交易。

② 交易对象的整体性和分部分项工程的相对独立性。无论住宅小区、配套齐全的工厂、功能完备的大楼，都是不可分割的整体，所以建筑产品交易是整体的，但施工中需要对分部分项工程验收、评定质量、分期拨付工程进度款，因而建筑市场交易中分部分项工程具有相对独立性。

③ 交易价格的特殊性。建筑产品的单件性要求每件定价，定价形式多样，如单价制、总额制、成本加酬金等，由于建筑产品价值量大，少则数十万元，多则上百亿元，因此价款给付方式多样，如预付制、按月结算、竣工后一次性结算、分阶段结算等。

④ 交易活动的不可逆转性。建筑市场交易关系一旦形成，设计、施工等承包必须按约定履行义务，工程竣工后不可能退换。因为建筑产品的固定性，不能像工业品那样可以转给其他区域用户。建筑产品是按特定用户要求进行设计、施工，无法满足另外用户的需求，也不能转让，即不可能退换。

(6) 建设工程市场竞争激烈

① 价格竞争。价格竞争是市场竞争的主要内容。价格直接影响供求双方的收入、成本和利润。建筑业企业应强化管理，降低成本，获取价格竞争优势。

② 质量竞争。质量是进入市场的准入证。建筑业企业应提供高质量的建筑产品，才能获得市场竞争中的立足之地。

③ 工期竞争。工期直接影响投资效益的早日发挥，投资人希望投资早日见效。建筑业企业应尽可能提高劳动生产率，缩短建设工期。

④ 企业信誉竞争。企业信誉是企业在用户中树立的形象。只有良好的企业形象，才会得到社会认同，才可能占有更多的市场份额。

(7) 建筑产品的社会性

所有的建筑产品都具有一定的社会性，涉及公众的利益。体育馆、影剧院等公共设施，关系到成千上万人的生命财产安全；电厂、水坝、灌溉渠道等工农业设施关系到国民经济的发展。这就决定了政府对建筑市场管理的特殊性。政府作为公众利益的代表，应加强对建筑产品的规划、设计、交易、开工、建造、竣工验收和投入使用的管理，保证建筑产品的质量和安全。工程建设的规划布局、设计、标准、承发包及其合同、开工、施工、竣工验收等市场行为，政府主管部门都要审查和监督。

(8) 建设工程市场与房地产市场的交融性

工程建设是房地产开发的一个必要环节，房地产市场承担着部分建筑产品的流通，建筑市场与房地产市场有着密不可分的关系。建筑业企业进行开发性经营——经营房地产，可以在施工生产利润之外，获得经营利润和风险利润，增强企业抵御风险的能力。

1.1.4 建设工程市场的主体与客体

1.1.4.1 建设工程市场的主体

市场主体是指在市场中从事交换活动的当事人，包括组织和个人。按照参与交易活动的不同，当事人可分为卖方、买方和商业中介机构三类。建设工程市场的主体是业主、承包人和中介机构。

(1) 业主。业主，又称发包人，是指既有某项工程建设需求，又具有该项工程的建设资金和各种准建证件，在建设工程市场中发包工程项目建设任务，并最终得到建筑产品达到其投资目的的法人、其他组织和自然人。

(2) 承包人。承包人是指具有一定生产能力、技术装备、流动资金，具有承包工程建设任务的营业资格，在建设工程市场中能够按照业主方的要求，提供不同形态的建筑产品，并获得工程价款的建筑业企业。

(3) 中介机构。中介机构是指具有一定注册资金和相应的专业服务能力，持有从事相关业务的资质证书和营业执照，能对工程建设提供估算测量、管理咨询、建设监理等智力型服务或代理，并取得服务费用的咨询服务机构和其他为工程建设服务的专业中介组织。建设工程市场的中介机构主要有：

① 建筑业协会及其下属的专业分会。

② 各种专业事务所、评估机构、公证机构、合同纠纷的调解仲裁机构等。

③ 建设工程交易中心、监理公司等。

④ 建筑产品质量检测、鉴定机构，ISO 9000 认证机构等。

⑤ 基金会、保险机构等。

⑥ 招标代理机构。

1.1.4.2 建设工程市场的客体

市场客体是指一定量的可供交换的商品和服务，它包括有形的物质产品和无形的服务。

建设工程市场的客体一般称作建筑产品，它包括有形的建筑产品——建筑物和无形的产品——各种服务。客体凝聚着承包人的劳动，业主以投入资金的方式取得它的使用价值。

1.1.5 建设工程市场经营

1.1.5.1 建筑市场经营的含义

建筑市场经营又称建筑市场营销，指建筑业企业经营销售建筑商品和提供服务以满足业主（用户）需求的综合性生产经营活动。

建筑市场经营的主体是建筑业企业和建设单位（用户）。建筑市场经营的最终目的，是达成建筑商品交换，满足用户需求，建筑业企业获得利润。建筑市场经营是企业生产经营活动中极其重要的一环，只有经过市场经营才能与建设单位达成交易关系，建筑业企业获得工程建设承包权，即建筑商品销售权，建设单位获得建筑商品的所有权和使用权。

1.1.5.2 建筑市场经营的内容

建筑市场经营主要进行以下工作：

(1) 建筑市场调查

有目的、有计划、系统地收集、整理和分析建筑市场的各类信息，为市场决策提供市场需求、竞争对手和市场环境等方面的资料。

(2) 选择经营方式

建筑业企业经营方式有很多，应根据工程项目特点和建设单位实际情况选择合适的经营方式。建筑业企业经营方式是在建筑业企业与建设单位达成交易时就应明确的内容。

(3) 建设工程投标

在获得市场需求信息后，通过编制标书及有关工作，利用合法竞争手段获取工程项目的承包权。

(4) 谈判与签订合同

建筑商品交易是一种期货交易，必须事先签订工程承包合同，明确双方的权利和义务。签订合同的过程就是讨价还价的过程——谈判过程。

(5) 索赔和中间结算

建筑产品形成过程中，会因种种原因使工程项目发生变更。这些变更将影响价格和工期，需要甲乙双方通过协商达成一致意见，这种协商即索赔或签证。按规定，非一次性付款的工程项目，要办中间结算，完成部分交易。

(6) 竣工结算

建设项目竣工验收合格后，双方办理工程移交手续，同时结清全部工程价款，建筑商品交易最终完成。

1.2 建设工程承发包

1.2.1 建设工程承发包的概念

(1) 建设工程的发包

相对于建设工程的承包而言，是指建设单位（或总承包单位）将建设工程任务（勘察、设计、施工等）的全部或一部分通过招标或其他方式，交付给具有从事建设活动的法定从业资格的单位完成，并按约定支付报酬的行为。

(2) 建设工程的承包

相对于发包而言，是指具有从事建设活动的从业资格的单位，通过投标或其他方式，承揽建设工程任务，并按约定取得报酬的行为。

承发包是一种商业交易行为，是指交易的一方负责为交易的另一方完成某项工作或供应一批货物，并按一定的价格取得相应报酬的一种交易。委托任务并负责支付报酬的一方称为发包人；接受任务并负责按时完成而取得报酬的一方称为承包人。承发包双方通过签订合同或协议，予以明确发包人和承包人之间的经济上的权利与义务等关系，且具有法律效力。

一般对发包的理解可视为针对一项工作或任务，寻求委托承接方的过程；而承包是产品或服务的供应商寻求承接任务的过程。

1.2.2 建设工程承发包的方式

工程承发包方式具多种多样的，其分类如图 1.1 所示。

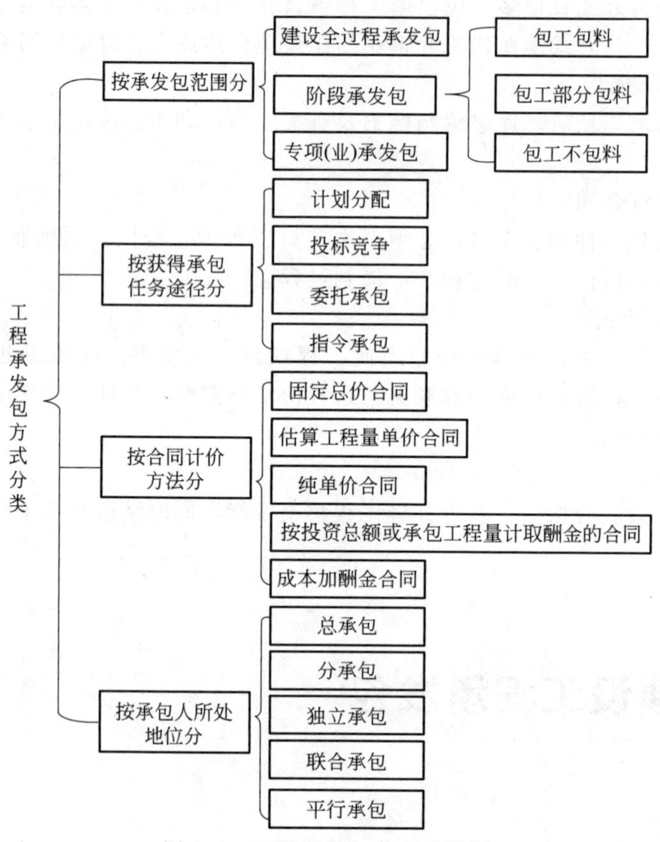

图 1.1 工程承发包方式分类图

1.2.2.1 工程承发包方式分类

工程承发包方式，是指发包人与承包人双方之间的经济关系形式。从承发包的范围、承包人所处的地位、合同计价方式、获得承包任务的途径等不同的角度，可以对工程承发包方式进行不同的分类，其主要分类如下：

(1) 按承发包范围划分，工程承发包方式可分为建设全过程承发包、阶段承发包和专项（业）承发包。阶段承发包和专项承发包方式还可划分为包工包料、包工部分包料、包工不包料三种方式。

(2) 按获得承包任务的途径划分，工程承发包方式可分为计划分配、投标竞争、委托承包和指令承包。

(3) 按合同计价方法划分，工程承发包方式可分为固定总价合同、估算工程量单价合同、纯单价合同、按投资总额或承包工程量计取酬金的合同和成本加酬金合同。

(4) 按承包人所处的地位划分，工程承发包方式可分为总承包、分承包、独立承包、联合承包和平行承包。

1.2.2.2 按承发包范围划分承发包方式

（1）建设全过程承发包

建设全过程承发包又叫统包、一揽子承包、交钥匙合同。它是指发包人一般只要提出使用要求、竣工期限或对其他重大决策性问题作出决定，承包人就可对项目建议书、可行性研究、勘察设计、材料设备采购、建筑安装工程施工、职工培训、竣工验收，直到投产使用和建设后评估等全过程实行全面总承包，并负责对各项分包任务和必要时被吸收参与工程建设有关工作的发包人的部分力量进行统一组织、协调和管理。

建设全过程承发包主要适用于大中型建设项目。大中型建设项目由于工程规模大、技术复杂，要求工程承包公司必须具有雄厚的技术和经济实力以及丰富的组织管理经验，通常由实力雄厚的工程总承包公司（集团）承担。这种承包方式的优点是：由专职的工程承包公司承包，可以充分利用其丰富的经验，还可进一步积累建设经验，节约投资，缩短建设工期并保证建设项目的质量，提高投资效益。

（2）阶段承发包

阶段承发包是指发包人、承包人就建设过程中某一阶段或某些阶段的工作（如勘察、设计或施工、材料设备供应等）进行发包和承包。例如由设计机构承担勘察设计；由施工企业承担工业与民用建筑施工；由设备安装公司承担设备安装任务。其中，施工阶段承发包还可依承发包的具体内容，再细分为以下三种方式：

① 包工包料，即工程施工所用的全部人工和材料由承包人负责。其优点是：便于调剂余缺，合理组织供应，加快建设速度，促进施工企业加强企业管理，精打细算，厉行节约，减少损失和浪费；有利于合理使用材料，降低工程造价，减轻建设单位的负担。

② 包工部分包料，即承包人只负责提供施工的全部人工和一部分材料，其余部分材料由发包人或总承包人负责供应。

③ 包工不包料，又称包清工，实质上是劳务承包，即承包人（大多是分包人）仅提供劳务而不承担任何材料供应的义务。

（3）专项承发包

专项承发包是指发包人、承包人就某建设阶段中的一个或几个专门项目进行发包和承包。专项承发包主要适用于可行性研究阶段的辅助研究项目；勘察设计阶段的工程地质勘察、供水水源勘察，基础或结构工程设计、工艺设计，供电系统、空调系统及防灾系统的设计；施工阶段的深基础施工、金属结构制作和安装、通风设备和电梯安装等建设准备阶段的设备选购和生产技术人员培训等专门项目。由于专门项目专业性强，常常是由有关专业分包人承包，所以，专项承发包也称作专业承发包。

1.2.2.3 按获得承包任务的途径划分承发包方式

（1）计划分配

在传统的计划经济体制下，由中央或地方政府的计划部门分配建设工程任务，由设计、施工单位与建设单位签订承包合同。

（2）投标竞争

通过投标竞争，中标者获得工程任务，与建设单位签订承包合同。我国现阶段的工程任务是以投标竞争为主的承包方式。

（3）委托承包

委托承包即由建设单位与承包单位协商，签订委托其承包某项工程任务的合同。主要适用于某些投资限额以下的小型工程。

（4）指令承包

指令承包是指由政府主管部门依法指定工程承包单位，仅适用于某些特殊情况。如少数特殊工程或偏僻地区工程，可由项目主管部门或当地政府指定承包单位。

1.2.2.4 按合同计价方法划分承发包方式

（1）固定总价合同

固定总价合同又称总价合同，是指发包人要求承包人按商定的总价承包工程。这种方式通常适用于规模较小、风险不大、技术简单、工期较短的工程。其主要做法是，以图纸和工程说明书为依据，明确承包内容和计算承包价，总价一次包死，一般不予变更。这种方式的优点是，因为有图纸和工程说明书为依据，发包人、承包人都能较准确地估算工程造价，发包人容易选择最优承包人。其缺点主要是对承包人有一定的风险，因为如果设计图纸和说明书不太详细，未知数比较多，或者遇到材料突然涨价、地质条件变化和气候条件恶劣等意外情况，承包人承担的风险就会增大，风险增大不利于降低工程造价，最终对发包人也不利。

（2）估算工程量单价合同

估算工程量单价合同是指以工程量清单和单价表为计算承包价依据的承发包方式。通常的做法是，由发包人或委托具有相应资质的中介咨询机构提出工程量清单，列出分部、分项工程量，由承包人根据发包人给出的工程量，经过复核并填上适当的单价，再算出总造价，发包人只要审核单价是否合理即可。这种承发包方式，结算时单价一般不能变化，但工程量可以按实际工程量计算，承包人承担的风险较小，操作起来也比较方便。

（3）纯单价合同

纯单价合同是指以工程单价结算工程价款的承发包方式。其特点是，工程量实量实算，以实际完成的数量乘以单价结算。

具体包括以下两种类型：

① 按分部分项工程单价承包。即由发包人列出分部分项工程名称和计量单位，由承包人逐项填报单价，经双方磋商确定承包单价，然后签订合同，并根据实际完成的工程数量，按此单价结算工程价款。这种承包方式主要适用于没有施工图、工程量不明而需要开工的工程。

② 按最终产品单价承包。即按每平方米住宅、每平方米道路等最终产品的单价承包。其报价方式与按分部分项工程单价承包相同。这种承包方式通常适用于采用标准设计的住宅、宿舍和通用厂房等房屋建筑工程。但对其中因条件不同而造价变化较大的基础工程，则大多采用按计量估价承包或分部分项工程单价承包的方式。

（4）按投资总额或承包工程量计取酬金的合同

这种方式主要适用于可行性研究、勘察设计和材料设备采购供应等承包业务。例如，承包可行性研究的计费方法，通常是根据委托方的要求和所提供的资料情况，拟定工作内容，估计完成任务所需各种专业人员的数量和工作时间，据此计算工资、差旅费以及其他各项开支，再加上企业总管理费，汇总即可得出承包费用总额。勘察费的计费方法，是按完成的工作量和相应的费用定额计取。

（5）成本加酬金合同

成本加酬金合同又称成本补偿合同，是指除按工程实际发生的成本结算外，发包人另加上商定好的一笔酬金（总管理费和利润）支付给承包人的一种承发包方式。工程实际发生的成本，主要包括人工费、材料费、施工机械使用费、其他直接费和现场经费以及各项独立费等。其主要的做法有：成本加固定酬金、成本加固定百分比酬金、成本加浮动酬金、目标成本加奖罚。

① 成本加固定酬金。这种承包方式工程成本实报实销，但酬金是事先商量好的一个固定数目。

这种承包方式，酬金不会因成本的变化而改变，它不能鼓励承包人降低成本，但可鼓励承包人为尽快取得酬金而缩短工期。有时，为鼓励承包人更好地完成任务，也可在固定酬金之外，再根据工程质量、工期和降低成本情况另加奖金，且奖金所占比例的上限可以大于固定酬金。

② 成本加固定百分比酬金。这种承包方式工程成本实报实销，但酬金是事先商量好的以工程成本为计算基础的一个百分比。

这种承包方式，对发包人不利，因为工程总造价随工程成本增大而相应增大，不能有效地鼓励承包人降低成本、缩短工期。现在这种承包方式已很少采用。

③ 成本加浮动酬金。这种承包方式的做法，通常是由双方事先商定工程成本和酬金的预期水平，然后将实际发生的工程成本与预期水平相比较，如果实际成本恰好等于预期成本，工程造价就是成本加固定酬金；如果实际成本低于预期成本，则增加酬金；如果实际成本高于预期成本，则减少酬金。

采用这种承包方式，优点是对发包人、承包人双方都没有太大风险，同时也能促使承包人降低成本和缩短工期。缺点是在实践中估算预期成本比较困难，要求承发包双方具有丰富的经验。

④ 目标成本加奖罚。这种承包方式是在初步设计结束后，工程迫切开工的情况下，根据粗略估算的工程量和适当的概算单价表编制概算作为目标成本，随着设计逐步具体化，目标成本可以调整。另外以目标成本为基础规定一个百分比作为酬金，最后结算时，如果实际成本高于目标成本并超过事先商定的界限（例如5%），则减少酬金；如果实际成本低于目标成本（也有一个幅度界限），则增加酬金。

此外，还可另加工期奖罚。这种承发包方式的优点是可促使承包人关心工期。由于目标成本是随设计的进展而加以调整才确定下来的，发包人、承包人双方都不会承担过大的风险。缺点是目标成本的确定较困难，也要求发包人、承包人都须具有比较丰富的经验。

1.2.2.5 按承包人所处的地位划分承发包方式

在工程承包中，一个建设项目往往有不止一个承包单位。不同承包单位之间、承包单位与建设单位之间的关系不同，地位不同，也就形成了不同的承包方式。常见的有五种：

（1）总承包是指一个建设项目建设全过程或其中某个阶段的全部工作，由一个承包单位负责组织实施。

这个承包单位可以将若干专业性工作交给不同的专业承包单位去完成，并统一协调和监督它们的工作。

（2）分承包简称分包，是相对总承包而言的，即承包者不与建设单位发生直接关系，而是从总承包单位分包某一分项工程（例如土方工程等）或某种专业工程（例如电梯安装等），在现场由总承包单位统筹安排活动，并对总承包负责。

国际上现行的分包方式主要有两种：一种是由建设单位指定分包单位，与总承包单位签订分包合同；另一种是总承包单位自行选择分包单位签订分包合同。

（3）独立承包是指承包单位依靠自身的力量完成承包的任务，而不实行分包的承包方式。通常仅适用于规模较小、技术要求比较简单的工程以及修缮工程。

（4）联合承包，这是相对于独立承包而言的承包方式，即由两个以上承包单位联合起来承包一项工程任务，由参加联合的各单位推定代表统一与建设单位签订合同，共同对建设单位负责，并协调它们之间的关系。但参与联合的各单位仍是各自独立经营的企业，承担各自的义务和分享共同的利益。

（5）直接承包是指在同一工程项目上，不同的承包单位与建设单位签订承包合同，各自直接对建设单位负责。各承包人之间不存在总分包关系，现场上的协调工作可由建设单位自己去做，或委托一个承包人牵头去做，也可聘请专门的项目经理来管理。

<<<< 思考题 >>>>

1. 简述工程承发包的概念。
2. 简述工程承发包的方式。
3. 简述建设工程市场的组成和交易方式。
4. 简述建设工程交易中心的功能。
5. 市场有哪些特征、功能和作用?
6. 建筑市场有哪些特点?
7. 建筑市场有哪些承发包方式?

建设工程招标与投标

学习目标

掌握建设工程招标投标概念、原则；建设工程招标投标程序等。

【本章知识体系】

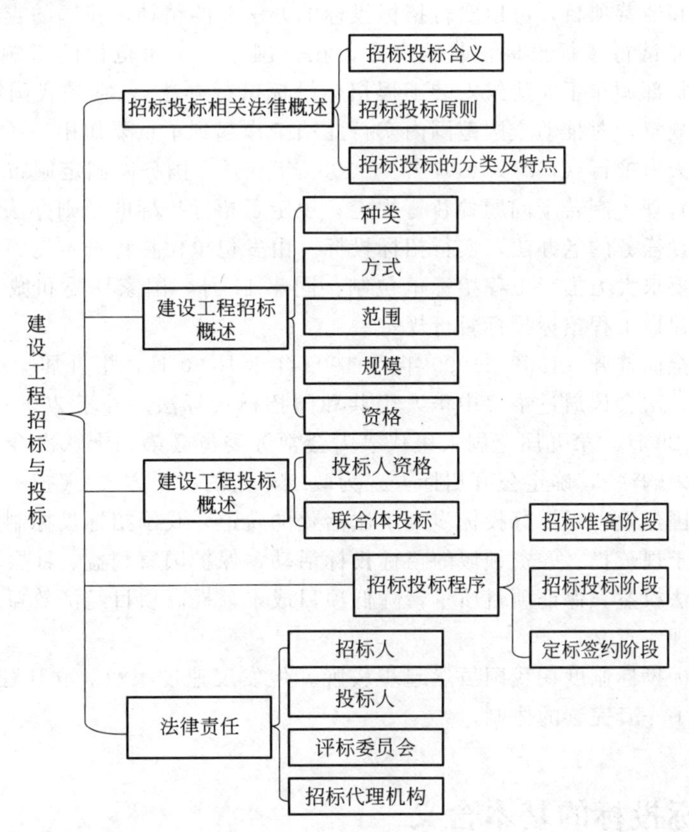

2.1 招标投标相关法律法规概述

《中华人民共和国招标投标法》（以下简称《招标投标法》）是为了规范招标投标活动，

保护国家利益、社会公共利益和招标投标活动当事人的合法权益，提高经济效益，保证项目质量制定的法律。

招标投标是基本建设领域促进竞争的全面经济责任制形式。一般由若干施工单位参与工程投标，招标单位（建设单位）择优入选，谁的工期短、造价低、质量高、信誉好，就把工程任务包给谁，由承建单位与发包单位签订合同，一包到底，按交钥匙的方式组织建设。

2.1.1 建设工程招标投标发展历史

新中国成立至20世纪70年代末，我国建筑业一直采取行政手段指定施工单位、层层分配任务的办法。这种计划分配任务的办法，在当时对促进国民经济全面发展起到重要作用，为我国的社会主义建设做出了重大贡献。随着社会的发展，此种方式已不能满足飞速发展经济的需要。为此，国家建设工程招标投标工作经历了三个阶段，立法建制已初具规模，并形成基本框架体系，推动着我国建设工程招标投标制度的进行。

第一阶段：观念确立和试点（1980—1983年）。1980年，根据国务院“对一些适宜承包的生产建设项目和经营项目，可以实行招标投标的办法”的精神，我国的吉林省吉林市和经济特区深圳市率先试行招标投标，收效良好，在全国产生了示范性的影响。1983年6月，城乡建设环境保护部颁布了《建筑安装工程招标投标试行办法》，它是我国第一个关于工程招标投标的部门规章，对推动全国范围内实行此项工作起到了重要作用。

第二阶段：大力推行（1984—1991年）。1984年9月，国务院制定颁布了《关于改革建筑业和基本建设管理体制若干问题的暂行规定》规定了招标投标的原则办法，要改革单纯用行政手段分配建设任务的老办法，实行招标投标。由发包单位择优选定勘察设计单位、建筑安装企业，同时要求大力推行工程招标承包制，同年11月，国家计委和城乡建设环境保护部联合制定了《建设工程招标投标暂行规定》。

第三阶段：全面推开（1992—1999年）。1999年8月30日，第九届全国人民代表大会常务委员会第十一次会议通过了《中华人民共和国招标投标法》并于2000年1月1日起施行。2002年6月29日，第九届全国人民代表大会常务委员会第二十八次会议通过了《中华人民共和国政府采购法》，确定公开招标方式为政府采购的主要方式。《招标投标法》的颁布实施，标志着我国建设工程招标投标步入了法治化的轨道，我国招标投标制度进入全面实施的成熟阶段。对于规范投、融资领域的招标投标活动，保护国家利益、社会利益和招标投标活动当事人的合法权益，保证项目质量，降低项目成本，提高项目经济效益，具有深远的历史意义和重大的现实意义。

建设工程招标投标制度在我国虽然起步较晚，但发展速度很快。立法建制已初见成效，而且已基本形成了一套完善的体制。

2.1.2 招标投标的基本含义

招标投标，是指“招标者提出货物、服务和工程等要求，邀请投标企业参与投标并按规定程序选择中标企业的一种有效的市场交易行为”。根据招标投标的定义，招标投标是一个活动中两个相对应的行为，即“招标”和“投标”。

“招标”，是指工程项目建设主体责任方以“招标”通告方式，向特定或不特定主体发出的，以吸引或邀请它们组织投标。“招标”从法律层面上讲，应该属于“要约邀请”而不是“要约”。

"投标"，是指招标公告相对人依照招标人提出的相关要求，在指定的时间范围内按照规定的程序，"要约邀请人"，即"招标人"发出"要约"的行为，也是希望按照招标公告的条件同期达成合同的意思表示。"投标"从法律层面上讲，属于"要约"。

"招标"与"投标"是彼此相对应发生的行为。由于"招标"引起了其他主体"投标"行为，且投标人的"投标"要与招标人的"招标"一致。因此，"招标"与"投标"是一对内涵和外延相互呼应的一个目标引发的两个行为。虽然世界组织与各国的招标投标法律大部分运用"招标"这个显性的意义，例如在"国际竞争性招标""限制性招标"等表述中我们从名词上看不出有"投标"的什么事，但是通过对其规范条文的研究，这些条款中也对"投标"做出了相应的规定。

招标投标，是利用现代技术手段和经济科学方法，通过竞标方的竞争揭示信息和标的物价值，达到资源有效率配置的机制设计。招标投标适用于货物、工程和服务的采购过程。招标投标的基本程序是，招标人首先根据工程项目建设需要，事先通过新闻媒体、互联网络等途径向社会公众公布工程项目建设的招标条件、竞标方式以及注意事项等内容；然后投标人按照招标书中规定的有关内容，如"招标条件和约定的竞标方式"等，在"公开公平公正"以及"不被歧视"等原则下，与其他竞标人在规范的条件进行公平竞争；最后招标单位应严格按照既定的程序，并组织相关专家组对投标企业进行系统综合评审，从中选取效率最高的竞标企业。因此，招标投标的实质是以招标人收益最高的方式获取货物、工程和服务的机制设计。

招标投标，是在市场经济条件下进行大宗货物的买卖、工程建设项目的发包与承包以及服务项目的采购与提供时，所采用的一种交易方式。

在这种交易方式下，通常是由项目采购包括货物的购买、工程的发包和服务的采购方作为招标方，通过发布招标公告或者向一定数量的特定供应商、承包人发出招标邀请等方式发出招标采购的信息，提出所需采购的项目的性质及其数量、质量、技术要求，交货期、竣工期或提供服务的时间，以及对供应商、承包人的资格要求等招标采购条件，表明将选择最能够满足采购要求的供应商、承包人与之签订采购合同的意向，由各有意提供采购所需货物、工程或服务项目的供应商、承包人作为投标方，向招标方书面提出自己拟提供的货物、工程或服务的报价及其他响应招标要求的条件，参加投标竞争。经招标方对各投标者的报价及其他条件进行审查比较后，从中择优选定中标者，并与其签订采购合同。

招标投标的交易方式，是市场经济的产物。采用这种交易方式，须具备两个基本条件：一是要有能够开展公平竞争的市场经济运行机制。在计划经济条件下，产品购销和工程建设任务都按照指令性计划统一安排，没有必要也不可能采用招标投标的交易方式。二是必须存在招标采购项目的买方市场，对采购项目能够形成卖方多家竞争的局面，买方才能够居于主导地位，有条件以招标方式从多家竞争者中择优选择中标者。在短缺经济时代的卖方市场条件下，许多商品供不应求，买方没有选择卖方的余地，卖方也没有必要通过竞争来出售自己的产品，也就不可能产生招标投标的交易方式。

工程项目的招标活动与投标活动具有相关性，两者密不可分。总之，建设工程项目招标投标是指建设单位或者投资单位对工程项目的勘察设计、监理、材料设备供应商与施工单位的选择组织招标，由满足招标要求的承包单位积极参与投标，从而择优选择中标单位的一种社会活动。

2.1.3 规范招标投标法的必要性

建设工程招标投标，是利用市场的调节性作用建设社会主义市场经济秩序，达到优化资源配置，进而保护国家利益、社会公共利益和当事人的合法权益，保证项目质量，提高经济效益、社会效益的一种竞争性的市场交易制度。这项制度自国家颁布实施《中华人民共和国招标投标法》以来，在推进经济发展、规范市场秩序，预防、遏制和惩治腐败行为等方面都取得了令人瞩目的成就，并已成为工程建设领域，特别是国有投资建设工程项目承发包的一种主要交易方式。

随着建设工程项目招标投标范围的不断扩大，招标投标活动的逐渐深化，电子化招标的逐渐推行，《中华人民共和国招标投标法实施条例》（以下简称《招标投标法实施条例》）的实施，招标投标活动中各种不规范的行为都有所改善，违法违规行为得到了一定的遏制。但招标人虚假招标，招标人与投标人串通投标，投标人之间串通投标，弄虚作假骗取中标，评标委员会不客观、不公正、不科学、“走过场”评标等违法行为，在一些领域和地区仍然存在，如不及时加以规范和打击，这些在建设工程项目招标投标活动中的违法违规行为将会直接影响到经济发展、社会和谐。

招标投标活动中的违法行为可分为两种，一种是当事人“故意”违法；另一种是当事人“过失”违法。招标投标管理监督中，对故意违法行为必须采取的是惩戒，而对过失行为则只能使用警示教育。但招标投标管理监督实践中，往往很难区分哪种行为是“故意”违法行为，哪种行为是“过失”违法行为，因为“故意”和“过失”是当事人的内心活动，外人无法明确了解，只能按外在的“行为事实”来判断，这也是法律在社会管理中的局限所在。现就招标实践，分析当事人违法行为的成因，从当事人自律、加强行政监督的“他律”两个方面提出解决当事人违法行为的建议，以规范当事人的招标投标活动，进而规范和建立有序的招标投标市场。规范招标投标活动的原则：

（1）规范当事人招标投标活动的根本是诚信自律

招标投标活动的参与者是人，而“诚信是做人的根本”，一旦丧失了这个根本，不单是招标投标活动，甚至人类所有活动都失去了赖以生存的社会、文化基础。招标投标活动中，无论是招标人虚假招标、投标人串通投标、弄虚作假骗取中标，还是评标委员会成员不客观、不公正地评标，大多数时候并不是因为当事人不知法，而是因其图“一时一己之私利”而置“保证项目质量，提高经济效益”“国家利益、社会公共利益和其他当事人合法权益”于不顾的故意违法行为。

（2）加强行政监督是规范招标投标活动的重要保证

行政监督是国家强制促使招标投标当事人“自律”的一种维护市场秩序的保障措施，只有加强行政监督才能维护招标投标市场的正常秩序。

《招标投标法》《招标投标法实施条例》均规定，有关行政监督部门应依法对招标投标活动实施监督，依法查处招标投标活动中的违法行为，进而维护招标投标市场秩序。为此，必须提高行政监督人员依法行政的能力和廉洁从政的素质，依法对招标投标活动进行监督。实际上，维护市场秩序的核心在于市场监督主体是否履行法律中的强制性规则，特别是能否对招标、投标、开标、评标、中标等活动中的泄露保密资料、泄露标底、串通招标、串通投标、歧视排斥潜在投标人等违法行为进行监督执法。同时，改变行政监督方式，即变“形式”监督为“内容”监督，变招标投标的“过程”监督为建设项目的“事前、事中和事后”全过程、全方位的监督。

行政监督的关键在于监督主体依法行使监督职责，但在履行监督职责时常有“不作为”和“乱作为”的现象发生，这些都会影响并有害于市场的健康发展。为此，监察机关要对行政监督人员的行为进行监察，同时，引入社会监督，聘请业内知名人士对招标投标交易过程、结果进行评估，必要时，将招标文件、投标文件实质性内容、评标报告主要事项和行政监督情况等一并在一定范围内依法予以公开，接受社会监督，使监督人员及其行为也成为被监督的对象。

2.1.4 工程招标投标的原则

《招标投标法》第五条规定："招标投标活动应当遵循公开、公平、公正和诚实信用的原则。"

(1) 公开原则

在招标投标活动中遵循"公开"的原则，主要有以下几点：

① 进行招标活动的信息要公开。招标人采用公开招标方式的，应当发布招标公告；依法必须进行招标项目的招标公告，必须通过国家指定的报刊、信息网络或者其他公共媒介发布；需要进行资格预审的，应当发布资格预审公告；采用邀请招标方式的，招标方应当向3个以上的特定法人或者其他组织发出邀请书。招标公告、资格预审公告和招标邀请书应当载明能大体满足潜在投标人决定是否参加投标竞争所需要的信息，通常应当包括：招标方的名称、地址；招标采购货物的性质、数量和交货地点，或拟建工程的性质、地点，或所需提供服务的性质和提供地点；提供招标文件的时间、地点和收取的费用等。在发布招标公告、发出招标邀请书的基础上，还应按照招标公告或招标邀请书中载明的时间和地点，向有意参加投标的承包人、供应商提供招标文件。招标文件应当载有为供应商、承包人作出投标决策、进行投标准备所必需的资料以及其他为保证招标投标过程公开、透明的有关信息。通常应当包括：关于编写投标文件的说明，以避免投标者因其提交的投标书不符合要求而失去中标机会；投标者为证明其资格而必须提交的有关资料；采购项目的技术、质量要求，交货、竣工或提供服务的时间；要求提交投标担保的，载明对投标担保的要求；提交投标书的时间、地点；投标有效期（即投标者应受其投标条件约束的期间）；开启投标书的时间、地点和程序；对投标书的评审程序和确定中标的标准等。招标人对已发出的招标文件进行必要的澄清或者修改的，应当以书面形式通知所有的招标文件收受人。

② 开标的程序要公开。开标应当公开进行，所有的潜在投标人或其代表均可参加开标；开标的时间和地点应当与事先提供给所有招标人的招标文件上载明的时间和地点相一致，以便使投标人按时参加；开标时，应先由投标人或者其推举的代表检查投标文件的密封情况，经确认无误后，由工作人员当众拆封，以唱读的方式，报出各投标人的名称、投标价格等投标书的主要内容，并做好记录，存档备查。招标人在招标文件要求提交投标文件的截止日期前收到的所有投标文件，开标时都应当当众予以拆封、宣读。对在投标截止日期以后收到的标书，招标人应当拒收。

③ 评标的标准和程序要公开。评标的标准和办法应当在提供给所有投标人的招标文件中载明，评标应当严格按照招标文件中载明的标准和办法进行，不得采用招标文件未列明的任何标准。招标人不得与投标人就投标价格、招标方案等实质性内容进行谈判。

④ 中标的结果要公开。确定中标人后，招标人应当向中标人发出中标通知书，并同时将中标结果通知所有未中标的投标人，未中标的投标人对招标活动和中标结果有异议的，有权向招标人提出或向有关行政监督部门投诉。

(2) 公平原则

要求给予所有投标人平等的机会，使其享有同等的权利，履行同等的义务。招标人不得以任何理由排斥或歧视任何投标人。依法必须进行招标的项目，其招标投标活动不受地区或部门的限制，任何单位和个人不得违法限制或排斥本地区、本系统以外的法人或其他组织参加投标，不得以任何方式非法干预招标投标活动。

《招标投标法实施条例》第三十二条规定，招标人不得以不合理的条件限制、排斥潜在投标人或者投标人。招标人有下列行为之一的，属于以不合理条件限制、排斥潜在投标人或者投标人：

① 就同一招标项目向潜在投标人或者投标人提供有差别的项目信息。

② 设定的资格、技术、商务条件与招标项目的具体特点和实际需要不相适应或者与合同履行无关。

③ 依法必须进行招标的项目以特定行政区域或者特定行业的业绩、奖项作为加分条件或者中标条件。

④ 对潜在投标人或者投标人采取不同的资格审查或者评标标准。

⑤ 限定或者指定特定的专利、商标、品牌、原产地或者供应商。

⑥ 依法必须进行招标的项目非法限定潜在投标人或者投标人的所有制形式或者组织形式。

⑦ 以其他不合理条件限制、排斥潜在投标人或者投标人。

(3) 公正原则

要求招标人在招标投标活动中应当按照统一的标准衡量每个投标人的优劣。进行资格审查时，招标人应当按照资格预审文件或招标文件中载明的资格审查的条件、标准和方法对潜在投标人或投标人进行资格审查，不得改变载明的条件或以没有载明的资格条件进行资格审查。评标委员会应当按照招标文件确定的评标标准和方法，对投标文件进行评审和比较。

(4) 诚实信用原则

诚实信用原则是我国民事活动中应当遵循的一项重要基本原则。招标投标活动作为订立合同的一种特殊方式，同样应当遵循诚实信用原则。在招标投标活动中遵守诚实信用原则，要求招标投标各方都要诚实守信，不得有欺骗、背信的行为。如招标人不得以任何形式搞虚假招标投标；投标人递交的资格证明材料和投标书的各项内容都要真实；中标订立合同签订后，各方都要严格履行合同。对违反诚实信用原则，给他方造成损失的，要依法承担赔偿责任。

“公开、公平、公正和诚实信用”是招标投标活动必须遵循的最基本的原则，违反这一基本原则，招标投标活动就失去了本来的意义，无法真正起到规范招标投标活动，保护国家利益、社会公共利益和招标投标活动当事人的合法利益以及提高经济利益、保证项目质量的作用。

总之，只有真正理解“公开、公平、公正和诚实信用”的含义，才能真正落实和贯彻执行招标投标法的各项规定，才能使招标投标法真正地起到规范市场行为的作用，才能真正使得招标投标活动健康、有序地发展。

2.1.5 工程招标投标的分类及特点

工程项目招标投标多种多样，按照不同的标准可以进行不同的分类。

(1) 按照工程建设程序分类

按照工程建设程序，可以将建设工程招标投标分为建设项目前期咨询招标投标、工程勘察设计招标投标、材料设备采购招标投标、工程施工招标投标。

① 建设项目前期咨询招标投标，是指对建设项目的可行性研究任务进行的招标投标。投标方一般为工程咨询企业。中标的承包人要根据招标文件的要求，向发包人提供拟建工程的可行性研究报告，并对其结论的准确性负责。承包人提供的可行性研究报告，应获得发包人的认可。认可的方式通常为专家组评估鉴定。

项目投资者有的缺乏建设管理经验，通过招标选择项目咨询者及建设管理者，即工程投资方在缺乏工程实施管理经验时，通过招标方式选择具有专业的管理经验工程咨询单位，为其制订科学、合理的投资开发建设方案，并组织控制方案的实施。这种集合项目咨询与管理于一体的招标类型的投标人一般也为工程咨询单位。

② 工程勘察设计招标。勘察设计招标指根据批准的可行性研究报告，择优选择勘察设计单位的招标。勘察和设计是两种不同性质的工作，可由勘察单位和设计单位分别完成。勘察单位最终提出施工现场的地理位置、地形、地貌、地质、水文等在内的勘察报告。设计单位最终提供设计图纸和成本预算结果。设计招标还可以进一步分为建筑方案设计招标、施工图设计招标。当施工图设计不是由专业的设计单位承担，而是由施工单位承担，一般不进行单独招标。

③ 材料设备采购招标，是指在工程项目初步设计完成后，对建设项目所需的建筑材料和设备（如电梯、供配电系统、空调系统等）采购任务进行的招标。投标方通常为材料供应商、成套设备供应商。

④ 工程施工招标，在工程项目的初步设计或施工图设计完成后，用招标的方式选择施工单位的招标。施工单位最终向业主交付按招标设计文件规定的建筑产品。国内外招标投标现行做法中经常采用将工程建设程序中各个阶段合为一体进行全过程招标，通常又称其为总包。

(2) 按工程项目承包的范围分类

按工程承包的范围可将工程招标划分为项目全过程总承包招标、项目阶段性招标、工程设计施工招标、工程分承包招标及专项工程承包招标。

① 项目全过程总承包招标，即选择项目全过程总承包人招标，这种又可分为两种类型，其一是指工程项目实施阶段的全过程招标；其二是指工程项目建设全过程的招标。前者是在设计任务书完成后，从项目勘察、设计到施工交付使用进行一次性招标，后者则是从项目的可行性研究到交付使用进行一次性招标，业主只需提供项目投资和使用要求及竣工、交付使用期限，其可行性研究、勘察设计、材料和设备采购、土建施工设备安装和调试、生产准备和试运行、交付使用，均由一个总承包人负责承包，即所谓“交钥匙工程”。承揽“交钥匙工程”的承包人被称为总承包人，绝大多数情况下，总承包人要将工程部分阶段的实施任务分包出去。

无论是项目实施的全过程还是某一阶段或程序，按照工程建设项目的构成，可以将建设工程招标投标分为全部工程招标投标、单项工程招标投标、单位工程招标投标、分部工程招标投标、分项工程招标投标。全部工程招标投标，是指对一个建设项目（如一所学校）的全部工程进行的招标。单项工程招标，是指对一个工程建设项目中所包含的单项工程（如一所学校的教学楼、图书馆、食堂等）进行的招标。单位工程招标是指对一个单项工程所包含的若干单位工程（实验楼的土建工程）进行招标。分部工程招标是指对一项单位工程所包含的分部工程（如土石方工程、深基坑工程、楼地面工程、装饰工程）进行招标。

应当强调指出的是，为了防止将工程肢解后进行发包，我国一般不允许对分部工程招标，允许特殊专业工程招标，如深基础施工、大型土石方工程施工等。但是，国内工程招标中的所谓项目总承包招标往往是指对一个项目施工过程全部单项工程或单位工程进行的总招标，与国际惯例所指的总承包人有相当大的差距。为与国际接轨，提高我国建筑企业在国际建筑市场的竞争能力，深化施工管理体制的改革，造就一批具有真正总包能力的智力密集型的龙头企业，是我国建筑业发展的重要战略目标。

② 项目阶段性招标。按照工程建设项目的构成，可以将建设工程招标投标分为全部工

程招标投标、单项工程招标投标、单位工程招标投标、分部工程招标投标、分项工程招标投标。全部工程招标投标，是指对一个建设项目（如一所学校）的全部工程进行的招标。单项工程招标，是指对一个工程建设项目中所包含的单项工程（如一所学校的教学楼、图书馆、食堂等）进行的招标。单位工程招标（是指对一个单项工程所包含的若干单位工程（实验楼的土建工程）进行招标。分部工程招标是指对一项单位工程包含的分部工程（如土石方工程、深基坑工程、楼地面工程、装饰工程）进行招标。

③ 工程设计施工招标。工程设计施工招标是指将设计及施工作为一个整体标的以招标的方式进行发包，投标人必须为同时具有设计能力和施工能力的承包人。

④ 工程分承包招标，是指中标的工程总承包人作为其中标范围内的工程任务的招标人，将其中标范围内的工程任务，通过招标投标的方式，分包给具有相应资质的分承包人，中标的分承包人只对招标的总承包人负责。

⑤ 专项工程承包招标，指在工程承包招标中，对其中某项比较复杂或专业性强、施工和制作要求特殊的单项工程进行单独招标。

(3) 按行业或专业类别分类

按与工程建设相关的业务性质及专业类别划分，可将工程招标分为土木工程招标、勘察设计招标、材料设备采购招标、安装工程招标、建筑装饰装修招标、生产工艺技术转让招标、工程咨询服务和建设监理招标等。

① 土木工程招标，是指对建设工程中土木工程施工任务进行的招标。

② 勘察设计招标，是指对建设项目的勘察设计任务进行的招标。

③ 材料设备采购招标，是指对建设项目所需的建筑材料和设备采购任务进行的招标。

④ 安装工程招标，是指对建设项目的设备安装任务进行的招标。

⑤ 建筑装饰装修招标，是指对建设项目的建筑装饰装修的施工任务进行的招标。

⑥ 生产工艺技术转让招标，是指对建设工程生产工艺技术转让进行的招标。

⑦ 工程咨询服务和建设监理招标，是指对工程咨询和建设监理任务进行的招标。

(4) 按工程承发包模式分类

随着建筑市场运作模式与国际接轨进程的深入，我国承发包模式也逐渐呈多样化，按承发包模式可将工程招标划分为工程咨询招标、交钥匙工程招标、工程设计施工招标、工程设计-管理招标、建造-运营-移交模式（BOT）工程招标。

① 工程咨询招标。工程咨询招标是指以工程咨询服务为对象的招标行为。工程咨询服务的内容主要包括工程立项决策阶段的规划研究、项目选定与决策；建设准备阶段的工程设计、工程招标；施工阶段的监理、竣工验收等工作。

② 交钥匙工程招标，交钥匙工程招标是指发包人将上述全部工作作为一个标的招标，承包人通常将部分阶段的工程分包，即全过程招标。

③ 工程设计施工招标。工程设计施工招标是指将设计及施工作为一个整体标的以招标的方式进行发包，投标人必须为同时具有设计能力和施工能力的承包人。

④ 工程设计-管理招标。工程设计-管理模式是指由同一实体向业主提供设计和施工管理服务的工程管理模式。采用这种模式时，业主只签订一份既包括设计也包括工程管理服务的合同，在这种情况下，设计机构与管理机构是同一实体，这一实体常常是设计机构施工管理企业的联合体。工程设计-管理招标即为以设计管理为标的进行的工程招标。

⑤ BOT 工程招标。BOT（Build-Operate-Transfer）即建造-运营-移交模式。这是指政府开放我国基础设施建设和运营市场，吸收国外资金，授给项目公司以特许权，由该公司负责融资和组织建设，建成后负责运营及偿还贷款，在特许期满时将工程移交给政府。

2.2 建设工程招标概述

建设工程招标是业主就拟建工程项目发出要约邀请，并对应邀提起要约参与竞争的承包（供应）人进行审查、评选，并择优作出承诺，从而确定工程项目建设承包人的活动。它是业主订立建设工程合同的准备活动。建设工程投标是承包（供应）人针对业主的要约邀请，以明确的价格、期限、质量等具体条件，向业主发出要约，通过竞争获得经营业务的活动。建设工程招标与投标，是承发包双方合同管理的第一环节。

2.2.1 建设工程招标的种类

建设工程招标，根据其招标范围、任务不同通常有以下几种。

（1）建设工程项目总承包招标

建设工程项目总承包招标也称为建设项目全过程招标，即通常所称的“交钥匙”工程承包方式。在国内，一些大型工程项目进行全过程招标时，一般是先由建设单位或项目主管部门通过招标方式确定总承包单位，再由总承包单位组织建设，按其工作内容或分阶段，或分专业再进行分包，即进行第二次招标。当然，有些总承包单位也可独立完成该项目。

（2）建设工程勘察设计招标

勘察设计招标就是把工程建设的一个主要阶段——勘察设计阶段的工作单独进行招标的活动的总称。招标人就拟建工程的勘察、设计任务发布通告或发出邀请书，依法定方式吸引勘察设计单位参加竞争，勘察设计单位按照招标文件的要求，在规定的时间内向招标人填报标书，招标人从中择优选择中标单位完成工程勘察设计任务。

（3）建设工程材料和设备供应招标

建设工程材料和设备供应招标，即是指招标人就拟购买的材料设备发布公告或者邀请，以法定方式吸引建设工程材料设备供应商参加竞争，从中择优选择条件优越者购买其材料设备的行为。实际工作中材料和设备往往分别进行招标。

在工程施工招标过程中，关于工程所需的建筑材料，一般可分为由施工单位全部包料、部分包料和由建设单位全部包料三种情况。在上述任何一种情况下，建设单位或施工单位都可能作为招标单位进行材料招标。与材料招标相同，设备招标要根据工程合同的规定，或是由建设单位负责招标，或者由施工单位负责招标。

（4）建设工程施工招标

工程施工招标就是指工程施工阶段的招标活动全过程，它是目前国际国内工程项目建设经常采用的一种发包形式，也是建筑市场的基本竞争方式。其特点是招标范围灵活化、多样化，有利于施工的专业化。

（5）建设工程监理招标

建设工程监理招标，是指招标人为了委托监理任务的完成，以法定方式吸引监理单位参加竞争，从中选择条件优越的工程监理企业的行为。

2.2.2 建设工程招标方式

《招标投标法》第十条规定："招标分为公开招标和邀请招标。公开招标，是指招标人以招标公告的方式邀请不特定的法人或者其他组织投标。邀请招标，是指招标人以投标邀请书的方式邀请特定的法人或者其他组织投标。"招标项目应依据法律规定条件，项目的规模、技术、管理特点要求，投标人的选择空间，以及实施的紧迫程度等因素选择合适的招标方式。依法必须招标的项目一般应采用公开招标，如符合条件，确实需要采用邀请招标方式的，须经有关行政主管部门审核批准。

(1) 公开招标

公开招标也称无限竞争性招标。采用这种招标方式时，招标人通过报纸、电视、广播等新闻媒体发布招标公告，说明招标项目的名称、性质、规模等要求事项，公开邀请不特定的法人或其他组织来参加投标竞争。凡是对该项目感兴趣的、符合规定条件的承包人、供应商，均可自愿参加竞标。公开招标的方式被认为是最系统、最完整以及规范性最好的招标方式。

优点：能够最大限度地选择投标人，竞争性更强，择优率更高，同时也可以在较大程度上避免招标活动中的贿标行为。

缺点：资格审查及评标的工作量大、耗时长、费用高。

(2) 邀请招标

邀请招标也称有限竞争性招标或选择性招标。招标人不公开发布公告，而是根据项目要求和掌握的承包人的资料等信息，向有承担该项工程施工能力的三个以上（含三个）承包人发出投标邀请书。收到投标邀请书的承包人才有资格参加投标。

优点：招标工作量小、周期短、费用低，合同履行有保证。

缺点：真正有竞争力的潜在投标人可能未被邀请，有可能达不到预期的竞争效果或理想的价格。

(3) 公开招标与邀请招标的区别

① 发布信息的方式不同。公开招标采用公告的形式发布；邀请招标采用投标邀请书的形式发布。

② 选择的范围不同。公开招标针对的是一切潜在的对招标项目感兴趣的法人或其他组织，招标人事先不知道投标人的数量；邀请招标则针对已经了解的法人或其他组织，事先已经知道投标人的数量。

③ 竞争的范围不同。公开招标的竞争范围较广，竞争性体现得也比较充分，容易获得最佳招标效果；邀请招标中投标人的数量有限，竞争的范围有限，有可能将某些在技术上或报价上更有竞争力的承包人漏掉。

④ 公开的程度不同。公开招标中，所有的活动都必须严格按照预先指定并为人们所知的程序和标准公开进行；邀请招标的公开程度要弱一些。

⑤ 时间和费用不同。邀请招标不需要发公告，招标文件只送几家，缩短了整个招标投标时间，其费用也相对减少；公开招标的程序复杂、耗时较长，费用也比较高。

(4) 谈判招标

谈判招标，或者称为议标，是指招标单位通过谈判、协议的方式，面向特定投标企业选择并确定最有效率的投标企业，以实现"保证工程质量、提高经济效益"的基本目标。谈判招标主要有直接邀请谈判招标、比价谈判招标、方案竞赛谈判招标等多种方式。谈判招标是通过谈判产生中标者。尽管该种方式不是在"有效竞争和社会公开"下进行，可能存在很多不足之处，但是，由于工程项目建设差异，有时为了工程项目建设中的最大利益，尽可能克服“议标”中的缺陷与不足，我们在实践中仍然运用“议标”这种招标方式。

一般认为，在以下情形下进行的招标活动，可以适用谈判招标方式。

① 用于国防、国家安全保密的采购项目，以及针对慈善机构和监狱等特殊目的的采购；

② 用于研发和实验等非标准产品的采购，以及属于原型制造、设计方案竞赛等特定需要的采购；

③ 用于出现紧急状态的采购，比如抢险、救灾或处置重大事故等的采购；

④ 在竞争性招标没有出现合意结果情况下的采购，同时没有替代产品且属于特定供应的采购；

⑤ 在以往招标基础上的同类产品服务的重复购买，以及低于规定金额的不需要竞争的采购。

议标也称谈判协商招标或限制性招标，即通过谈判来确定中标者。主要有以下几种方式：

① 直接邀请议标方式。选择中标单位不是通过公开或邀请招标，而由招标人或其代理人直接邀请某一企业进行单独协商，达成协议后签订采购合同。如果与一家协商不成，可以邀请另一家，直到协议达成为止。

② 比价议标方式。“比价”是兼有邀请招标和协商特点的一种招标方式，一般使用于规模不大、内容简单的工程的货物采购。通常的做法是由招标人将采购的有关要求送交选定的几家企业，要求他们在约定的时间提出报价，招标单位经过分析比较，选择报价合理的企业，就工期、造价、质量、付款条件等细节进行协商，从而达成协议，签订合同。

③ 方案竞赛议标方式。它是选择工程规划设计任务的常用方式。通常组织公开竞赛，也可邀请经预先选择的规划设计机构参加竞赛。一般的做法是由招标人提出规划设计的基本要求和投资控制数额，并提供可行性研究报告或设计任务书、场地平面图、有关场地条件和环境情况的说明，以及规划、设计管理部门的有关规定等基础资料，参加竞争的单位据此提出自己的规划或设计的初步方案，阐述方案的优点和长处，并提出该项规划或设计任务的主要人员配置、完成任务的时间和进度安排，总投资估算和设计等，一并报送招标人。然后由招标人邀请有关专家组成评选委员会，选出优胜单位，招标人与优胜者签订合同。对未中选的参审单位给予一定补偿。

④ 在科技招标中，通常使用公开招标，但不公开开标的议标。招标单位在接到各投标单位的标书后，先就技术、设计、加工、资信能力等方面进行调整，并在取得初步认可的基础上，选择一名最理想的预中标单位并与之商谈，对标书进行调整协商，如能取得一致意见，则可定为中标单位，若不行则再找第二家预中标单位。这样逐次协商，直至双方达成一致意见为止。这种议标方式使招标单位有更多的灵活性，可以选择到比较理想的供应商和承包人。

（5）综合性招标

综合性招标指招标单位综合采用公开招标和邀请招标两种方式进行的招标。综合性招标的一般程序是，首先公开招标，在有竞争单位投标后，招标单位按照标准进行评价，选择几家比较中意的投标单位，然后对这些合意的投标单位采取邀请招标，最后从这些合意的投标单位中选择最优效率的投标企业。

一般来看，在招标的项目是招标单位缺乏经营经验的大型项目，或者公开竞标过程没有竞标单位中标的项目时，可以采用综合性招标。但是总体来看，综合性招标适用范围有限，并且整个招标过程周期较长，竞标运行的成本较高，所以综合性招标使用频率较低。

（6）两阶段招标

两阶段招标竞标过程：第一个阶段，指招标方要求投标方根据招标要求事先提供不包含报价内容的项目建议书，然后招标方仔细审议竞标方的项目建议书，并分别同竞标单位详细讨论建议书相关内容，允许竞标单位进一步修改完善项目建议书；第二个阶段，竞标单位在完善项目方案和设计内容后可以进入第二阶段投标，在这个阶段竞标企业提交最终的项目建议书、报价以及投标书，然后招标单位评价选择出最有效率的竞标企业。两阶段招标也有其适用范围，这些项目包括某些专用的大型设施、某些特殊性质的工程等。

2.2.3 建设工程招标的范围

《招标投标法》规定，在中华人民共和国境内进行下列工程建设项目包括项目的勘察、设计、施工、监理以及与工程建设有关的重要设备、材料等的采购，必须进行招标。

① 大型基础设施、公用事业等关系社会公共利益、公众安全的项目。

② 全部或者部分使用国有资金投资或者国家融资的项目。

③ 使用国际组织或者外国政府贷款、援助资金的项目。

经国务院批准，由中华人民共和国国家发展和改革委员会发布的《必须招标的工程项目规定》，自2018年6月1日起施行。

(1) 为了确定必须招标的工程项目，规范招标投标活动，提高工作效率、降低企业成本、预防腐败，根据《中华人民共和国招标投标法》第三条的规定，制定本规定。

(2) 全部或者部分使用国有资金投资或者国家融资的项目包括：

① 使用预算资金200万元人民币以上，并且该资金占投资额10%以上的项目；

② 使用国有企业事业单位资金，并且该资金占控股或者主导地位的项目。

(3) 使用国际组织或者外国政府贷款、援助资金的项目包括：

① 使用世界银行、亚洲开发银行等国际组织贷款、援助资金的项目；

② 使用外国政府及其机构贷款、援助资金的项目。

(4) 不属于本规定第二条、第三条规定情形的大型基础设施、公用事业等关系社会公共利益、公众安全的项目，必须招标的具体范围由国务院发展改革部门会同国务院有关部门按照确有必要、严格限定的原则制订，报国务院批准。

(5) 本规定第二条至第四条规定范围内的项目，其勘察、设计、施工、监理以及与工程建设有关的重要设备、材料等的采购达到下列标准之一的，必须招标：

① 施工单项合同估算价在400万元人民币以上；

② 重要设备、材料等货物的采购，单项合同估算价在200万元人民币以上；

③ 勘察、设计、监理等服务的采购，单项合同估算价在100万元人民币以上。

同一项目中可以合并进行的勘察、设计、施工、监理以及与工程建设有关的重要设备、材料等的采购，合同估算价合计达到前款规定标准的，必须招标。

2.2.4 建设工程强制招标的规模

2.2.4.1 必须进行招标的建设项目

在上述招标范围内的各类工程建设项目，包括项目的勘察、设计、施工、监理以及与工程建设有关的重要设备、材料等的采购，达到下列标准之一的，必须进行招标。

① 施工单项合同估算价在200万元人民币以上的。

② 重要设备、材料等货物的采购，单项合同估算价在100万元人民币以上的。

③ 勘察、设计、监理等服务的采购，单项合同估算价在50万元人民币以上的。

④ 单项合同估算价低于第①②③项规定的标准，但项目总投资额在3000万元人民币以上的。

2.2.4.2 可不招标的建设项目

(1)《招标投标法》第六十六条规定："涉及国家安全、国家秘密、抢险救灾或者属于利用扶贫资金实行以工代赈、需要使用农民工等特殊情况，不适宜进行招标的项目，按照国家有关规定可以不进行招标。"

(2)《招标投标法实施条例》第九条规定，除招标投标法第六十六条规定的可以不进行招标的特殊情况外，有下列情形之一的，可以不进行招标：

① 需要采用不可替代的专利或者专有技术。

② 采购人依法能够自行建设、生产或者提供。

③ 已通过招标方式选定的特许经营项目投资人依法能够自行建设、生产或者提供。

④ 需要向原中标人采购工程、货物或者服务，否则将影响施工或者功能配套要求。

⑤ 国家规定的其他特殊情形。

(3) 2013年3月修订的《工程建设项目施工招标投标办法》第十二条规定，依法必须进行施工招标的工程建设项目有下列情形之一的，可以不进行施工招标：

① 涉及国家安全、国家秘密、抢险救灾或者属于利用扶贫资金实行以工代赈需要使用农民工等特殊情况，不适宜进行招标。

② 施工主要技术采用不可替代的专利或者专有技术。

③ 已通过招标方式选定的特许经营项目投资人依法能够自行建设。

④ 采购人依法能够自行建设。

⑤ 在建工程追加的附属小型工程或者主体加层工程，原中标人仍具备承包能力，并且其他人承担将影响施工或者功能配套要求。

⑥ 国家规定的其他情形。

(4)《工程建设项目勘察设计招标投标办法》第四条规定，按照国家规定需要履行项目审批、核准手续的依法必须进行招标的项目，有下列情形之一的，经项目审批、核准部门审批、核准，项目的勘察设计可以不进行招标：

① 涉及国家安全、国家秘密、抢险救灾或者属于利用扶贫资金实行以工代赈、需要使用农民工等特殊情况，不适宜进行招标。

② 主要工艺、技术采用不可替代的专利或者专有技术，或者其建筑艺术造型有特殊要求。

③ 采购人依法能够自行勘察、设计。

④ 已通过招标方式选定的特许经营项目投资人依法能够自行勘察、设计。

⑤ 技术复杂或专业性强，能够满足条件的勘察设计单位少于三家，不能形成有效竞争。

⑥ 已建成项目需要改、扩建或者技术改造，由其他单位进行设计影响项目功能配套性。

⑦ 国家规定其他特殊情形。

(5)《工程建设项目可行性研究报告增加招标内容和核准招标事项暂行规定》(中华人民共和国国家发展计划委员会第9号令) 第五条规定，属于下列情况之一的，建设项目可以不进行招标。但在报送可行性研究报告中须提出不招标申请，并说明不招标原因：

① 涉及国家安全或者有特殊保密要求的。

② 建设项目的勘察、设计，采用特定专利或者专有技术的，或者其建筑艺术造型有特殊要求的。

③ 承包商、供应商或者服务提供者少于3家，不能形成有效竞争的。

④ 其他原因不适宜招标的。

2.2.5 招标资格

（1）招标人自行招标

2013年4月修订的《工程建设项目自行招标试行办法》第四条规定，招标人自行办理招标事宜，应当具有编制招标文件和组织评标的能力，具体包括：

① 具有项目法人资格（或者法人资格）；

② 具有与招标项目规模和复杂程度相适应的工程技术、概预算、财务和工程管理等方面专业技术力量；

③ 有从事同类工程建设项目招标的经验；

④ 设有专门的招标机构或者拥有3名以上专职招标业务人员；

⑤ 熟悉和掌握招标投标法及有关法规规章。

利用招标方式选择承包单位属于招标单位自主的市场行为，因此，《招标投标法》规定，招标人具有编制招标文件和组织评标能力的，可以自行办理招标事宜，向有关行政监督部门进行备案即可。如果招标单位不具备上述要求，则需委托具有相应资质的中介机构代理招标。

（2）招标代理机构

招标代理机构是接受被代理人的委托，为其办理工程的勘察、设计、施工、监理以及与工程建设有关的重要设备、材料采购等招标或投标事宜的社会组织。其中，被代理人一般是指工程项目的所有者或经营者，即建设单位或承包单位。

《招标投标法》第十三条规定，招标代理机构应当具备下列条件：

① 有从事招标代理业务的营业场所和相应资金。

② 有能够编制招标文件和组织评标的相应专业力量。

工程招标代理机构必须取得建设行政主管部门的资质认定。2015年5月修订的《工程建设项目招标代理机构资格认定办法》（建设部令第154号）将工程招标代理机构资格分为甲级、乙级和暂定级。《中央投资项目招标代理资格管理办法》（国家发展和改革委员会第13号令）将中央投资项目招标代理资格分为甲级、乙级和预备级。

招标代理机构可承担的招标事宜包括：拟订招标方案，编制和出售招标文件、资格预审文件；审查投标人资格；编制招标控制价；组织投标人踏勘现场；代替招标人主持开标；评标，协助招标人定标；草拟合同；招标人委托的其他事项。

委托代理机构招标是招标人的自主行为，任何单位和个人不得强制委托代理或指定招标代理机构。招标人委托的代理机构应尊重招标人的要求，在委托范围内办理招标事宜，并遵守《招标投标法》对招标人的有关规定。依法必须招标的建设工程项目，无论是招标人自行组织招标还是委托代理招标，均应当按照法规，在发布招标公告或者发出招标邀请书前，持有关材料到县级以上地方人民政府建设行政主管部门备案。

（3）招标项目应具备的条件

工程项目的建设应当按照建设管理程序进行。为了保证工程项目的建设符合国家或地方的总体发展规划，以及能使招标后工作顺利进行，不同标的招标均需满足相应的条件。《工程建设项目施工招标投标办法》第八条规定，依法必须招标的工程建设项目，应当具备下列条件才能进行施工招标：

① 招标人已经依法成立。

② 初步设计及概算应当履行审批手续的，已经批准。

③ 有相应资金或资金来源已经落实。

④ 有招标所需的设计图纸及技术资料。

2.3 建设工程投标概述

投标是指投标人根据招标文件的要求，编制并提交投标文件，响应招标、参加投标竞争的活动。投标既是建筑企业取得工程施工合同的主要途径，又是建筑企业经营决策的重要组成部分。它是针对招标的工程项目，力求实现决策最优化的活动。

(1) 投标人资格

《招标投标法》规定，投标人是响应招标、参加投标竞争的法人或者其他组织。投标人应当具备承担招标项目的能力；国家有关规定对投标人资格条件或者招标文件对投标人资格条件有规定的，投标人应当具备规定的资格条件。

不同行业及不同主体对投标人资格条件有不同的规定。

《工程建设项目施工招标投标办法》规定了投标人应具备以下五个方面的资格能力：

① 具有独立订立合同的权利。

② 具有履行合同的能力，包括专业、技术资格和能力，资金、设备和其他物质设施状况，管理能力，经验、信誉和相应的从业人员。

③ 没有处于被责令停业，投标资格被取消，财产被接管、冻结，破产状态。

④ 在最近三年内没有骗取中标和严重违约及重大工程质量问题。

⑤ 国家规定的其他资格条件。

《中华人民共和国政府采购法》(2014 年修订) 规定了供应商参加政府采购活动应当具备的六个条件：

① 具有独立承担民事责任的能力。

② 具有良好的商业信誉和健全的财务会计制度。

③ 具有履行合同所必需的设备和专业技术能力。

④ 有依法缴纳税收和社会保障资金的良好记录。

⑤ 参加政府采购活动前三年内，在经营活动中没有重大违法记录。

⑥ 法律、行政法规规定的其他条件。

(2) 联合体投标

《招标投标法》第三十一条规定："两个以上法人或者其他组织可以组成一个联合体，以一个投标人的身份共同投标。"

《招标投标法实施条例》第三十七条规定："招标人应当在资格预审公告、招标公告或者投标邀请书中载明是否接受联合体投标。"

《招标投标法》也明确规定，招标人不得强制投标人组成联合体共同投标，不得限制投标人之间的竞争。

招标人接受联合体投标并进行资格预审的，联合体应当在提交资格预审申请文件前组成。资格预审后联合体增减、更换成员的，其投标无效。

联合体各方在同一招标项目中以自己的名义单独投标或者参加其他联合体投标的，相关投标均无效。

联合体各方均应具备承担招标项目的能力和资格条件。同一专业的单位组成的联合体，按照资质等级较低的单位确定联合体的资质等级。联合体的资质等级采取就低不就高的原则，是为了促使高资质、高水平的投标人实现强强联合，优化资源配置，并防止出现“挂靠”现象，以保证招标质量和建设工程的顺利实施。对于联合体承担招标项目的能力和资质等级认定，应当由联合体成员按照招标文件的相应要求提交各自的有关资料。

组建联合体时，应依据《招标投标法》和有关合同法律的规定共同拟定投标协议，明确约定各方拟承担的工作和责任，并将共同投标协议连同投标文件一并提交招标人（否则资格预审会以废标处理）。联合体中标的，联合体各方应共同与招标人签订合同，就中标项目向招标人承担连带责任。

联合体各方应指定一方作为联合体牵头人，授权其代表所有联合体成员负责投标和合同实施阶段的主办、协调工作，并应当向招标人提交由所有联合体成员法定代表人签署的授权书。

2.4 建设工程招标投标的程序

建设工程招标投标程序包含下列三个阶段：

第一，招标准备阶段。主要工作有：办理工程报建手续、选择招标方式、编制招标有关文件和标底、办理招标备案手续等。

第二，招标投标阶段。主要包括发布招标公告或发出投标邀请书、资格预审、发放招标文件、领勘现场、标前会议和接收投标文件等。

第三，定标签约阶段。主要工作是开标、评标、定标和签订合同。

招标投标过程中各阶段具体工作的内容见图 2.1。

2.4.1 招标准备阶段

在招标准备阶段，招标人或者其代理人应当完成项目审批手续，落实所需的资金，编制招标的有关文件，并履行招标文件备案手续。

2.4.1.1 落实招标项目应当具备的条件

(1) 履行项目审批手续

招标项目按照国家有关规定需要履行项目审批手续的应当先履行审批手续，取得批准。建设工程项目获得立项批准文件或者列入国家投资计划后，应按规定到工程所在地的建设行政主管部门办理工程报建手续。报建时应交验的资料主要有：立项批准文件（概算批准文件、年度投资计划）、固定资产投资许可证、建设工程规划许可证、资金证明文件等。

(2) 资金落实

招标人应当有进行招标项目的相应资金或者资金来源已经落实，并在招标文件中载明。

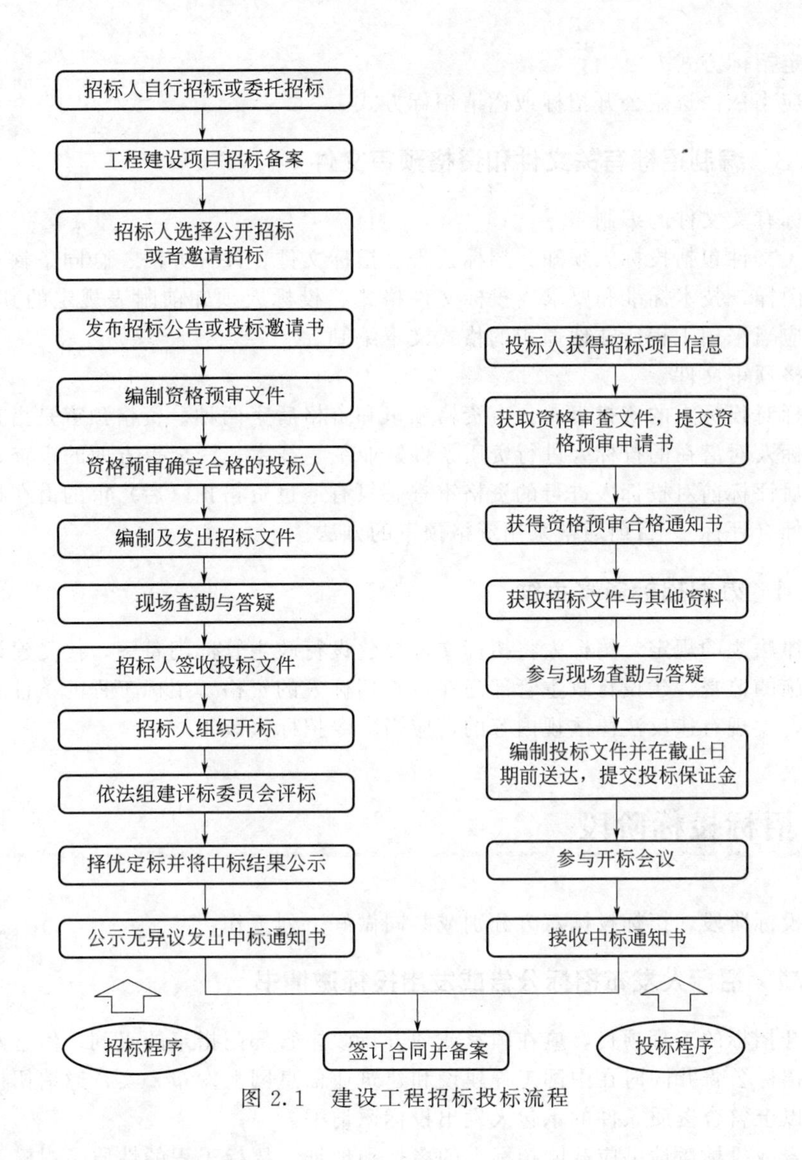

图 2.1 建设工程招标投标流程

2.4.1.2 选择招标方式

根据招标人的条件和招标工程的特点做好以下选定工作：

(1) 确定自行办理招标事宜或是委托代理招标

确定自行办理招标事宜的要依法办理备案手续。委托代理招标的应当选择具有相应资质资格的代理机构办理招标事宜，并在签订委托代理合同后的法定时间内到建设行政主管部门备案。

(2) 确定发包范围、招标次数及每次的招标内容

发包范围应根据工程特点和招标人的管理能力确定。对于场地集中、工程量不大、技术上不复杂的工程宜实行一次招标，反之可考虑分段招标。实行分段招标的工程，要求业主有较强的管理能力。现场各承包人所需的生活基地、材料堆场、交通运输等需要进行安排和协调，要做好工程进度的衔接工作。

(3) 选择合同计价方式

招标人应在招标文件中明确规定合同的计价方式。计价方式主要有固定总价合同、单价合同和成本加酬金合同三种，同时规定合同价的调整范围和调整方法。

（4）确定招标方式

招标人应当依法选定公开招标或邀请招标方式。

2.4.1.3 编制招标有关文件和资格预审文件

（1）招标有关文件的编制

招标有关文件包括投标人须知、招标公告、招标文件、评标办法、合同条款及格式、工程量清单、图样、技术标准和要求、投标文件格式、投标人须知前附表规定的其他材料等。这些文件都应当采用工程所在地通用的格式文本编制。

（2）资格预审文件

公开招标对投标人的资格审查，有资格预审和资格后审两种。资格预审是指在发售招标文件前，招标人对潜在的投标人进行资质条件、业绩、技术、资金等方面的审查；资格后审是指在开标后评标前对投标人进行的资格审查。只有通过资格预（后）审的潜在投标人，才可以参加投标（评标）。目前通常采用资格预审的方法。

2.4.1.4 办理招标备案手续

按照法律法规的规定，招标人将招标文件报建设行政主管部门备案，接受建设行政主管部门依法实施的监督。建设行政主管部门在审查招标人的资格、招标工程的条件和招标文件等的过程中，发现有违反法律法规内容的，应当责令招标人改正。

2.4.2 招标投标阶段

在招标投标阶段，招标投标双方分别或共同做好下列工作：

2.4.2.1 招标人发布招标公告或发出投标邀请书

实行公开招标的工程项目，应在国家或地方行政主管部门指定的报刊、信息网络或其他媒介上发布招标公告并同时在中国工程建设和建筑业信息网上发布。实行邀请招标的工程项目应向三个以上符合资质条件的承包人发出投标邀请书。

招标公告或投标邀请书应载明招标人的名称和地址，招标工程的性质、规模、地点以及获取招标文件的办法等事项。

2.4.2.2 资格审查

招标人可以根据招标项目本身的要求，对潜在投标人进行资格审查。通常公开招标采用资格预审方法，邀请招标采用资格后审方法。

（1）资格预审文件

实行资格预审的招标工程，招标人应当在招标公告或投标邀请书中载明资格预审的条件和获取资格预审文件的办法。资格预审文件一般包括下列组成部分：

① 资格预审申请书。应当采用工程所在地招标投标管理部门编制的格式文本。

② 资格预审须知。内容包括工程概况、资金来源、投标资格和合格条件要求、对联营体的要求、分包的规定、资格预审文件递送的时间和地点，以及要求申请人提供的企业资质、业绩、技术装备、财务状况和拟派出的项目经理及主要技术人员的简历、业绩等证明材料。

③ 资格预审合格通知书。资格预审合格通知书的内容包括确认投标报名人具备投标资

格、领取招标文件的时间和地点、投标保证金的形式和额度、投标截止时间、开标的时间和地点等。

(2) 资格预审方法

① 投标合格条件。

a. 必要合格条件。包括：营业执照，准许承接业务的范围应符合招标工程的要求；资质等级，达到或超过招标工程的技术要求；财务状况和流动资金，资金信用良好；以往履约情况，无毁约或被驱逐的历史；分包计划合法。

b. 附加合格条件。对于大型复杂工程或有特殊专业技术要求的项目，资格审查时可以设立附加合格条件，例如要求投标人具有同类工程的建设经验和能力，对主要管理人员和专业技术人员的要求，针对工程所需的特别措施或工艺的专长，环境保护方针和保证体系等。

② 确定合格投标人名单的方法。

a. 综合评议法。通过专家评议，把符合投标合格条件的投标人名称全部列入合格投标人名单，淘汰所有不符合投标合格条件的投标人。

b. 计权评分量化审查。对必要合格条件和附加合格条件所列的资格审查的项目确定计权系数，并用这些项目评价投标申请人，计算出每个投标申请人的审查总分，按总分从高到低的次序将投标申请人排序，取前几名为合格投标人。

(3) 投标人应提交的资格预审资料

为了证明自己符合资格预审须知规定的投标资格和合格条件要求，具备履行合同的能力，参加资格预审的投标人应当提供下列资料。

① 确定投标人法律地位的原始文件。要求提交营业执照和资质证书的副本。

② 履行合同能力方面的资料。要求提供：

a. 管理和执行本合同的管理人员和主要技术人员的情况。

b. 为完成本合同拟采用的主要技术装备情况。

c. 为完成本合同拟分包的项目及分包单位的情况。

③ 项目经验方面的资料。过去三年完成的与本合同相似项目的情况和现在履行合同的情况。

④ 财务状况的资料。近两年经审计的财务报表和下一年度的财务预测报告。

⑤ 企业信誉方面的资料。例如，目前和过去五年参与或涉及仲裁和诉讼案件的情况、过去五年中发包人对投标人履行合同的评价等。

(4) 承包人准备和提交资格预审资料的注意事项

能否通过资格预审是承包人投标争取中标的第一关。在准备和提交资格预审资料中应注意下列事项：

① 应在平时做好资格预审通用资料的积累工作。

② 填好资格预审表的重点部位。例如施工招标，业主在资格审查中考虑的重点一般是承包人的施工经验、施工水平和施工组织能力等方面，投标人应通过认真阅读资格预审须知，领会业主的意图，填好资格预审表。

③ 决策确定投标项目后，应立即动手做资格预审的申请准备，以便在资料准备中能及时发现问题并尽早解决。如果有本公司不能解决的问题，也有时间考虑联合投标等事宜。

④ 按时提交资格预审资料，并做好提交资格预审表后的跟踪工作。通过跟踪，及时发现问题，及时补充资料。

2.4.2.3 发放招标文件

招标人按照资格预审确定的合格投标人名单或者投标邀请书发放招标文件，招标文件是全面反映业主建设意图的技术经济文件，又是投标人编制标书的主要依据。因此，招标文件的内容必须正确，原则上不能修改或补充。如果必须修改或补充的，必须报招标投标主管部门备案，并在投标截止日前15天书面通知每一个投标人。招标人发放招标文件可以收取工本费，对其中的设计文件可以收取押金，宣布中标人后收回设计文件并退还押金。

2.4.2.4 现场勘察

招标人应当组织投标人进行现场勘察，了解工程场地和周围环境情况收集有关信息，使投标人能结合现场条件提出合理的报价。现场勘察可安排在招标预备会议前进行，以便在会上解答现场勘察中提出的疑问。

(1) 现场勘察时招标人应介绍的情况

① 现场是否已经达到招标文件规定的条件。

② 现场的自然条件。包括地形地貌、水文地质、土质地下水位及气温、风、雨、雪等气候条件。

③ 工程建设条件。工程性质和标段、可提供的施工用地和临时设施、料场开采、污水排放、通信、交通、电力、水源等条件。

④ 现场的生活条件和工地附近的治安情况等。

(2) 现场勘察是投标人的权利和义务

① 投标人应当在现场勘察的基础上编制投标报价。投标人提出的报价单一般被认为是在现场考察的基础上编制的，投标文件提交后不允许因现场考察不周等原因要求调整报价。

② 现场考察前的准备工作。现场情况对投标文件的编制影响较大，投标人应在勘察前做好准备，充分利用招标人领勘现场的安排，掌握编制投标文件所需的各种现场资料。

a. 仔细研究招标文件。主要是工作范围、专用条款、设计图纸和说明等。

b. 编制现场勘察提纲，确定重点要解决的问题。

2.4.2.5 标前会议

标前会议，又称招标预备会议或投标预备会议。主要用来澄清招标文件中的疑问，解答投标人提出的有关招标文件和现场勘察的问题。

① 投标人有关招标文件和现场勘察的疑问，应在招标预备会议前以书面形式提出。

② 对于投标人有关招标文件的疑问，招标人只能采取会议形式公开答复，不得私下单独作解释。

③ 标前会议应当形成书面的会议纪要，并送达每一个投标人。它与招标文件具有同等的效力。

2.4.2.6 投标人递交投标文件

投标人根据招标文件的要求编制好投标文件，并按规定进行密封和做好标志，在投标截止时间前将投标文件及投标保证金或保函送达指定的地点。招标人收到投标文件及其担保后应向投标人出具标明签收人和签收时间的凭证，并妥善保存投标文件。投标担保可以采用投标保函或投标保证金的方式，投标保证金可以使用支票、银行汇票等。投标保证金通常不超过投标总价的2%，最高不得超过80万元。投标担保的方式和金额，由招标人在招标文件中作出规定。

投标文件的密封和标志：常采用二层封套形式。内层封面写明投标人名称及地址，以便不中标时原样退回；外层封面写明招标人（名称）收、合同名称、招标编号、开标前不得拆封等。内外层封套都应按招标文件的规定做好密封标志。

投标文件提交后，在投标截止时间前可以补充、修改和撤回，补充和修改的内容为投标文件的组成部分。投标截止时间后再对投标文件作的补充和修改是无效的，如果再撤回投标文件，则投标保函或投标保证金不予退还。

2.4.3 定标签约阶段

定标签约阶段有开标、评标、定标、签约四项工作。

2.4.3.1 开标

开标由招标人主持，邀请所有的投标人和评标委员会的全体人员参加，招标投标管理机构负责监督，大中型项目也可以请公证机关进行公证。

（1）开标的时间和地点

开标时间应当为招标文件规定的投标截止时间的同一时间；开标地点通常为工程所在地的建设工程交易中心。开标的时间和地点应在招标文件中明确规定。

（2）开标会议程序

① 投标人签到。签到记录是投标人是否出席开标会议的证明。

② 招标人主持开标会议。主持人介绍参加开标会议的单位、人员及工程项目的有关情况；宣布开标人员名单、招标文件规定的评标定标办法和标底。

③ 开标。

a. 检验各标书的密封情况。由投标人或其推选的代表检查各标书的密封情况，也可以由公证人员检查并公证。

b. 唱标。经检验确认各标书的密封无异常情况后，按投递标书的先后顺序，当众拆封投标文件，宣读投标人名称、投标价格和标书的其他主要内容。投标截止时间前收到的所有投标文件都应当当众予以拆封和宣读。

c. 开标过程记录。开标过程应当做好记录，并存档备查。投标人也应做好记录，以收集竞争对手的信息资料。

（3）宣布无效的投标文件

开标时，发现有下列情形之一的投标文件时，应当当场宣布其为无效投标文件，不得进入评标。

① 投标文件未按照招标文件的要求予以密封或逾期送达的。

② 投标函未予加盖投标人的公章及法定代表人印章或委托代理人印章的，或者法定代表人的委托代理人没有合法有效的委托书（原件）。

③ 投标文件的关键内容字迹模糊、无法辨认的。

④ 投标人未按照招标文件的要求提供投标担保或没有参加开标会议的。

⑤ 组成联合体投标，但投标文件未附联合体各方共同投标协议的。

2.4.3.2 评标

（1）评标工作由招标人依法组建的评标委员会负责

① 评标委员会的组成。评标委员会由招标人代表和技术、经济等方面的专家组成，成员数为五人以上的单数，其中招标人或招标代理机构以外的技术、经济等方面的专家不得少于成员总数的三分之二。

② 专家成员名单应从专家库中随机抽取确定。组成评标委员会的专家成员，由招标人从建设行政主管部门的专家名册或其他指定的专家库内的相关专家名单中随机抽取确定。技

术特别复杂、专业性要求特别高或国家有特殊要求的招标项目，上述方式确定的专家成员难以胜任的，可以由招标人直接确定。

③ 与投标人有利害关系的专家不得进入相关工程的评标委员会。

④ 评标委员会的名单一般在开标前确定，定标前应当保密。

（2）评标活动应遵循的原则

① 评标活动应当遵循公平、公正原则。

a. 评标委员会应当根据招标文件规定的评标标准和办法进行评标，对投标文件进行系统的评审和比较。没有在招标文件中规定的评标标准和办法，不得作为评标的依据。招标文件规定的评标标准和办法应当合理，不得含有倾向或者排斥潜在投标人的内容，不得妨碍或者限制投标人之间的竞争。

b. 评标过程应当保密。有关标书的审查、澄清、评比和比较的有关资料、授予合同的信息等均不得向无关人员泄露。对于投标人的任何施加影响的行为，都应给予取消其投标资格的处罚。

② 评标活动应当遵循科学、合理的原则。

a. 询标。即投标文件的澄清，评标委员会可以以书面形式，要求投标人对投标文件中含义不明确、对同类问题表述不一致或者有明显文字和计算错误的内容，作必要的澄清、说明或补正。但是不得改变投标文件的实质性内容。

b. 响应性投标文件中存在错误的修正。响应性投标中存在的计算或累加错误，由评标委员会按规定予以修正；用数字表示的数额与用文字表示的数额不一致时，以文字数额为准；单价与合价不一致时以单价为准，但当评标委员会认为单价有明显的小数点错位的，则以合价为准。

经修正的投标书必须经投标人同意才具有约束力。如果投标人对评标委员会按规定进行的修正不同意时，应当视为拒绝投标，投标保证金不予退还。

③ 评标活动应当遵循竞争和择优的原则

a. 评标委员会可以否决全部投标。评标委员会对各投标文件评审后认为所有投标文件都不符合招标文件要求的，可以否决所有投标。

b. 有效的投标书不足三个时不予评标。有效投标不足三个，使得投标明显缺乏竞争性，失去了招标的意义，达不到招标的目的，本次招标无效，不予评标。

c. 重新招标。有效投标人少于三个或者所有投标被评标委员会否决的，招标人应当依法重新招标。

（3）评标的准备工作

① 认真研究招标文件。通过认真研究，熟悉招标文件中的以下内容：

a. 招标的目标。

b. 招标项目的范围和性质。

c. 招标文件中规定的主要技术要求、标准和商务条款。

d. 招标文件规定的评标标准、评标方法和在评标过程中考虑的相关因素。

② 招标人向评标委员会提供评标所需的重要信息和数据。

③ 编制评标需用的表格。需要编制的表格有：标价比较表或综合评估比较表。

（4）初步评审

初步评审，又称投标文件的符合性鉴定。通过初评，将投标文件分为响应性投标和非响应性投标两大类。响应性投标是指投标文件的内容与招标文件所规定的要求、条件、合同协议条款和规范等相符，无显著差别或保留，并且按照招标文件的规定提交了投标担保的投标；非响应性投标是指投标文件的内容与招标文件的规定有重大偏差，或者是未按招标文件的规定提交担保的投标。通过初步评审，响应性投标可以进入详细评标，而非响应性投标则淘汰出局。初步评审的主要内容有：

① 投标文件排序。评标委员会应当按照投标报价的高低或者招标文件规定的其他方法对投标文件进行排序。

② 废标。下列情况作废标处理：

a. 投标人以他人的名义投标、串通投标、以行贿手段或者以其他弄虚作假方式谋取中标的投标。

b. 投标人以低于成本报价竞标的。投标人的报价明显低于其他投标报价，使其报价有可能低于成本的，应当要求该投标人作出书面说明并提供相关证明的材料。投标人未能提供相关证明材料或不能作出合理解释的，按废标予以处理。

c. 投标人资格条件不符合国家规定或招标文件要求的。

d. 拒不按照要求对投标文件进行澄清、说明或补正的。

e. 未在实质上响应招标文件的投标。评标委员会应当审查每一投标文件，是否对招标文件提出的所有实质性要求作出了响应。非响应性投标将被拒绝，并且不允许修改或补充。

③ 重大偏差和细微偏差。评标委员会应当根据招标文件，审查并逐项列出投标文件的全部投标偏差，并区分为重大偏差和细微偏差两大类。属于重大偏差的有：

a. 没有按照招标文件要求提供投标担保或者所提供的投标担保有瑕疵。

b. 投标文件没有投标人授权代表的签字和加盖公章。

c. 投标文件载明的招标项目完成期限超过招标文件规定的期限。

d. 明显不符合技术规范、技术标准的要求。

e. 投标文件载明的货物包装方式、检验标准和方法等不符合招标文件的要求。

f. 投标文件附有招标人不能接受的条件。

g. 不符合招标文件中规定的其他实质性要求。

存在重大误差的投标文件，属于非响应性投标。

④ 细微偏差。是指投标文件在实质上响应招标文件的要求，但在个别地方存在漏项或者提供了不完整的技术信息和数据等情况。

a. 细微偏差不影响投标文件的有效性。

b. 评标委员会应当书面要求存在细微偏差的投标人在评标结束前予以补正。

（5）详细评审

经初步评审合格的投标文件，评标委员会应当根据招标文件规定的评标标准和办法，对其技术部分和商务部分做进一步的评审、比较，即详细评审。详细评审的方法有经评审的最低投标价法、综合评估法和法律法规规定的其他方法。

① 经评审的最低投标价法。采用经评审的最低投标价法时，评标委员会将推荐满足下述条件的投标人为中标候选人。

a. 能够满足招标文件的实质性要求。即中标人的投标应当符合招标文件规定的技术要求和标准。

b. 经评审的投标价最低的投标。评标委员会应当根据招标文件规定的评标价格调整方法，对所有投标人的投标报价以及投标文件的商务部分作必要的调整，确定每一投标文件的经评审的投标价。但对技术标无须进行价格折算。

经评审的最低投标价法一般适用于具有通用技术性能标准的招标项目，或者是招标人对技术性能没有特殊要求的招标项目。采用经评审的最低投标价法评审完成后，评标委员会应当填制“标价比较表”，编写书面的评标报告，提交给招标人定标。“标价比较表”应载明投标人的投标报价、对商务偏差的价格调整和说明、经评审的最终投标价。

② 综合评估法。综合评估法适用于不宜采用经评审的最低投标价法进行评标的招标项

目。要点如下：

a. 综合评估法推荐中标候选人的原则。综合评估法推荐能够最大限度地满足招标文件中规定的各项综合评价标准的投标，作为中标候选人。

b. 使各投标文件具有可比性。综合评估法是通过量化各投标文件对招标要求的满足程度，进行评标和选定中标候选人的。评标委员会对各个评审因素进行量化时，应当将量化指标建立在同一基础或同一标准上，使各投标文件具有可比性。评标中需量化的因素及其权重应当在招标文件中明确规定。

c. 衡量各投标满足招标要求的程度。综合评估法采用将技术指标折算为货币或者综合评分的方法，分别对技术部分和商务部分进行量化的评审，然后将每一投标文件两部分的量化结果，按照招标文件明确规定的计权方法进行加权，算出每一投标的综合评估价或者综合评估分，并确定中标候选人名单。

d. 综合评估比较表。运用综合评估法完成评标后，评标委员会应当拟定一份综合评估比较表，连同书面的评标报告提交给招标人。综合评估比较表应当载明投标人的投标报价、所做的任何修正、对商务偏差的调整、对技术偏差的调整、对各评审因素的评估和对每一投标的最终评审结果。

e. 备选标的评审。招标文件允许投标人投备选标的，评标委员会可以对中标人的备选标进行评审，并决定是否采纳。不符合中标条件的投标人的备选标不予考虑。

f. 划分有多个单项合同的招标项目的评审。对于此类招标项目，招标文件允许投标人为获得整个项目合同而提出优惠的，评标委员会可以对投标人提出的优惠进行审查，并决定是否将招标项目作为一个整体合同授予中标人。整体合同中标人的投标应当是最有利于招标人的投标。

（6）评标报告

评标委员会完成评标后，应当向招标人提出书面评标报告。

① 评标报告的内容。评标报告应如实记载以下内容：基本情况和数据表、评标委员会成员名单、开标记录、符合要求的投标一览表、废标情况说明、评标标准、评标方法或者评标因素一览表、经评审的价格或者评分比较一览表、经评审的投标人排序、推荐的中标候选人名单与签订合同前要处理的事宜，以及澄清、说明、补正事项纪要。

② 中标候选人人数。评标委员会推荐的中标候选人应当限定在1～3人，并标明排列顺序。

③ 评标报告由评标委员会全体成员签字。评标委员会应当对下列情况作出书面说明并记录在案。

a. 对评标结论有异议的评标委员会成员，可以以书面方式阐述其不同意见和理由。

b. 评标委员会成员拒绝在评标报告上签字且不陈述其不同意见和理由的，视为同意评标结论。

2.4.3.3 定标

定标，又称决标，即在评标完成后确定中标人，是业主对满意的合同要约人作出承诺的法律行为。

（1）招标人应当在投标有效期内定标

投标有效期是招标文件规定的从投标截止日起至中标人公布日止的期限。一般不能延长，因为它是确定投标保证金有效的依据。如有特殊情况确需延长的，应当办理或进行以下手续和工作：

① 报招标投标主管部门备案，延长投标有效期。

② 取得投标人的同意。招标人应当向投标人书面提出延长要求，投标人应作书面答复。投标人不同意延长投标有效期的，视为投标截止前的撤回投标，招标人应当退回其投标保证金。

同意延长投标有效期的投标人，不得因此修改投标文件，而应相应延长投标保证金的有效期。

③ 除不可抗力原因外，因延长投标有效期造成投标人损失的，招标人应当给予补偿。

（2）定标方式

定标时，应当由业主行使决策权。定标的方式有：

① 业主自己确定中标人。招标人根据评标委员会提出的书面评标报告，在中标候选人的推荐名单中确定中标人。

② 业主委托评标委员会确定中标人。招标人也可以通过授权委托评标委员会直接确定中标人。

（3）定标的原则

中标人的投标应当符合下列二原则之一：

① 中标人的投标，能够最大限度地满足招标文件规定的各项综合评价标准。

② 中标人的投标能够满足招标文件的实质性要求，并且经评审的投标价格最低，但是低于成本的投标价格除外。

（4）优先确定排名第一的中标候选人为中标人

使用国有资金投资或者国家融资的项目，招标人应当确定排名第一的中标候选人为中标人。排名第一的中标候选人放弃中标、因不可抗力提出不能履行合同，或者招标文件规定应当提交履约保证金而在规定期限内未能提交的，招标人可以确定排名第二的中标候选人为中标人。排名第二的中标候选人因同类原因不能签订合同的，招标人可以确定排名第三的中标候选人为中标人。

（5）提交招标投标情况书面报告及发出中标通知书

招标人应当自确定中标人之日起15日内，向工程所在地县级以上的建设行政主管部门提交招标投标情况的书面报告。招标投标情况书面报告的内容包括：

① 招标投标基本情况。包括招标范围、招标方式、资格审查、开标评标过程、定标方式及定标的理由等。

② 相关的文件资料。招标公告或投标邀请书、投标报名表、资格预审文件、招标文件、评标报告、中标人的投标文件等。委托代理招标的应附招标代理委托合同。

建设行政主管部门自收到书面报告之日起5日内未通知招标人在招标活动中有违法行为的，招标人可以向中标人发出中标通知书，并将中标结果通知所有未中标的投标人。

（6）退回招标文件的押金

公布中标结果后，未中标的投标人应当在公布中标通知书后的七天内退回招标文件和相关的图纸资料，同时招标人应当退回未中标投标人的投标文件和发放招标文件时收取的押金。

2.4.3.4 签约

（1）中标人确定后应当在30个工作日内签订合同

招标人和中标人应当自中标通知书发出之日起30日内签订合同，法律法规或者招标文件另有规定的，执行其规定。

（2）中标通知书对招标人和中标人具有法律约束力

除不可抗力外，中标人拒绝与招标人签订合同的，投标保证金不退并取消其中标资格，招标人的损失超过投标保证金的，应当由投标人对超过部分负赔偿责任。招标人无正当理由拒绝与中标人签订合同，给中标人造成损失的，招标人应当给予赔偿。

（3）按照中标通知书、招标文件和中标人的投标文件签订书面合同

① 合同的主要条款应当与中标通知书、招标文件和中标人的投标文件相一致。

② 按招标文件提供的合同协议条款签署合同。如果对该合同协议条款有进一步的修改

或补充的，应在双方协商达成一致意见后，作为合同的组成部分。

③ 招标人和中标人不得另行订立背离合同实质性内容的其他协议。

(4) 履约担保

招标文件要求中标人提交履约担保的，中标人应当提交。招标人应当提供工程款支付担保。中标人提交履约担保的方式有：

① 银行保函。采用银行保函方式的，保证额为合同价的5%。

② 履约担保书。请第三方法人作担保的，采用履约担保书方式，保证额为合同价的10%。

③ 其他方式。通常在招标文件中有明确规定，投标人应按照其规定。

(5) 合同备案

订立书面合同后的七日内，中标人应将合同送建设行政主管部门备案。

(6) 退回投标担保

招标文件规定投标人提交投标担保的，招标人与中标人签订合同后5个工作日内，应当向中标人和未中标人退回投标担保。

2.5 法律责任

2.5.1 招标人法律责任

(1) 招标人有下列限制或者排斥潜在投标人行为之一的，由有关行政监督部门依照《招标投标法》的规定处罚。

① 依法应当公开招标的项目不按照规定在指定媒介发布资格预审公告或者招标公告；

② 在不同媒介发布的同一招标项目的资格预审公告或者招标公告的内容不一致，影响潜在投标人申请资格预审或者投标。

依法必须进行招标的项目的招标人不按照规定发布资格预审公告或者招标公告，构成规避招标的，责令限期改正，可以处项目合同金额千分之五以上千分之十以下的罚款；对全部或者部分使用国有资金的项目，可以暂停项目执行或者暂停资金拨付；对单位直接负责的主管人员和其他直接责任人员依法给予处分。

(2) 招标人有下列情形之一的，由有关行政监督部门责令改正，可以处10万元以下的罚款。

① 依法应当公开招标而采用邀请招标；

② 招标文件、资格预审文件的发售、澄清、修改的时限，或者确定的提交资格预审申请文件、投标文件的时限不符合招标投标法和《招标投标法实施条例》规定；

③ 接受未通过资格预审的单位或者个人参加投标；

④ 接受应当拒收的投标文件。

招标人有以上第①、③、④项所列行为之一的，对单位直接负责的主管人员和其他直接责任人员依法给予处分。

(3) 招标人超过规定的比例收取投标保证金、履约保证金或者不按照规定退还投标保证金及银行同期存款利息的，由有关行政监督部门责令改正，可以处5万元以下的罚款；给他人造成损失的，依法承担赔偿责任。

(4) 依法必须进行招标的项目的招标人不按照规定组建评标委员会，或者确定、更换评标委员会成员违反《招标投标法》和《招标投标法实施条例》规定的，由有关行政监督部门责令改正，可以处10万元以下的罚款，对单位直接负责的主管人员和其他直接责任人员依法给予处分；违法确定或者更换的评标委员会成员作出的评审结论无效，依法重新进行评审。

国家工作人员利用职务便利，以直接或者间接、明示或者暗示等任何方式非法干涉招标投标活动，有下列情形之一的，依法给予记过或者记大过处分；情节严重的，依法给予降级或者撤职处分；情节特别严重的，依法给予开除处分；构成犯罪的，依法追究刑事责任。

① 要求对依法必须进行招标的项目不招标，或者要求对依法应当公开招标的项目不公开招标；

② 要求评标委员会成员或者招标人以其指定的投标人作为中标候选人或者中标人，或者以其他方式非法干涉评标活动，影响中标结果；

③ 以其他方式非法干涉招标投标活动。

(5) 依法必须进行招标的项目的招标人有下列情形之一的，由有关行政监督部门责令改正，可以处中标项目金额10‰以下的罚款；给他人造成损失的，依法承担赔偿责任；对单位直接负责的主管人员和其他直接责任人员依法给予处分。

① 无正当理由不发出中标通知书；

② 不按照规定确定中标人；

③ 中标通知书发出后无正当理由改变中标结果；

④ 无正当理由不与中标人订立合同；

⑤ 在订立合同时向中标人提出附加条件。

(6) 招标人和中标人不按照招标文件和中标人的投标文件订立合同，合同的主要条款与招标文件、中标人的投标文件的内容不一致，或者招标人、中标人订立背离合同实质性内容的协议的，由有关行政监督部门责令改正，可以处中标项目金额5‰以上10‰以下的罚款。

2.5.2 投标人法律责任

(1) 投标人相互串通投标或者与招标人串通投标的，投标人向招标人或者评标委员会成员行贿谋取中标的，中标无效；构成犯罪的，依法追究刑事责任；尚不构成犯罪的，处中标项目金额千分之五以上千分之十以下的罚款，对单位直接负责的主管人员以及其他直接责任人员处单位罚款数额百分之五以上百分之十以下的罚款；有违法所得的，并处没收违法所得；情节严重的，取消其1年至2年内参加依法必须进行招标的项目的投标资格并予以公告，直至由工商行政管理机关吊销营业执照；构成犯罪的，应依法追究刑事责任；给他人造成损失的，依法承担赔偿责任；投标人未中标的，对单位的罚款金额按照招标项目合同金额依照招标投标法规定的比例计算。

投标人有下列行为之一的，由有关行政监督部门取消其1年至2年内参加依法必须进行招标的项目的投标资格。

① 以行贿谋取中标；

② 3年内2次以上串通投标；

③ 串通投标行为损害招标人、其他投标人或者国家、集体、公民的合法利益，造成直接经济损失30万元以上；

④ 其他串通投标情节严重的行为。

投标人自规定的处罚执行期限届满之日起3年内又有《招标投标法》第六十七条所列违

法行为之一的，或者串通投标、以行贿谋取中标情节特别严重的，由工商行政管理机关吊销营业执照。

法律、行政法规对串通投标报价行为的处罚另有规定的，从其规定。

（2）投标人以他人名义投标或者以其他方式弄虚作假骗取中标的，中标无效；构成犯罪的，依法追究刑事责任；依法必须进行招标的项目的投标人有前款所列行为尚未构成犯罪的，处中标项目金额千分之五以上千分之十以下的罚款，对单位直接负责的主管人员和其他直接责任人员处单位罚款数额百分之五以上百分之十以下的罚款；有违法所得的，并处没收违法所得；情节严重的，取消其1年至3年内参加依法必须进行招标的项目的投标资格并予以公告，直至由工商行政管理机关吊销营业执照。依法必须进行招标的项目的投标人未中标的，对单位的罚款金额按照招标项目合同金额依照招标投标法规定的比例计算。

投标人有下列行为之一的，由有关行政监督部门取消其1年至3年内参加依法必须进行招标的项目的投标资格。

① 伪造、变造资格、资质证书或者其他许可证件骗取中标；

② 3年内2次以上使用他人名义投标；

③ 弄虚作假骗取中标给招标人造成直接经济损失30万元以上；

④ 其他弄虚作假骗取中标情节严重的行为。

投标人自规定的处罚执行期限届满之日起3年内又有该款所列违法行为之一的，或者弄虚作假骗取中标情节特别严重的，由工商行政管理机关吊销营业执照。

（3）出让或者出租资格、资质证书供他人投标的，依照法律、行政法规的规定给予行政处罚；构成犯罪的，依法追究刑事责任。

（4）中标人无正当理由不与招标人订立合同，在签订合同时向招标人提出附加条件，或者不按照招标文件要求提交履约保证金的，取消其中标资格，投标保证金不予退还。对依法必须进行招标的项目的中标人，由有关行政监督部门责令改正，可以处中标项目金额10‰以下的罚款。

（5）中标人将中标项目转让给他人的，将中标项目肢解后分别转让给他人的，违反《招标投标法》和《招标投标法实施条例》规定将中标项目的部分主体、关键性工作分包给他人的，或者分包人再次分包的，转让、分包无效，处转让、分包项目金额5‰以上10‰以下的罚款；有违法所得的，并处没收违法所得；可以责令停业整顿；情节严重的，由工商行政管理机关吊销营业执照。

（6）投标人或者其他利害关系人捏造事实、伪造材料或者以非法手段取得证明材料进行投诉，给他人造成损失的，依法承担赔偿责任。

招标人不按照规定对异议作出答复，继续进行招标投标活动的，由有关行政监督部门责令改正，拒不改正或者不能改正并影响中标结果的，且不能采取补救措施予以纠正的，招标、投标、中标无效，应当依法重新招标或者评标。

2.5.3 评标委员会法律责任

（1）评标委员会成员有下列行为之一的，由有关行政监督部门责令改正；情节严重的，禁止其在一定期限内参加依法必须进行招标的项目的评标；情节特别严重的，取消其担任评标委员会成员的资格：

① 应当回避而不回避；

② 擅离职守；

③ 不按照招标文件规定的评标标准和方法评标；

④ 私下接触投标人；

⑤ 向招标人征询确定中标人的意向或者接受任何单位或者个人明示或者暗示提出的倾向或者排斥特定投标人的要求；

⑥ 对依法应当否决的投标不提出否决意见；

⑦ 暗示或者诱导投标人作出澄清、说明或者接受投标人主动提出的澄清、说明；

⑧ 其他不客观、不公正履行职务的行为。

（2）评标委员会成员收受投标人的财物或者其他好处的，没收收受的财物，处3000元以上5万元以下的罚款，取消担任评标委员会成员的资格，不得再参加依法必须进行招标的项目的评标；构成犯罪的，依法追究刑事责任。

2.5.4 招标代理机构法律责任

招标代理机构在所代理的招标项目中投标、代理投标或者向该项目投标人提供咨询的，接受委托编制标底的中介机构参加受托编制标底项目的投标或者为该项目的投标人编制投标文件、提供咨询的，处五万元以上二十五万元以下的罚款，对单位直接负责的主管人员和其他直接责任人员处单位罚款数额百分之五以上百分之十以下的罚款；有违法所得的，并处没收违法所得；情节严重的，暂停直至取消招标代理资格；构成犯罪的，依法追究刑事责任；给他人造成损失的，依法承担赔偿责任；其行为影响中标结果的，中标无效。

<<<< 思考题 >>>>

1. 建设工程招标有哪几种方式？公开招标与邀请招标各有何优缺点？
2. 依法必须进行招标的项目范围如何界定？
3. 建设工程项目招标必须具备哪些条件？
4. 哪些工程项目必须实行招标发包？
5. 简述建设工程强制招标的规模。
6. 简述建设工程招标投标的程序。

第3章 建设工程招标与投标管理

学习目标

掌握建设工程招勘察设计、监理、物资设备采购、施工招标投标的概念、特点和方法。

【本章知识体系】

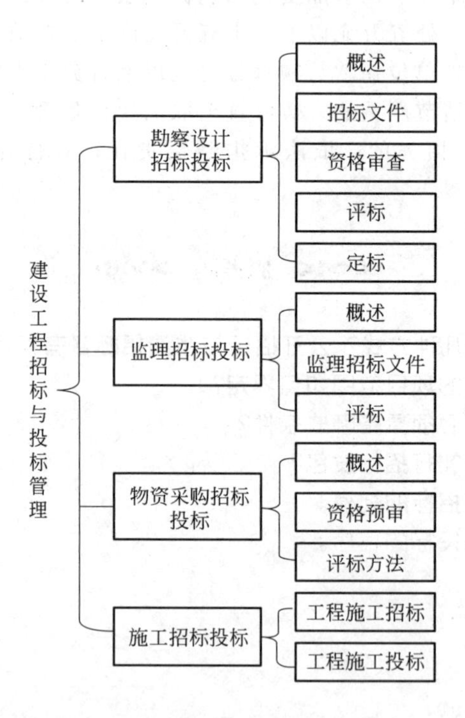

《招标投标法》中依法必须招标的项目范围着眼于“工程建设项目”，包括了工程建设项目的勘察、设计、施工、监理以及重要设备、材料的采购，单项合同估算价超过《工程建设项目招标范围和规模标准规定》的施工单项200万元人民币以上；重要设备、材料等货物采购100万元人民币以上；勘察、设计、监理等服务采购50万元人民币以上的。属于依法必须招标的项目，纳入强制招标范围，除此之外，其他相关的法律、法规或地方政府对必须招标项目有相关规定的，也应该纳入强制招标的范围。

建设工程的多个阶段都可以进行招标投标。勘察设计、监理、物资设备采购、施工等在招标投标时，由于标的物的不同，在招标方式、招标文件内容、资格预审方法、评标标准等各方面会有所不同。

3.1 工程建设项目勘察设计招标投标

在工程勘察设计过程中，对于招标投标的有效使用，可使招标方挑选出条件和资质相符的勘察设计方，使得设计方案得以优化，从而确定优秀的设计方案。此外，该法对投标人的利益也起到了很好的保护作用，利用公平竞标的形式，投标人可通过自身的能力、资质等获取预期的效益，使得市场竞争更加公平，逐渐建立优胜劣汰、守信经营的市场秩序。

我国招标投标法律规定，大型基础设施、公共事业等工程项目的建设，其中涉及的勘察、设计、施工、监理、采购材料设备工作等，都需要实施招标。2000 年 5 月 1 日，我国发布《工程建设项目招标范围和规模标准规定》，其中明确规定了在项目工程当中，针对施工、设备材料采买、设计勘察、监理工作都应进行招标。在勘察设计时，如果合同单项内容估算超过 50 万人民币以及总投资额超过 3000 万人民币，这些项目的勘察设计工作都要进行招标。

勘察任务可以单独发包给具有相应资质的勘察单位实施，也可将其包括在设计招标任务中。由于勘察工作所取得的工程项目技术基础资料是设计的依据，必须满足设计的需要，因此将勘察任务包括在设计招标的发包范围内，由相应能力的设计单位完成或由它再去选择承担勘察任务的分包单位，对招标人较为有利。勘察设计总承包与分为两个合同分别承包相比较，不仅在合同履行过程中招标人和监理单位可以摆脱实施过程中可能遇到的协调义务，而且能使勘察工作直接根据设计需要进行，满足设计对勘察资料精度、内容和进度的要求，必要时还可以进行补充勘察工作。

3.1.1 勘察设计招标概述

《招标投标法》规定，必须实行招标的工程，在工程项目的勘察、设计、施工、监理和物资采购诸方面都必须实行招标。勘察设计工作的招标投标，在特点和形式等方面基本一致。

3.1.1.1 勘察设计招标的发包范围

（1）设计招标

① 一般是施工图设计招标。技术复杂及缺乏经验的项目增加技术设计招标。初步方案设计由上述招标的中标人承担。

② 设计方案竞选。大中型项目的设计分三个阶段：方案设计、初步设计和施工图设计。城市建筑设计实行方案竞选制。

（2）勘察招标

勘察工作可以单独发包，也可与设计一起发包，比较而言，勘察与设计一起发包较为有利。

3.1.1.2 设计招标的特点

设计招标中，投标人是通过自己的智力劳动将招标人对项目的设想转化为可实施方案来参加竞争，因此设计招标采用的是设计方案竞选的方式。设计招标与其他招标有下列不同：

（1）招标文件的内容不同

设计招标文件的内容主要包括：设计依据、应达到的技术指标、项目限定的工作范围、项目所在地的基本资料、完成时间等。

（2）对投标书的编制要求不同

设计招标要求投标人要首先提出设计构思和初步方案、方案优点和实施计划，而后报价。

（3）开标形式不同

设计招标开标时，由各投标人自己说明投标方案的基本构思和意图及其他实质性内容，不按报价高低排序。

（4）评标原则不同

设计招标过程中，评标时主要比较设计方案的技术先进性、所能达到的技术指标、方案的合理性、对工程项目投资效益的影响等。

3.1.2 勘察设计的招标文件

勘察设计招标文件应当介绍拟建工程项目的特点、技术要求和投标人应当遵守的投标规定。设计招标文件的主要内容包括：

（1）一般内容

投标须知、合同条件、现场考察与标前会议的时间、地点等。

（2）设计依据文件和依据资料

设计依据文件是指设计任务书及其他有关的经主管部门批复的文件或者其复制件，以及提供设计所需资料的内容、方式和时间。

（3）项目说明书

项目说明书的内容主要有：工作内容、设计范围和深度、建设周期和设计进度要求、建设项目的总投资限额。

（4）设计要求文件

招标文件必须对项目设计提出明确的要求。设计要求文件，又称设计大纲，是招标文件最重要的组成部分之一。设计要求文件的主要内容包括：

① 设计要求的内容：

a. 设计文件编制依据。

b. 规划要求、技术经济指标要求和平面布局要求。

c. 结构形式和结构设计方面的要求。

d. 设备、特殊工程、环保、消防等方面的要求。

② 编制设计要求文件应兼顾三个方面：

a. 严格性。文字表达应清楚，不被误解。

b. 完整性。任务要求全面，不遗漏。

c. 灵活性。为投标人发挥创造性留有充分的自由度。

3.1.3 勘察设计招标对投标人的资格审查

3.1.3.1 资质审查

资质审查主要是以下三个方面：

(1) 营业执照和资质等级证书齐全

投标人除应持有营业执照外，勘察和设计的投标人还应分别持有工程勘察资质证书或工程设计资质证书，勘察和设计合并投标的投标人，应当两证齐备。

(2) 禁止越级承包勘察设计任务

勘察设计单位资质等级分为甲、乙、丙、丁四级，各等级的勘察设计单位只能在法规规章规定的范围内承揽业务，越级投标无效。

(3) 审查各证件的允许业务范围与招标项目专业的一致性。

3.1.3.2 能力审查

(1) 人员的技术力量

审查投标人的技术负责人的资格能力、人员的专业覆盖面、人员数量、各级技术职务人员的比例等方面，是否能满足项目的要求。

(2) 设备能力

主要审查勘察设计所需的设备、仪器等在种类和数量上，是否能满足要求。

(3) 经验审查

通过考察投标人近几年完成的项目，评价其勘察设计的能力和水平，审查是否与招标项目相适应。

3.1.4 评标

3.1.4.1 设计投标书的评审

(1) 设计方案

对于设计方案的优劣，主要从指导思想是否正确，设计方案是否先进，总体布置是否合理，场地利用是否合理，工艺流程是否先进，主要建筑物结构是否合理，造型是否美观大方及与周围环境是否协调，“三废”治理方案等方面进行评审。

(2) 经济效益

设计方案所能创造的经济效益，主要通过投入与产出的比较进行评审。评审时应考虑建筑标准的合理性，设计概算是否超过投资限额，投资回报等问题。

(3) 设计进度

设计进度方面主要考虑：

① 设计进度应当能够满足项目建设总进度的要求。

② 施工图设计招标的，设计进度应当能够满足施工进度的要求。

(4) 设计资历和社会信誉

(5) 报价的合理性

在设计方案水平相当的投标人之间比较报价，包括总价和各分项取费的合理性。

3.1.4.2 勘察投标书的评审

对于勘察投标书，主要评审：方案是否合理，技术水平是否先进，保证勘察数据准确的措施是否可靠和报价是否合理等。

3.1.5 定标

(1) 评标委员会在评标报告中提出推荐候选中标方案

评标委员会应当根据招标文件规定的定标原则和对各投标文件的评价，确定推荐中标候选人名单。

(2) 招标人定标并与候选中标人进行谈判

谈判的内容，主要是探讨改进或补充投标方案的某些内容，例如吸收其他投标人的设计特点等。但必须保护未中标人的合法权益，使用其技术成果时，应征得他们的同意。

3.2 工程建设项目监理招标投标

3.2.1 建设监理招标投标概述

监理招标的标的物是“监理服务”。它与工程建设施工招标最大的区别在于监理单位不承担物质生产任务，只受招标人委托对生产建设过程提供监督、管理、协调、咨询等服务。鉴于标的物具有的特殊性，招标人选择中标人的基本原则是“基于能力的选择”。

工程监理招标评标时以技术方面的评审为主，选择最佳的监理单位，不应以价格最低作为主要标准。工程监理招标在竞争中的评选办法，按照委托服务工作的范围和对监理单位能力要求不同，可以采用下列两种方式之一。

(1) 基于服务质量和费用的选择

对于一般的工程监理项目，通常采用这种方式。首先对能力和服务质量的好坏进行评比，对相同水平的投标人再进行投标价格比较。

(2) 基于质量的选择

对于复杂的或专业性很强的服务任务，有时很难确定精确的任务大纲，希望投标人在投标书中提出完整或创新的建议，或可以用不同方法的任务书。所以，各投标书中的实施计划可能不具有可比性，评标委员会可以采用此种方式来确定中标人。因此，要求投标人的投标书内只提出实施方案、计划、实现方法等，不提供报价。经过技术评标后，再要求获得最高技术分的投标人提供详细的商务投标书，然后，招标人与备选中标人就上述投标书和合同进行谈判。

因此，建设监理招标的评标定标原则是：技术和经济管理力量符合工程监理要求，监理方法可行、措施可靠，监理收费合理。

3.2.1.1 建设监理招标的特点和委托范围

(1) 监理招标的特点

监理招标的标的是监理服务，因此监理招标具有以下特点。

① 监理招标的宗旨是对监理人的能力的选择，具体要求包括：

a. 能运用规范化的管理程序和方法执行监理业务。

b. 监理人员素质。如业务专长、经验、判断力、创新想象力和风险意识等。

② 鼓励能力竞争。对报价的选择，居于次要地位，不单依据报价高低确定中标人。

a. 高质量的监理服务往往能使业主节约工程投资，获得提前投产的效益。

b. 只在能力相当的投标人之间比价格。

③ 通常采用邀请招标方式。

(2) 建设监理委托范围的确定

建设监理委托的范围可以是整个工程项目的全过程，也可以分段。考虑因素有：

① 工程规模。对于中小型工程项目，可将全部监理工作委托给一个单位；若是大型或技术复杂的项目，则可按设计、施工等分段，分别委托监理。

② 工程项目的专业特点。例如将土建与安装工程的监理工作分别进行招标。

③ 监理工作的难易程度。易于监理的项目可并入相关工作的监理内容中，例如将通用建材的采购监理并入土建监理工作；难度大的项目应单独委托监理，如设备制造等。

3.2.1.2 建设监理投标的注意事项

(1) 建设监理的投标人必须不断提高自己的企业素质

企业素质决定了企业的竞争能力、应变能力、盈利能力、技术开发能力和扩大再生产能力等，建设监理机构应通过各种途径提高人员素质、技术水平和管理水平，不断提高企业素质，提高自己的投标竞争能力。

(2) 重视提出具有独特见解和创造性的实施建议

在每一份投标书中，都能针对招标项目的特点，编制出具有独特见解和创造性的实施建议的投标书。

3.2.2 建设监理招标文件

监理招标文件应当能够指导投标人提出实施监理工作的方案建议。具体内容与施工招标文件大体相同。主要内容有：

(1) 投标须知

投标须知包括以下八个内容：工程项目综合说明、监理范围和业务、投标文件的编制及提交、无效投标文件的规定、投标起止时间、开标的时间和地点、招标投标文件的澄清和修改、评标办法等。

(2) 合同条件

业主可以在招标文件的合同条件中，向投标人提出为取得中标必须满足的条件，在买方市场条件下，业主往往利用这一机会，向投标人提出苛刻的条件，投标人应认真分析其中可能存在的风险，防范意外的损失。

(3) 业主提供的现场办公条件

招标文件应当明确规定为监理人员提供的交通、通信、住宿、办公用房等方面的现场办公条件。

(4) 对监理人的要求

招标文件应当明确规定对现场监理人员、检测手段、解决工程技术难点等方面的要求。

(5) 其他事项

除上述内容外的其他规定，例如有关的技术规范、必要的设计文件、图纸和有关资料等。

3.2.3 评标

3.2.3.1 对投标文件的评审

评审投标文件时，主要评价以下几方面的合理性。

(1) 投标人的资质

① 投标人的资质等级和批准的监理业务范围，必须与招标项目的规模相符。

② 主管部门或股东单位以及人员综合情况等。

(2) 监理大纲

评审监理大纲拟定的质量、进度、投资等控制方法的科学性、合理性。采用综合评分方法时，应对措施有力、有针对性的监理大纲记满分，方法可行、措施一般的适当扣分，措施不力、方法不合理的评定为零分。

(3) 拟派的项目主要监理人员

重点是总监理工程师和主要专业工程师。从监理人员是否具有法定的监理执业资格、监理经验、专业工种配套程度、人员派驻计划和监理人员素质等方面进行评审。

(4) 用于本工程的检测设备和仪器或委托的检测单位的情况

检测设备方面的评审结果，通常有基本满足和完全满足工程监理的需要两类，完全不能满足需要的不予评审。

(5) 监理费报价及其费用组成

监理费报价的评审，依据国家规定的收费标准，按插入法求得的监理费率的计算结果为准。

(6) 其他条件

企业信誉、监理业绩和招标文件要求。

3.2.3.2 投标文件的比较

对投标文件进行比较时，可以采用综合评分法，具体的评分方法应当在开标前确定，开标后不得更改。评分方法如表3.1所示。通过综合评分，取得分最高的2～3名为中标候选人（注：项目得分＝项目权重×项目评价分）。

表3.1 综合评分法在监理评标中的应用

评标项目	项目权重	项目评价分			项目得分
		好(10)	中(5)	差(0)	
投标人的资质	15	10			150
监理规划	15		5		75
总监理工程师资格及业绩	15	10			150
人员派驻计划和人员素质	10		5		50
检测手段	15	10			150
投标人的业绩和奖惩情况	10			0	0
监理费报价和费用组成	10	10			100
投标人社会信誉	10	10			100
总分	100				775

3.3 工程建设项目物资采购招标投标

3.3.1 工程建设项目物资采购招标投标概述

工程建设物资包括材料和设备两大类，招标投标采购方式主要适用于大宗材料、定型批量生产的中小型设备、大型设备和特殊用途的大型非标准部件等的采购，各类物资的招标采购都具有各自的特点。

项目建设所需物资按标的物的特点可以分为买卖合同和承揽合同两大类。采购大宗建筑材料或定型批量生产的中小型设备属于买卖合同。采购非批量生产大型复杂机组设备、特殊用途的大型非标准部件属于承揽合同。无论是买卖合同还是承揽合同，均可进行招标投标优选。由于物资供应招标标的物的特殊性，其评标方法也有其特殊性。

(1) 综合评标价法

综合评标价法是指以投标价为基础，将各评审要素按预定的方法换算成相应的价格，在原投标价上增加或扣减该值而形成评标价格。它主要适用于既无通用的规格、型号等指标，也没有国家标准的非批量生产的大型设备和特殊用途的大型非标准部件。评标以投标文件能够最大限度地满足招标文件规定的各项综合评价标准，即换算后评标价格最低的投标文件为最优。

(2) 最低投标价法

大宗材料或定型批量生产的中小型设备的规格、性能、主要技术参数等都是通用指标，应采用国家标准。因此，在资格预审时就认定投标人的质量保证条件，评标时要求材料设备的质量必须达到国家标准。评标的重点应当是各投标人的商业信誉、报价、交货期等条件，且以投标价格作为评标考虑的最重要因素，选择投标价最低者中标，即最低投标价法。

(3) 以设备寿命周期为基础的评标方法

设备采购招标的最合理采购价格是指达到设备寿命周期费用最低的价格，因此在标价评审中，要全面考虑采购物资的单价和合价、运营费以及寿命期内需要投入的运营费用。如果投标人所报的材料设备价格较低，但运营费很高，则仍不符合以最合理价格采购的原则。

3.3.1.1 工程建设物资采购招标的特点

(1) 大宗材料或定型批量生产的中小型设备

① 标的物采用国家标准。大宗材料或定型批量生产的中小型设备等，规格、性能、主要技术参数等都是通用指标，都应采用国家标准。

② 评标的重点。大宗材料或定型批量生产的中小型设备等的质量都必须达到国家标准，在资格预审时认定投标人的质量保证条件，评标的重点应当是各投标人的商业信誉、报价、交货期等条件。

(2) 非批量生产的大型设备和特殊用途的大型非标准部件

非批量生产的大型设备和特殊用途的大型非标准部件，既无通用的规格、型号等指标，也没有国家标准，招标择优的对象，应当是能够最大限度地满足招标文件规定的各项综合评价标准的投标人。评标的内容主要有：

① 标的物的规格、性能、主要技术参数等质量指标。

② 投标人的商业信誉、报价、交货期等商务条件。

③ 投标人的制造能力、安装、调试、保修、操作培训等技术条件。

（3）贯彻最合理采购价格原则

① 材料采购招标。在标价评审时，综合考虑材料价格和运杂费两个因素。

② 设备采购招标。设备采购的最合理采购价格原则是指按寿命周期费用最低原则采购物资，在标价评审中要全面考虑下列价格的构成因素。

a. 物资的单价和合价。

b. 采购物资的运杂费。

c. 寿命期内需要投入的运营费用。

3.3.1.2 工程建设物资采购分段招标的相关因素

工程建设所需物资种类繁多，可按建设进度对物资的需求分阶段进行招标。确定分标范围的相关因素主要有：

（1）建设进度与供货时间的合理衔接

建设物资采购分标，应以物资到货时间刚好满足建设进度为要求，最好能够做到既不延误工程建设，也不过早到货。

（2）鼓励有实力的供货厂商参与竞争

分标采购的资金额，应有利于各类供应商或生产厂参与竞争。分标额度过大，不利于中小供货厂商参与；分标额度过小，则对有实力的供货厂商缺乏吸引力。

（3）建设物资的市场行情

建设物资采购的分标除考虑上列因素外，还应考虑建设物资市场货源和价格浮动等情况。货源紧，要提早采购；货源充裕时，应通过预测市场价格，掌握其浮动的规律，合理分阶段分批采购。

（4）建设资金计划

根据建设资金计划中有关资金到位的安排和资金周转的要求，分标采购。

3.3.2 设备采购招标的资格预审

设备采购招标，特别是大型设备的采购，必须进行资格预审，审查的内容有：

（1）合同主体资格

参与投标的设备供应厂商必须具有合同主体资格，拥有独立订立合同的权利，能够独立承担民事责任。

（2）履行合同的资格和能力

① 具备国家核定的生产或供应招标采购设备的法定条件

a. 设备生产许可证、设备经销许可证或制造厂商的代理授权文件。

b. 产品鉴定书。

② 具有与招标标的物及其数量相适应的生产能力

a. 设计和制造的能力。包括专业技术水平、技术装备和技术人员的情况等。

b. 质量控制的能力。包括：具有完善的质量保证体系；业绩良好。设计或制造过与招标设备相同或相近的设备至少已有1～2台（套），在安装、调试和运行中，未发现重大质量问题，或已有有效的改进措施，并且经 2 年以上运行，技术状态良好。

(3) 社会信誉

在社会信誉方面，主要审查投标人的资金信用、商业信誉和交易习惯等。

3.3.3 材料设备采购招标的评标方法

3.3.3.1 经评审的最低投标报价法

(1) 评标要点

评标时，材料采购招标的最合理采购价格应根据投标价格和运杂费等确定。设备采购应贯彻寿命周期费用最低原则，以报价、运杂费、设备运营费用作为评比要素，将投标人按其经评审的投标报价由低到高排序，取前 2～3 名作为评标委员会推荐的中标候选人。以设备寿命周期费用为基础评审标价的程序如下：

① 确定设备寿命周期。

② 计算设备寿命周期成本的净现值。

③ 将投标价加上设备寿命周期成本的净现值作为投标报价的评审值。

(2) 适用范围

经评审的最低投标报价法适用于招标采购简单商品、半成品、原材料，以及其他的性能、质量相同或容易进行比较的物资。

3.3.3.2 综合评估法

在物资采购招标中，采用综合评估法适用于招标采购机组、车辆等大型设备。这种评标方法有综合评审标价法和综合评分法两种具体做法。

(1) 综合评审标价法

评标时，以投标报价为基础，将各评审要素按预定方法换算成相应的价格值，用以对投标报价进行增减，形成各投标人的经评审的投标报价，并按由低到高的顺序排序，取前 2～3 名为评标委员会推荐的中标候选人。综合评审标价法的评审要素和换算方法，应当在招标文件中明示。评审要素主要有：

① 运输费用。主要指需招标人额外支付的运费、保险费和其他费用。例如：运输道路加宽费、桥梁加固费等。费用按运输、保险等部门的取费标准计算。

② 交货期。提前到货不影响评标；推迟供货，在施工进度允许范围内的，每迟延一个月，按投标价的一定百分比（通常为 2%）计算折算价，增加到报价上去。

③ 付款条件。投标人应按招标文件规定的付款条件报价，不符合规定的投标是非响应性投标可予以拒绝；大型设备采购招标中，投标人提出增加（或减少）预付款或前期付款的，按招标文件规定的贴现率（或利率）换算成评标时的净现值（或利息），对投标价进行相应的增减。

④ 零配件和售后服务。招标文件规定将这两笔费用纳入报价的，评审价格时不再考虑；单独报价的，将其加到报价上。

⑤ 设备性能和生产能力。投标设备应具有招标文件规定的技术规范所要求的生产效率。如果由于定型生产等原因所提供的设备的性能、生产能力等的某些技术指标不能达到要求的基准参数时，则每种参数降低 1%，以设备生产效率成本为基础计算出折算价，加到投标报价上去。

(2) 综合评分法

首先确定评价项目及其评分标准，然后求出各投标书的评价总分，最后取最高得分的2～3名投标人为推荐的中标候选人。综合评分法如表3.2所示。

表3.2 综合评分法在物资设备采购评标中的应用

评价项目	评分标准及方法	各投标文件的评价		
		A标书	B标书	C标书
投标价	50(1分/百元)	50	45	40
运杂费	10	5	5	10
备件价格	5	0	5	5
技术性能	20	15	15	20
运行费用	10	5	5	10
售后服务及维修	5	5	0	5
合计得分	100	80	75	90
中标候选人	C标书			

综上所述，无论是大宗材料或定型批量生产的中小型设备招标，还是非批量生产的大型设备和特殊用途的大型非标准部件招标，其评标定标原则都应是：设备材料先进，价格合理，各种技术参数符合设计要求，投标人资信可行，售后服务完善。

3.4 工程建设项目施工招标投标

3.4.1 建设工程施工招标

施工招标是指招标人的施工任务发包，通过招标方式鼓励施工企业投标竞争，从中选出技术能力强、管理水平高、信誉可靠且报价合理的承建单位，并以签订合同的方式约束双方在施工过程中的行为的经济活动。

与设计招标和建设监理招标比较，施工招标的最大特点是发包的工作内容明确、具体，各投标人编制的投标书在评标中易于进行横向对比。虽然投标人是按招标文件的工程量表中既定的工作内容和工程量编制投标报价，但报价的高低并非确定中标单位的唯一条件，投标实际上是各施工单位完成该项任务的技术、经济、管理等综合能力的竞争。

3.4.1.1 施工招标投标的特点

(1) 评标标准可比性强

建设工程施工招标发包的工作内容明确，业主择优的标准具体，最主要的指标就是工程造价、质量、工期和企业信誉，评标时易于对各投标书作横向比较。

(2) 规范工程施工及其招标投标活动的法律法规比较完善

① 规范工程施工质量的法规具体明确。关于工程施工质量，既有国家标准，又有国务院颁布的《建设工程质量管理条例》，招标投标的当事人必须执行国家规定的质量标准，评标中主要评审工程质量的保证措施。

② 建筑工程有工期定额。工期定额为招标投标双方确定了工程建设期的标准，投标人以缩短工期争取中标时，必须有可靠的技术措施，这是评标的重要内容之一。

③ 国家依法评定工程施工承包人的资质等级。投标人与分包人都必须具有与招标工程相适应的资质条件，资格预审和评标中主要应防止挂靠行为。

④ 有完善的工程量计算规则。国有资金投资的大中型工程项目应当执行《建设工程工程量清单计价规范》的工程量计算规则，其他工程项目既可以执行这个规范，也可以执行工程所在地工程造价管理部门颁发的建设工程预算定额，计算工程量。

⑤ 工程施工招标投标活动具有法律效力的实施办法。《工程建设项目施工招标投标办法》规范工程建设项目施工招标投标活动。

(3) 投标竞争激烈

投标人竞争取胜的策略，视工程项目的技术复杂程度而异。

① 价格竞争。虽然价格高低并非确定中标人的唯一条件，但在技术不复杂工程的投标中，是投标人争取中标最常用的策略。

② 素质竞争。在成熟的建筑市场或者在技术复杂的工程项目的投标竞争中，实际上是各投标人的技术水平、经济实力、管理能力、企业信誉、经营策略的竞争，即投标人之间的素质竞争。

3.4.1.2 施工招标程序

建设工程施工招标程序是建设工程活动按照一定的时间、空间运作的顺序、步骤和方式。建设工程施工招标程序始于发布招标公告（招标邀请书），终于发出中标通知书，其间经历了招标文件的发售、投标文件编制、开标、评标等诸多关键阶段。

招标程序中各个环节的相关规定和具体操作都对建设工程施工招标结果产生一定的影响。为此，各地政府也在积极探索基于风险控制的招标程序（流程）优化管理改革措施，希望将招标程序中的不利风险予以降低。工程项目施工招标程序如图 3.1 所示。

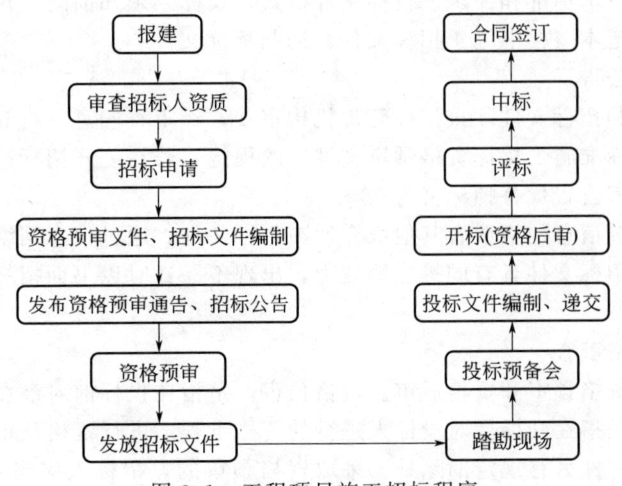

图 3.1 工程项目施工招标程序

(1) 建设工程项目报建

工程建设项目由建设单位或其代理机构在工程项目可行性研究报告或其他立项文件被批准后，须向当地建设行政主管部门或其授权机构进行报建备案，交验工程项目立项的批准文件，包括银行出具的资信证明以及批准的建设用地等其他有关文件。

报建内容包括工程名称、建设地点、投资规模、资金来源、当年投资额、工程规模、结构类型、发包方式、计划开竣工日期、工程筹建情况等。

报建时交验的文件资料包括立项批准文件或年度投资计划、固定资产投资许可证、建设工程规划许可证、资金证明等。

工程项目报建备案的目的是便于当地建设行政主管部门掌握工程建设的规模，规范工程实施阶段程序的管理，加强工程实施过程的监督。建设工程项目报建备案后，具备招标条件的建设工程项目，即可开始办理招标事宜。凡未报建的工程项目，不得办理招标手续和发放施工许可证。

(2) 审查招标人的招标资质

组织招标有两种情况：招标人自己组织招标或委托招标代理机构代理招标。对于招标人自行办理招标事宜的，必须满足一定的条件，并向其行政监督机关备案，行政监督机关对招标人是否具备自行招标的条件进行监督。对委托的招标代理机构，也应检查其相应的代理资质。

(3) 招标申请

招标单位填写“建设工程施工招标申请表”，连同“工程建设项目报建登记表”报招标管理机构审批。

招标申请表包括以下内容：工程名称、建设地点、招标建设规模、结构类型、招标范围、招标方式、要求施工企业等级、施工前期准备情况（土地征用、拆迁情况、勘察设计情况、施工现场条件等）、招标机构组织情况等。

(4) 编制资格预审文件和招标文件

招标申请批准后，即可编制资格预审文件和招标文件。

① 资格预审文件。公开招标对投标人的资格审查，有资格预审和资格后审两种。我国通常采用资格预审的方法。采用资格预审的招标单位可参照标准范本《标准施工招标资格预审文件》编制资格预审文件。

② 招标文件。招标文件的主要内容包括投标人须知、评标办法、合同条款及格式、工程量清单、图样、技术标准和要求、投标文件格式、投标人须知前附表规定的其他材料。招标单位可参照标准范本《标准施工招标文件》编制招标文件。

(5) 发布招标公告

资格预审文件和招标文件须报招标管理机构审查，经审查同意后可刊登资格预审公告和招标公告。根据《标准施工招标资格预审文件》的规定，若在公开招标过程中采用资格预审程序，可用资格预审公告代替招标公告。

招标人可以通过信息网络或者其他媒介发布招标文件，通过信息网络或者其他媒介发布的招标文件与书面招标文件具有同等法律效力，出现不一致时以书面招标文件为准，国家另有规定的除外。

(6) 投标人资格审查

资格审查分为资格预审和资格后审。资格预审，是指在投标前对潜在投标人进行的资格审查。资格后审，是指在开标后对投标人进行的资格审查。进行资格预审的，一般不再进行资格后审，但招标文件另有规定的除外。采取资格预审的，招标人应当发布资格预审公告。采取资格预审的，招标人应当在资格预审文件中载明资格预审的条件、标准和方法；采取资格后审的，招标人应当在招标文件中载明对投标人资格要求的条件、标准和方法。

公开招标进行资格预审时，通过对申请单位填报的资格预审文件和资料进行评比和分析，确定出合格的申请单位名单，将名单报招标管理机构审查核准。待招标管理机构核准同意后，招标单位向所有合格的申请单位发出资格预审合格通知书。

招标人可以根据招标项目本身的特点和需要，要求潜在投标人或者投标人提供满足其资格要求的文件，对潜在投标人或者投标人进行资格审查；国家对潜在投标人或者投标人的资格条件有规定的，依照其规定。

招标人不得改变载明的资格条件或者以没有载明的资格条件对潜在投标人或者投标人进行资格审查。经资格预审后，招标人应当向资格预审合格的潜在投标人发出资格预审合格通知书，告知获取招标文件的时间、地点和方法，并同时向资格预审不合格的潜在投标人告知资格预审结果。资格预审不合格的潜在投标人不得参加投标。经资格后审不合格的投标人的投标应予否决。

资格审查应主要审查潜在投标人或者投标人是否符合下列条件：

① 具有独立订立合同的权利；

② 具有履行合同的能力，包括专业、技术资格和能力，资金、设备和其他物质设施状况，管理能力，经验、信誉和相应的从业人员；

③ 没有处于被责令停业，投标资格被取消，财产被接管、冻结，破产状态；

④ 在最近三年内没有骗取中标和严重违约及重大工程质量问题；

⑤ 国家规定的其他资格条件。

资格审查时，招标人不得以不合理的条件限制、排斥潜在投标人或者投标人，不得对潜在投标人或者投标人实行歧视待遇。任何单位和个人不得以行政手段或者其他不合理方式限制投标人的数量。

(7) 发售招标文件和有关资料

招标人应按规定的时间和地点向经审查合格的投标人发售招标文件及有关资料。不进行资格预审的，发售给愿意参加投标的单位。招标人应当确定投标人编制投标文件所需要的合理时间：依法必须进行招标的项目，自招标文件开始发出之日起至投标人提交投标文件截止之日止，最短不得少于20日。

招标文件发出后，招标人不得擅自变更其内容。确需进行必要的澄清、修改或补充，须报招标管理机构审查同意后，在招标文件要求提交投标文件截止时间至少15日前，以书面形式通知所有招标文件收受人，投标单位应以书面形式予以确认该澄清、修改或补充的内容是招标文件的组成部分，对招标人和投标人都有约束力。

对招标文件或者资格预审文件的收费应当限于补偿印刷、邮寄的成本支出，不得以营利为目的。对于所附的设计文件，招标人可以向投标人酌收押金；对于开标后投标人退还设计文件的，招标人应当向投标人退还押金。

招标文件或者资格预审文件售出后，不予退还。除不可抗力原因外，招标人在发布招标公告、发出投标邀请书后或者售出招标文件或资格预审文件后不得终止招标。

(8) 组织投标人踏勘现场，召开投标预备会

招标文件发放后，招标人要在招标文件规定的时间内，根据招标项目的具体情况，组织潜在投标人踏勘项目现场，向其介绍工程场地和相关环境的有关情况，并对招标文件进行答疑。踏勘现场的目的在于使投标人了解工程现场和周围环境情况，获取对投标有帮助的信息，并据此作出关于投标策略和投标报价的决定；同时，还可以针对招标文件中的有关规定和数据，通过现场踏勘进行详细地核对，对现场实际情况与招标文件不符之处向招标人书面提出。对于潜在投标人在阅读招标文件和现场踏勘中提出的疑问，招标人可以以书面形式或

召开投标预备会的方式解答，但需同时将解答以书面方式通知所有购买招标文件的潜在投标人。该解答的内容为招标文件的组成部分。潜在投标人依据招标人介绍情况作出的判断和决策，由投标人自行负责。招标人不得组织单个或者部分投标人踏勘项目现场。

(9) 接收投标人递交的投标书

在投标截止时间前，招标单位做好投标文件的接收工作。在接收中应注意核对投标文件是否按规定进行密封和签字盖章，并做好接收时间的记录等。

(10) 开标

开标是招标过程中的重要环节。应在招标文件规定的时间、地点和投标单位法定代表人或授权代理人在场的情况下举行开标会议。开标一般在当地有形建筑市场进行。开标会议由招标人或招标代理机构组织并主持，招标管理机构到场监督。招标人在招标文件要求提交投标文件的截止时间前收到的所有投标文件，开标时都应当众予以拆封；如果是在招标文件所要求的提交投标文件的截止时间以后收到的投标文件，则不予开启，应原封不动地退回。

(11) 评标

开标环节结束后，进入评标阶段。评标由招标人依法组建的评标委员会负责，评标委员会由招标人的代表和有关经济、技术方面的专家组成。与投标人有利害关系的人不得进入相关项目的评标委员会，评标委员会的名单在中标结果确定之前应保密。招标人应采取必要措施，保证评标在严格保密的情况下进行。评标委员会在完成评标后，应向招标人提交书面评标报告，并推荐合格的中标候选人。整个评标过程应当在招标投标管理机构的监督下进行。

(12) 发出中标通知书

评标结束后，招标人以评标委员会提供的评标报告为依据，对评标委员会所推荐的中标候选人进行比较，确定中标人。招标人也可以授权评标委员会直接确定中标人，定标应当择优。

评标确定中标人后，招标人应当向中标人发出中标通知书，同时将中标结果通知所有未中标的投标人。

(13) 与中标人签订合同

招标人和中标人应当在投标有限期内并在自中标通知书发出之日起30日内，按照招标文件和中标人的投标文件订立书面合同。

3.4.1.3 编制招标文件应注意的问题

(1) 招标文件应体现工程建设项目的特点和要求

招标文件牵涉的专业内容比较广泛，具有明显的多样性和差异性，编写一套适用于具体工程建设项目的招标文件，需要具有较强的专业知识和一定的实践经验，还要准确把握项目的专业特点。编制招标文件时，必须认真阅读研究有关设计与技术文件，与招标人充分沟通，了解招标项目的特点和需求，包括项目概况、性质、审批或核准情况、标段划分计划、资格审查方式、评标方法、承包模式、合同计价类型、进度时间节点要求等，并充分反映在招标文件中。

(2) 招标文件必须明确投标人实质性响应的内容

投标人必须完全按照招标文件的要求编写投标文件，如果投标人没有对招标文件的实质性要求和条件作出响应，或者响应不完全，都可能导致投标人投标失败。所以，招标文件中需要投标人作出实质性响应的所有内容，如招标范围、工期、投标有效期、质量要求、技术标准和要求等应具体、清晰、无争议，且以醒目的方式提示，避免使用原则性的、模糊的或者容易引起歧义的语句。

（3）防范招标文件中的违法、歧视性条款

编制招标文件必须熟悉和遵守招标投标的法律法规，并及时掌握最新规定和有关技术标准，坚持公平、公正、遵纪守法的要求。严格防范招标文件中出现违法、歧视、倾向条款限制、排斥或保护潜在投标人，并要公平合理划分招标人和投标人的风险责任。只有招标文件客观与公正，才能保证整个招标投标活动的客观与公正。

（4）保证招标文件格式、合同条款的规范一致

编制招标文件应保证格式文件、合同条款规范一致，从而保证招标文件逻辑清晰、表达准确，避免产生歧义和争议。招标文件合同条款部分如采用通用合同条款和专用合同条款形式编写的，正确的合同条款编写方式为："通用合同条款"全文引用，不得删改；"专用合同条款"按其条款编号和内容，根据工程实际情况进行修改和补充。

（5）电子招标

招标人可以通过信息网络或者其他媒介发布电子招标文件，电子招标文件应当与书面纸质招标文件一致，具有同等法律效力。按照《工程建设项目施工招标投标办法》和《工程建设项目货物招标投标办法》规定，当电子招标文件与书面招标文件不一致时，应以书面招标文件为准。

（6）总承包招标的规定

招标人可以依法对工程以及与工程建设有关的货物、服务全部或者部分实行总承包招标。以暂估价形式包括在总承包范围内的工程、货物、服务属于依法必须进行招标的项目范围且达到国家规定规模标准的，应当依法进行招标。

（7）两阶段招标的规定

对技术复杂或者无法精确拟定技术规格的项目，招标人可以分两阶段进行招标：第一阶段，投标人按照招标公告或者投标邀请书的要求提交不带报价的技术建议，招标人根据投标人提交的技术建议确定技术标准和要求，编制招标文件；第二阶段，招标人向在第一阶段提交技术建议的投标人提供招标文件，投标人按照招标文件的要求提交包括最终技术方案和投标报价的投标文件。招标人要求投标人提交投标保证金的，应当在第二阶段提出。

（8）标段的划分

招标人对招标项目划分标段的，应当遵守《招标投标法》的有关规定，不得利用划分标段限制或者排斥潜在投标人。依法必须进行招标的项目的招标人，不得利用划分标段规避招标。招标人应当合理划分标段、确定工期，并在招标文件中载明。

（9）备选方案

招标人可以要求投标人在提交符合招标文件规定要求的投标文件外，提交备选投标方案，但应当在招标文件中作出说明，并提出相应的评审和比较办法。

3.4.2 建设工程施工投标

投标是指投标人根据招标文件的要求，编制并提交投标文件，响应招标、参加投标竞争的活动。投标既是建筑企业取得工程施工合同的主要途径，又是建筑企业经营决策的重要组成部分。它是针对招标的工程项目，力求实现决策最优化的活动。

3.4.2.1 工程项目施工投标程序

（1）投标前的准备工作

① 建立广泛的信息来源渠道以获取拟招标的项目信息。信息获得的渠道很多：各级基

本建设管理部门；建设单位及主管部门，各地勘察设计单位，各类咨询机构，各种工程承包公司，城市综合开发公司、房地产公司、行业协会等；各类刊物、广播、电视、互联网等多种媒体。

② 对拟招标项目及其相关信息进行整理分析。从这些渠道中获取的信息是繁杂的，为提高中标率和获得良好的经济效益，除获知哪些项目拟进行招标外，投标人还应从战略角度对企业的经营目标、内部条件、外部环境等方面的信息进行收集整理分析。只有做到知己知彼，才能作出投标与否的正确决策。

a. 项目情况。包括项目的基本情况和项目环境。项目的基本情况包括项目的性质、发包范围、规模和工期、技术的复杂程度、质量要求等；项目环境包括项目所在地区的气象和水文资料，施工现场的地形、土质、地下水位、交通运输、给水排水、供电、通信条件，项目所在地区的经济条件等。如果是国际工程，还要调查更多的情况，包括政治、经济、法律、社会等方面。

b. 承包人自身情况。包括本公司的施工能力和特点，针对本项目在技术上有何优势，有无从事过类似工程的经验；针对项目的工程特点，本公司的管理经验和管理能力如何；投标项目对本公司今后业务发展的影响；本公司的设备和机械状况；有无垫付资金的来源，可投入本工程的流动资金情况；本公司的市场应变能力如何；本公司的综合盈利能力如何等。

c. 业主和评标方法。由于建筑市场竞争十分激烈，有必要了解业主的资金状况及信誉，要深入了解招标信息的真实性、公平竞争的透明度、业主支付意愿、合同条款的履行程度等。对评标方法的了解则有助于判断项目的目标侧重点（如工期），从而确定投标时的侧重点。

d. 竞争者的情况。包括该项目可能的竞争者数量以及竞争者的状况，以便判断本公司在投标中的竞争力和中标的可能性。

（2）申请投标和递交资格预审书

向招标单位申请投标，可以直接报送，也以采用信函、电报、电传或传真，其报送方式和所报资料必须满足招标人在招标公告中提出的有关要求，如资质要求、财务要求、业绩要求、信誉要求、项目经理资格等。申请投标和争取获得投标资格的关键是通过资格审查，因此，申请投标的承包人除向招标单位索取和递交资格预审书外，还可以通过其他辅助方式，如发送宣传本公司的印刷品，邀请业主参观本公司承建的工程等，使他们对本公司的实力及情况有更多的了解。我国建设工程招标中，投标人在获悉招标公告或投标邀请后，应当按照招标公告或投标邀请书中提出的资格审查要求，向招标人申报资格审查。资格审查是投标人投标过程中的第一关。

作为投标人，应熟悉资格预审程序，主要把握好获得资格预审文件、准备资格预审文件、报送资格预审文件等几个环节的工作。

最后，招标人以书面形式向所有参加资格预审的投标人通知评审结果，并在规定的日期和地点向通过资格预审的投标人出售招标文件。

（3）接受投标邀请或购买招标文件

投标人接到招标单位的招标申请书或资格预审通过通知书，就表明已具备并获得参加该项目投标的资格，如果决定参加投标，就应按招标单位规定的日期和地点凭邀请书或通知书及有关证件购买招标文件。

（4）研究招标文件

招标文件是业主对投标人的要约邀请，它几乎包括了全部合同文件。它所确定的招标条件和方式、合同条件、工程范围和工程的各种技术文件，是投标人制订实施方案和报价的依据，也是双方商谈的基础。

投标人取得（购得）招标文件后，通常首先进行总体检查，重点是检查招标文件的完备性。一般要对照招标文件目录检查文件是否齐全，是否有缺页；对照图样目录检查图样是否齐全。然后，进行全面分析：

① 投标人须知分析。通过分析，不仅掌握招标条件、招标过程、评标的规则和各项要求，对投标报价工作作出具体安排，而且要了解投标风险，以确定投标策略。

② 工程技术文件分析。进行图样会审、工程量复核、图样和规范中的问题分析，从中了解承包人具体的工程项目范围、技术要求、质量标准。在此基础上做好施工组织和计划，确定劳动力的安排，进行材料、设备分析，制订实施方案，进行询价。

③ 合同评审。分析的对象是合同协议书和合同条件。从合同管理的角度，招标文件分析最重要的工作是合同评审。合同评审是一项综合性的、复杂的、技术性很强的工作。它要求合同管理者必须熟悉合同相关的法律、法规，精通合同条款，对工程环境有全面的了解，有合同管理的实际工作经验和经历。

④ 业主提供的其他文件。如场地资料，包括地质勘探钻孔记录和测试的结果；由业主获得的场地内和周围环境的情况报告（地形地貌图、水文测量资料、水文地质资料）；可以获得的关于场地及周围自然环境的公开的参考资料；关于场地地表以下的设备、设施、地下管道和其他设施的资料；毗邻场地和在场地上的建筑物、构筑物和设备的资料等。

对招标文件有异议的，应当在投标截止时间 10 日前提出。招标人应当自收到异议之日起 3 日内作出答复。作出答复前，应当暂停招标投标活动。

(5) 开展环境调查、参加现场勘察和标前会议

① 环境调查。工程合同是在一定的环境条件下实施的，工程环境对工程实施方案、合同工期和费用有直接的影响，环境又是工程风险的主要根源。因此，投标人必须收集、整理、保存一切可能对实施方案、工期和费用有影响的工程环境资料。这不仅是投标报价的需要，也是编制施工方案、施工组织以及后期合同控制和索赔的需要。投标人应对环境调查的正确性负责。合同规定，只有当出现一个有经验的承包人不能预见和防范的任何自然力的作用时，才属于业主的风险。

② 现场勘察。现场勘察一般是标前会议的一部分。招标人会组织所有投标人进行现场参观和说明。投标人应准备好现场勘察提纲并积极参加，被派往参加现场勘察的人员事先应当认真研究招标文件的内容，特别是图样和技术文件。应派经验丰富的工程技术人员参加。现场勘察中，除与施工条件和生活条件相关的一般性调查外，应根据工程的专业特点有重点地结合专业要求进行勘察。

进行现场勘察，应侧重以下五个方面：

a. 工程的性质以及该工程与其他工程之间的关系。

b. 投标人投标的那部分工程与其他承包人或分包商之间的关系。

c. 工地地貌、地质、气候、交通、电力、水源等情况，以及有无障碍物等。

d. 工地附近的住宿条件、料场开采条件、其他加工条件、设备维修条件等。

e. 工地附近治安情况。

按照国际惯例，投标者提出的报价单一般被认为是在现场勘察的基础上编制报价的。一旦报价单提出后，投标者就无权因为现场勘察不周、情况了解不细或因素考虑不全面等理由而提出修改投标、调整报价或提出补偿等要求。

③ 标前会议。标前会议也称投标预备会，是招标人给所有投标人提供的一次答疑的机会，有利于投标人加深对招标文件的理解。凡是想参加投标并希望获得成功的投标人，都应认真准备和积极参加标前会议。

在参加标前会议之前，应事先深入研究招标文件，并将发现的各类问题整理成书面文件，寄给招标人要求给予书面答复，或在标前会议上予以解释和澄清。参加标前会议，应注意以下几点：

a. 工程内容范围不清的问题应提请解释、说明，但不要提出修改设计方案的要求。

b. 如招标文件中的图样、技术规范存在相互矛盾之处，可请求说明以何者为准，但不要轻易提出修改技术要求。

c. 对含糊不清、容易产生理解上歧义的合同条款，可以请求给予澄清、解释，但不要提出改变合同条件的要求。

d. 注意提问技巧，注意不要让竞争对手从自己的提问中获悉本公司的投标设想和施工方案。

e. 招标人或咨询工程师在标前会议上对所有问题的答复均应发出书面文件，并作为招标文件的组成部分。投标人不能仅凭口头答复来编制自己的投标文件。

(6) 制订实施方案，编制施工规划

投标人的实施方案是按照自己的实际情况（如技术装备水平、管理水平、资源供应能力、资金等），在具体环境中全面、安全、稳定、高效率地完成合同所规定的上述工程承包项目的技术、组织措施和手段。实施方案的确定有两个重要作用：

① 作为工程成本计算的依据。不同的实施方案有不同的工程成本，从而就有不同的报价。

② 虽然施工方案及施工组织文件不作为合同文件的一部分，但在投标文件中，投标人必须向业主说明拟采用的实施方案和工程总的进度安排，业主将以此评价投标人投标的科学性、安全性、合理性和可靠性。这是业主选择承包人的重要决定因素。

实施方案通常包括以下内容：

① 施工方案。例如，工程施工所采用的技术、工艺、机械设备、劳动组合及其各种资源的供应方案等。

② 工程进度计划。在业主招标文件中确定的总工期计划控制下确定工程总进度计划，包括总的施工顺序、主要工程活动工期安排的横道图、工程中主要里程碑事件的安排等。

③ 现场的平面布置方案。例如，现场道路、仓库、办公室、各种临时设施、水电管网、围墙、门卫等。

④ 施工中所采用的质量保证体系以及安全、健康和环境保护措施。

⑤ 其他方案。例如，设计和采购方案（对总承包合同），运输方案，设备的租赁、分包方案等。

招标人将根据这些资料评价投标人是否采取了充分和合理的措施，保证按期完成工程施工任务。另外，施工规划对投标人自身也十分重要，因为进度安排是否合理、施工方案选择是否恰当，与工程成本和报价有密切关系。制订施工规划的依据是设计图、规范、经过复核的工程量清单、现场施工条件、开工竣工的日期要求、机械设备来源、劳动力来源等。编制一个好的施工规划可以大大降低标价，提高竞争力。编制的原则是在保证工期和工程质量的前提下，尽可能使工程成本最低，投标价格合理。

(7) 确定投标报价

投标报价是以招标文件、合同条件、工程量清单（如果有）、施工设计图、国家技术和经济规范及标准、投标人确定的施工组织设计或施工方案为依据，根据省、市、区等现行的建筑工程消耗量定额、企业定额及市场信息价格，并结合企业的技术水平和管理水平等投标人自主报价的一种计价行为。

(8) 投标文件的编订及封装

投标文件编制完成后，应按照招标文件的要求整理、装订成册。要求内容完整、纸张一致、字迹清楚，一定不要漏装，若投标文件不完整，则会导致投标无效。

商务标和技术标应按招标文件的规定，要求分袋则必须分袋装，否则会废标，如没有具体要求，可以装在一起，最后进行贴封、签章。技术标包括全部施工组织设计内容，用以评价投标人的技术实力和经验。商务标是除技术之外的需要响应招标文件的资料，如公司的资质文件、法人授权书、报价、厂家授权、售后服务体系、公司介绍、业绩等。

(9) 投标文件的投递

投标文件编制完成后，经核对无误，由投标人的法定代表人签字盖章，分类装订成册封入密封袋中，派专人在投标截止日前送到招标人指定地点，并领取回执作为凭证。《招标投标法》第二十九条规定："投标人在招标文件要求提交投标文件的截止时间前，可以补充、修改或者撤回已提交的投标文件，并书面通知招标人。补充、修改的内容为投标文件的组成部分。"如果投标人在投标截止日后撤回投标文件，投标保证金将不予退还。

递送投标文件不宜太早，因为市场情况在不断变化，投标人需要根据市场行情及自身情况对投标文件进行修改。递送投标竞争文件的时间在招标人接收投标文件截止日前两天为宜。

(10) 参加开标会、中标与签约

投标人可按规定的日期参加开标会。参加开标会是获取本次投标招标人及竞争者公开信息的重要途径，以便于比较自身在投标竞争方面的优势和劣势，为后续即将展开的工作方向进行研究，以便于决策。

若中标，投标人会收到招标单位的中标通知书。投标人接到中标通知书以后，应在招标单位规定的时间内与招标单位签订承包合同，同时还要向业主提交履约保函或保证金。如果投标人在中标后不愿承包该工程而逃避签约，招标单位将按规定没收其投标保证金作为补偿。

3.4.2.2 投标文件的编制

投标文件是投标活动的书面成果，它是投标人能否通过评标、决标、进而签订合同的依据。投标人应当按照招标文件的要求编制投标文件。投标文件应当对招标文件提出的实质性要求和条件作出响应。

(1) 投标文件的组成

根据《工程建设项目施工招标投标办法》规定，投标文件一般包括四个内容：投标函；投标报价；施工组织设计；商务和技术偏差表。投标人根据招标文件载明的项目实际情况，拟在中标后将中标项目的部分非主体、非关键性工作进行分包的，应当在投标文件中载明。

① 投标函。投标函是投标人按照招标文件的条件和要求，向招标人提交的有关报价、质量目标等承诺和说明的函件，是投标人为响应招标文件相关要求所做的概括性说明和承诺的函件，一般位于投标文件的首要部分，其格式、内容必须符合招标文件的规定。

投标函附录是附在投标函后面，填写对招标文件重要条款（项目经理、工期、缺陷责任期、承包人履约担保金额、质量标准、逾期竣工违约金、逾期竣工违约金限额、提前竣工的奖金限额、价格调整的差额计算、预付款额度、质量保证金扣留百分比等）的响应承诺，是评标时评委重点评审的内容。

《标准施工招标文件》第四章"投标文件（格式）"中有投标函的格式要求，招标文件也会提供投标函附录。投标函附录一般以表格形式摘录列举，其中"序号"是根据所列条款名称在招标文件合同条款中的先后顺序进行排列；"条款名称"为所摘录条款的关键词；"合同条款号”为所摘录条款名称在招标文件合同条款中的条款号；“约定内容”是投标人投标时填写的承诺内容。

投标函及其附录格式不能改，在评标时，是否响应招标文件给出的投标文件格式是强制要求，如不按照格式编写，可能被视为不响应招标文件实质性要求而废标。投标人填报投标函附录时，在满足招标文件实质性要求的基础上，可以提出比招标文件要求更有利于招标人的承诺。

投标函及其附录文件往往按招标要求装入信封单独密封，再与其他已经密封的文件同时密封于更大的密封袋中。

② 投标报价。投标报价是指承包人采取投标方式承揽工程项目时，计算和确定承包该工程的投标总价格。投标报价反映投标人的施工技术水平和施工管理能力，应该以施工方案、技术措施等作为投标报价计算的基础，由投标人自主报价。采用工程量清单招标的项目，必须严格执行《建设工程工程量清单计价规范》的强制性规定。投标人的投标报价不得低于成本价。

③ 施工组织设计。施工组织设计是用来指导施工项目全过程各项活动的技术、经济和组织的综合性文件，主要含在技术标中，是投标文件的重要组成部分，是编制投标报价的基础，是反映投标企业施工技术水平和施工能力的重要标志，在投标文件中具有举足轻重的地位。

按照《建设工程施工合同（示范文本）》（GF－2017－0201）第二部分通用条款 7.1.1，施工组织设计的内容包括：施工方案；施工现场平面布置图；施工进度计划和保证措施；劳动力及材料供应计划；施工机械设备的选用；质量保证体系及措施；安全生产、文明施工措施；环境保护、成本控制措施；合同当事人约定的其他内容。施工组织设计的繁简，一般要根据工程规模大小、结构特点、技术复杂程度和施工条件的不同而定，以满足不同的实际需要。

④ 商务和技术偏差表。商务和技术偏差是指投标文件中的商务条件及施工组织设计与招标文件中的商务条件及技术条款的偏离。

商务偏差需要对照招标文件商务条款的每一项来填写，条款前面的编号就是招标文件条目号。一般商务条款都会在投标人须知前附表里面罗列出来，如投标有效期、交货期、质保期、质保金、投标保证金等。一般能够投标肯定都是无偏离或者正偏离。与招标文件的要求相一致就填无偏离；比招标文件要求高的就填正偏离，有偏离的需要在备注栏里注明和招标文件要求不一致的地方。技术偏离也是如此，按照技术规格表里面逐项如实填写。

商务和技术偏差表的填写是为了方便评标时对照评阅。

（2）编制投标文件应注意的问题

① 投标人根据招标文件的要求和条件填写投标文件内容时，凡要求填写的空格均应填写，否则被视为放弃意见。实质性的项目或数字，如工期、质量等级、价格等未填写的，将被视为无效或作废的投标文件进行处理。

② 认真反复审核投标价。单价、合价、总标价及其大、小写数字均应仔细核对，保证分项和汇总计算以及书写均无错误后，才能开始填写投标函等其他投标文件。

③ 投标文件不应有涂改和行间插字，除非这些删改是根据招标人的要求进行的，或者是招标人造成的必须修改的错误。修改处应由投标文件签字人签字证明并加盖印鉴。

④ 投标文件应使用不能擦去的墨水打印或书写，不允许使用圆珠笔，最好使用打印的形式。各种投标文件的填写都要求字迹清晰、端正，补充设计图要整洁、美观。所有投标文件均应由投标人的法定代表人签署、加盖印鉴，并加盖法人单位公章。

⑤ 编制的投标文件分为正本和副本。正本应该只有一份，副本则应按招标文件前附表

所述的份数提供。投标文件正本和副本若有不一致之处，以正本为准。在封装时，投标人应将投标文件的正本和每份副本分别密封在内层包封，再密封在一个外层包封中，并在内包封上正确标明“投标文件正本”和“投标文件副本”。内层和外层包封都应写明招标人名称和地址、合同名称、工程名称、招标编号，并注明开标时间以前不得开封。在内层包封上还应写明投标人的名称与地址、邮政编码，以便投标出现逾期送达时能原封退回。

案例分析

【案例分析一】

某办公楼工程全部由政府投资兴建。该项目为该市建设规划的重点项目之一，且已列入地方年度投资计划，概算已经主管部门批准，施工图纸及有关技术资料齐全。现决定对该项目进行施工招标。因估计除本市施工企业参加投标外，还可能有外省市施工企业参加。故招标人委托咨询机构编制了两个标底，准备分别用于对本市企业和外省市企业标价的评定。招标人在公开媒体上发布资格预审通告，其中说明，3 月 10 日和 3 月 11 日 9～16 时在市建筑工程交易中心发售资格预审文件。最终有 A、B、C、D、E 五家承包人通过了资格预审。根据资格预审合格通知书的规定，承包人于 4 月 5 日购买了本次招标的招标文件。4 月 12 日，招标人就投标单位对招标文件提出的所有问题召开投标预备会，统一作了书面答复。随后招标人组织各投标单位进行了现场踏勘。到招标文件所规定的投标截止日 4 月 20 日 16 时之前，这五家承包人均按规定时间提交了投标文件和投标保证金 90 万元。

4 月 21 日 8 时整，在市建筑工程交易中心正式开标。开标时，由招标人检查投标文件的密封情况，确认无误后，由工作人员当面拆封，由唱标人宣读五家承包人的投标价格、工期和其他主要内容。评标委员会委员由招标人依法组建，其中，招标人代表 4 人，专家库中抽取的技术专家 2 人，经济专家 2 人。

按照招标文件中规定的综合评价标准，评标委员会进行评审后，确定承包人 B 为中标人。招标人于 4 月 30 日发出中标通知书，由于是外地企业，承包人于 5 月 2 日收到中标通知书。最终双方于 6 月 2 日签订了书面合同。

问题：在该项目的招标过程中哪些方面不符合招标投标的相关规定？

分析要点：

(1) 不应编制两个标底。一个工程只能编制一个标底。

(2) 出售资格预审文件的时间过短，自招标文件或资格预审文件开始出售之日到停止出售之日止，最短不得少于 5 个工作日。

(3) 现场踏勘应安排在投标预备会之前。

(4) 招标时限过短。自招标文件发出之日到投标人提交投标文件截止之日止，最短不得少于 20 个工作日。

(5) 投标保证金的数额超过限额。一般为投标价的 2%左右，但最高不超过 80 万元。

(6) 开标时间应与投标人提交投标文件截止之时间一致。

(7) 不应由招标人检查标书密封情况，应由投标人或者其推选的代表检查投标文件的密封情况，也可以由招标人委托的公证机构检查并公证。

(8) 评标委员会组成不符合要求。评标委员会由招标人的代表和有关技术、经济等方面的专家组成，成员人数为 5 人以上单数，其中技术、经济等方面的专家不得少于成员总数的 2/3。

(9) 签订合同日期过迟。招标人和中标人应当自中标通知书发出之日起 30 日内，按照招标文件和中标人的投标文件订立书面合同。

【案例分析二】

某工程项目，建设单位通过招标选择了一家具有相应资质的监理单位承担施工招标代理和施工阶段监理工作，并与该监理单位签订了委托合同。在施工公开招标中，有A、B、C、D、E、F、G、H等施工单位报名投标，经监理单位资格预审均符合要求，但建设单位以A施工单位是外地企业为由不同意其参加投标，而监理单位坚持认为A施工单位有资格参加投标。

评标委员会由5人组成，其中当地建设行政管理部门的招标投标管理办公室主任1人、建设单位代表1人、政府提供的专家库中抽取的技术经济专家3人。评标时发现，B施工单位投标报价明显低于其他投标单位报价且未能合理说明理由；D施工单位投标报价大写金额小于小写金额；F施工单位投标文件提供的检验标准和方法不符合招标文件的要求；H施工单位投标文件中某分项工程的报价有个别漏项；其他施工单位的投标文件均符合招标文件要求。

建设单位最终确定G施工单位中标，并按照《建设工程施工合同（示范文本）》与该施工单位签订了施工合同。

问题：

1. 在施工招标资格预审中，监理单位认为A施工单位有资格参加投标是否正确？

2. 指出施工招标评标委员会组成的不妥之处，说明理由，并写出正确做法。

3. 判别B、D、F、H四家施工单位的投标是否为有效标，说明理由。

分析要点：

1. 监理单位认为A施工单位有资格参加投标是正确的。《招标投标法》第六条规定：依法必须进行招标的项目，其招标投标活动不受地区或者部门的限制。任何单位和个人不得违法限制或者排斥本地区、本系统以外的法人或者其他组织参加投标，不得以任何方式非法干涉招标投标活动。

2. 评标委员会组成不妥，不应包括当地建设行政管理部门的招标投标管理办公室主任。正确组成应为：评标委员会由招标人或其委托的招标代理机构熟悉相关业务的代表以及有关技术、经济等方面的专家组成，成员人数为5人以上单数，其中：技术、经济等方面的专家不得少于成员总数的2/3。

3. B、F两家施工单位的投标不是有效标。B单位的情况可以认定为低于成本，F单位的情况可以认定为是明显不符合技术规格和技术标准的要求，属重大偏差。D、H两家单位的投标是有效标，他们的情况不属于重大偏差。

《评标委员会和评标方法暂行规定》第二十五条规定，投标文件提供的检验标准和方法不符合招标文件的要求，属于重大偏差。因为未能对招标文件作出实质性响应，按照废标处理。所以，F单位的投标无效。第二十一条：在评标过程中，评标委员会发现投标人的报价明显低于其他投标报价或者在设有标底时明显低于标底，使得其投标报价可能低于其个别成本的，应当要求该投标人作出书面说明并提供相关证明材料。投标人不能合理说明或者不能提供相关证明材料的，由评标委员会认定该投标人以低于成本报价竞标，其投标应作废标处理。从这一条看，B单位的投标无效。第十九条：评标委员会可以书面方式要求投标人对投标文件中有明显文字和计算错误的内容作必要的澄清、说明或者补正。澄清、说明或者补正应以书面方式进行并不得超出投标文件的范围或者改变投标文件的实质性内容。投标文件中的大写金额和小写金额不一致的，以大写金额为准。从这点来看，D单位的投标有效。第二十六条：细微偏差是指投标文件在实质上响应招标文件要求，但在个别地方存在漏项或者提供了不完整的技术信息和数据等情况，并且补正这些遗漏或者不完整不会对其他投标人造成不公平的结果。细微偏差不影响投标文件的有效性。显然，H单位的标书属于这种情况，因此H单位的标书有效。

【案例分析三】

某市越江隧道工程全部由政府投资，该项目为该市建设规划的重要项目之一，且已列入地方年度固定资产投资计划，概算已经主管部门批准，征地工作尚未全部完成，施工图及有关技术资料齐全。现决定对该项目进行施工招标。

因估计除本市施工企业参加投标外，还可能有外省市施工企业参加投标，故业主委托咨询单位编制了两个标底，准备分别用于对本市和外省市施工企业投标价的评定。

业主对投标单位就招标文件所提出的所有问题统一做了书面答复，并以备忘录的形式分发给各投标单位。在书面答复投标单位的提问后，业主组织各投标单位进行了施工现场踏勘。在投标截止日期前10天，业主书面通知各投标单位，由于某种原因，决定将收费站工程从原招标范围内删除。

问题：该项目施工招标存在哪些不当之处？

分析要点：

有五个不当之处：

(1) 本项目征地工作尚未全部完成，尚不具备施工招标的必要条件，因此尚不能进行施工招标。

(2) 不应编制两个标底，因为根据规定，一个工程只能编制一个标底，不能对不同的投标单位采用不同的标底进行评标。《招标投标法》第十八条规定："招标人不得以不合理的条件限制或者排斥潜在投标人，不得对潜在投标人实行歧视待遇。"

(3) 业主对投标单位的提问只能针对具体的问题作出明确答复，但不应提及具体的提问单位（投标单位），也不必提及提问的时间。《招标投标法》第二十二条规定："招标人不得向他人透露已获取招标文件的潜在投标人的名称、数量以及可能影响公平竞争的有关招标投标的其他情况。"

(4) 在投标截止日期前10天，将收费站工程从原招标范围内删除。《招标投标法》第二十三条规定："招标人对已发出的招标文件进行必要的澄清或者修改的，应当在招标文件要求提交投标文件截止时间至少十五日前，以书面形式通知所有招标文件收受人。该澄清或者修改的内容为招标文件的组成部分。"因此，该项目应将投标截止日期延长。

(5) 在书面答复投标单位的提问后，业主才组织各投标单位进行施工现场踏勘。现场踏勘应安排在书面答复投标单位提问之前，因为投标单位对施工现场条件也可能提出问题。

【案例分析四】

承包人将技术标和商务标分别封装，在封口处加盖本单位公章并由项目经理签字后，在投标截止日期前一天上午将投标文件报送业主。次日（即投标截止日当天）下午，在规定的开标时间前1小时，该承包人又递交了一份补充材料，其中声明将原报价降低4%。但是，招标单位的有关工作人员认为，根据国际上"一标一投"的惯例，一个承包人不得递交两份投标文件，因而拒收承包人的补充材料。

开标会由市招标投标办的工作人员主持，市公证处有关人员到会，各投标单位代表均到场。开标前，市公证处人员对各投标单位的资质进行审查，并对所有投标文件进行审查，确认所有投标文件均有效后，正式开标。主持人宣读投标单位名称、投标价格、投标工期和有关投标文件的重要说明。

问题：从所介绍的背景资料来看，在该项目招标程序中存在哪些问题？

分析要点：

（1）公证处人员确认所有投标文件均为有效标书是错误的。因为该承包人的投标文件仅有投标单位的公章和项目经理的签字，项目经理不是法定代表人，若项目经理签字有效，则尚需有效地授权委托书原件。因此，此承包人的投标应作为废标处理。

（2）招标单位的有关工作人员不应拒收承包人的补充文件。因为承包人在投标截止时间之前所递交的任何正式书面文件都是有效文件，都是投标文件的有效组成部分，补充文件与原投标文件共同构成一份投标文件，而不是两份相互独立的投标文件。

（3）开标会由市招标投标办的工作人员主持是错误的。应由招标人或招标代理主持开标会，并宣读投标单位名称、投标价格等内容，而不应由市招标投标办工作人员主持和宣读。

（4）“开标前，市公证处人员对各投标单位的资质进行审查，并对所有投标文件进行审查，确认所有投标文件均有效后，正式开标”是错误的。资格审查在投标之前进行（背景资料说明了承包人已通过资格预审），公证处人员无权对承包人资格再度进行审查，其到场的作用在于确认开标的公正性和合法性（包括投标文件的合法性）。

【案例分析五】

政府投资的某工程，监理单位承担了施工招标代理和施工监理任务。该工程采用公开招标方式选定施工单位。工程实施中，发生了下列事件：

事件1：施工招标过程中，建设单位提出的部分建议如下：①省外投标人必须在工程所在地承担过类似工程；②投标人应在提交资格预审文件截止日前提交投标保证金；③联合体中标的，可由联合体代表与建设单位签订合同；④中标人可以将某些非关键性工程分包给符合条件的分包人完成。

事件2：工程招标时，A、B、C、D、E、F、G共7家投标单位通过资格预审，并在投标截止时间前提交了投标文件。评标时，发现A投标单位的投标文件虽加盖了公章，但没有投标单位法定代表人的签字，只有法定代表人授权书中被授权人的签字（招标文件中对是否可由被授权人签字没有具体规定）；B投标单位的投标报价明显高于其他投标单位的投标报价，分析其原因是施工工艺落后造成的；C投标单位以招标文件规定的工期380天作为投标工期，但在投标文件中明确表示如果中标，合同工期按定额工期400天签订；D投标单位投标文件中的总价金额汇总有误。

问题：

1. 事件1中建设单位的建议有哪些不妥？

2. 事件2中A、B、C、D投标单位的投标文件是否有效？说明理由。

分析要点：

1. ①招标人不得以本地区工程业绩限制或排斥潜在投标人。②投标人应在提交投标文件截止日前随投标文件提交投标保证金。③联合体中标的，联合体各方应当共同与招标人签订合同，就中标项目向招标人承担连带责任。

2. A投标单位的投标文件有效。招标文件对此没有具体规定，签字人有法定代表人的授权书即可。B投标单位的投标文件有效。招标文件中对高报价没有限制。C投标单位的投标文件无效。没有响应招标文件的实质性要求（工期方面）。D投标单位的投标文件有效。总价金额汇总有误属于细微偏差。

【案例分析六】

某大型工程项目由政府投资建设，业主委托某招标代理公司代理施工招标。招标代理公司确定该项目采用公开招标方式招标，招标公告在当地政府规定的招标信息网上发布。招标文件中规定：投标担保可采用投标保证金或投标保函的方式；评标方法采用经评审的最低投标价法；投标有效期为60天。

项目施工招标信息发布以后，共有12家潜在投标人报名参加投标。业主认为报名参加投标的人数太多，为减少评标工作量，要求招标代理公司仅对报名的潜在投标人的资质条件、业绩进行资格审查。开标后发现：

(1) A投标人的投标报价为8000万元，为最低投标价，经评审后推荐其为中标候选人。

(2) B投标人在开标后又提交了一份补充说明，提出可以降价5%。

(3) C投标人提交的银行投标保函有效期为70天。

(4) D投标人投标文件的投标函上盖有企业及企业法定代表人的印章，但没有加盖项目负责人的印章。

(5) E投标人与其他投标人组成了联合体投标，附有各方资质证书，但没有联合体共同投标协议书。

(6) F投标人的投标报价最高，故F投标人在开标后第二天撤回了其投标文件。

经过评审，A投标人被确定为中标候选人。发出中标通知书后，招标人和A投标人进行合同谈判，希望A投标人压缩工期、降低费用。经谈判后双方达成一致：不压缩工期，降价3%。

问题： 1. 业主对招标代理公司提出的要求是否正确？

2. 分析A、B、C、D、E投标人的投标文件是否有效。

3. F投标人的投标文件是否有效？对其撤回投标文件的行为应如何处理？

4. 该项目施工合同应该如何签订？合同价格应是多少？

分析要点：

1. 业主提出的"仅对报名的潜在投标人的资质条件、业绩进行资格审查"不正确。资格审查的内容还应包括信誉、技术、拟投入人员、拟投入机械、财务状况等。

2. A投标人的投标文件有效。B投标人的投标文件（或原投标文件）有效。但其补充说明无效，因开标后投标人不能变更（或更改）投标文件的实质性内容。C投标人的投标文件有效。《招标投标法实施条例》第二十六条规定："投标保证金有效期应当与投标有效期一致。"现在投标保函的有效期超过了投标有效期10天，是满足要求的。D投标人的投标文件有效，没有要求必须有项目负责人的印章。E投标人的投标文件无效，因为组成联合体投标的，投标文件应附联合体各方共同投标协议书。

3. F投标人的投标文件有效。招标人可以没收其投标保证金，给招标人造成的损失超过投标保证金的，招标人可以要求其赔偿。

4. 该项目应自中标通知书发出后30天内按招标文件和A投标人的投标文件签订书面合同，双方不得再签订背离合同实质性内容的其他协议。合同价格应为8000万元。

【案例分析七】

某工程项目，建设单位通过招标选择了一个具有相应资质的监理单位承担施工招标代理和施工阶段监理工作，并在监理中标通知书发出后第45天，与该监理单位签订了委托监理合同。之后双方又另行签订了一份监理酬金比监理中标价降低10%的协议。

在施工公开招标中，有A、B、C、D、E、F、G、H等施工单位报名投标，经监理单位资格预审均符合要求，但建设单位以A施工单位是外地企业为由不同意其参加投标，而监理单位坚持认为A施工单位有资格参加投标。

评标委员会由5人组成，其中当地建设行政管理部门的招标投标管理办公室主任1人、建设单位代表1人、政府提供的专家库中抽取的技术经济专家3人。

评标时发现，B施工单位投标报价明显低于其他投标单位报价且未能合理说明理由；D施工单位投标报价大写金额小于小写金额；F施工单位投标文件提供的检验标准和方法不符合招标文件的要求；H施工单位投标文件中某分项工程的报价有个别漏项；其他施工单位的投标文件均符合招标文件要求。

建设单位最终确定G施工单位中标，并按照《建设工程施工合同（示范文本）》与该施工单位签订了施工合同。

工程按期进入安装调试阶段后，由于雷电引发了一场火灾。火灾结束后48小时内，G施工单位向项目监理机构通报了火灾损失情况：工程本身损失150万元；总价值100万元的待安装设备彻底报废；G施工单位人员烧伤所需医疗费及补偿费预计15万元，租赁的施工设备损坏赔偿10万元；其他单位临时停放在现场的一辆价值25万元的汽车被烧毁。另外，大火扑灭后G施工单位停工5天，造成其他施工机械闲置损失2万元以及必要的管理保卫人员费用支出1万元，并预计工程所需清理、修复费用200万元，损失情况经项目监理机构审核属实。

问题：

1. 指出建设单位在监理招标和委托监理合同签订过程中的不妥之处，并说明理由。

2. 在施工招标资格预审中，监理单位认为A施工单位有资格参加投标是否正确？说明理由。

3. 指出施工招标评标委员会组成的不妥之处，说明理由，并写出正确做法。

4. 判别B、D、F、H四家施工单位的投标是否为有效标？说明理由。

5. 安装调试阶段发生的这场火灾是否属于不可抗力？指出建设单位和G施工单位应各自承担哪些损失或费用（不考虑保险因素）。

分析要点：

1. 在监理中标通知书发出后第45天签订委托监理合同不妥，依照《招标投标法》，应于30天内签订合同。

在签订委托监理合同后双方又另行签订了一份监理酬金比监理中标价降低10%的协议不妥。依照《招标投标法》，招标人和中标人不得再行订立背离合同实质性内容的其他协议。

2. 监理单位认为A施工单位有资格参加投标是正确的，以所处地区作为确定投标资格的依据是一种歧视性的依据，这是《招标投标法》明确禁止的。

3. 评标委员会组成不妥，不应包括当地建设行政管理部门的招标投标管理办公室主任，正确组成应为：评标委员会由招标人或其委托的招标代理机构熟悉相关业务的代表以及有关技术、经济等方面的专家组成，成员人数为5人以上单数，其中，技术、经济等方面的专家不得少于成员总数的2/3。

4. B、F两家施工单位的投标不是有效标，D单位的情况可以认定为低于成本，F单位的情况可以认定为是明显不符合技术规格和技术标准的要求，属重大偏差，D、H两家单位的投标是有效标，他们的情况不属于重大偏差。

5. 安装调试阶段发生的火灾属于不可抗力，建设单位应承担的费用包括工程本身损失150万元，其他单位临时停放在现场的汽车损失25万元，待安装的设备的损失100万元，工程所需清理、修复费用200万元。施工单位应承担的费用包括G施工单位人员烧伤所需医疗费及补偿费预计15万元，租赁的施工设备损坏赔偿10万元，大火扑灭后G施工单位停工5天，造成其他施工机械闲置损失2万元以及必要的管理保卫人员费用支出1万元。

【案例分析八】

政府投资的某工程，监理单位承担了施工招标代理和施工监理任务。该工程采用无标底公开招标方式选定施工单位。工程实施中发生了下列事件：

事件1：工程招标时，A、B、C、D、E、F、G共7家投标单位通过资格预审，并在投标截止时间前提交了投标文件。评标时，发现A投标单位的投标文件虽然加盖了公章，但没有投标单位法定代表人的签字，只有法定代表人授权书中被授权人的签字（招标文件中对是否可由被授权人签字没有具体规定）；B投标单位的投标报价明显高于其他投标单位的投标报价，分析其原因是施工工艺落后造成的；C投标单位以招标文件规定的工期380天作为投标工期，但在投标文件中明确表示，如果中标，合同工期按定额工期400天签订；D投标单位投标文件中的总价金额汇总有误。

事件2：经评标委员会评审，推荐E、F、G投标单位为前3名中标候选人。在中标通知书发出前，建设单位要求监理单位分别找E、F、G投标单位重新报价，以价格低者为中标单位，按原投标报价签订施工合同后，建设单位与中标单位再以新报价签订协议书作为实际履行合同的依据。监理单位认为建设单位的要求不妥，并提出了不同意见，建设单位最终接受了监理单位的意见，确定G投标单位为中标单位。

事件3：开工前，总监理工程师组织召开了第一次工地会议，并要求G单位及时办理施工许可证，确定工程水准点、坐标控制点，按政府有关规定及时办理施工噪声和环境保护等相关手续。

事件4：开工前，设计单位组织召开了设计交底会。会议结束后，总监理工程师整理了一份“设计修改建议书”，提交给设计单位。

事件5：施工开始前，G单位向专业监理工程师报送了施工测量成果报验表，并附有测量放线控制成果及保护措施。专业监理工程师复核了控制桩的校核成果和保护措施后即予以签认。

问题：

1. 分别指出事件1中A、B、C、D投标单位的投标文件是否有效，说明理由。

2. 事件2中，建设单位的要求违反了招标投标有关法规哪些具体规定？

3. 指出事件3中总监理工程师做法的不妥之处，写出正确做法。

4. 指出事件4中设计单位和总监理工程做法的不妥之处，写出正确做法。

5. 事件5中，专业监理工程师还应检查、复核哪些内容？

分析要点：

1. A单位的投标文件有效，招标文件对此没有具体规定，签字人有法定代表人的授权书。

B单位的投标文件有效，招标文件中对高报价没有限制。

C单位的投标文件无效，没有响应招标文件的实质性要求（或附有招标人无法接受的条件）。

D单位的投标文件有效。总价金额汇总有误属于细微偏差（或明显的计算错误允许补正）。

2. 确定中标人前，招标人不得与投标人就投标文件实质性内容进行协商；

招标人与中标人必须按照招标文件和中标人的投标文件订立合同，不得再行订立背离合同实质性内容的其他协议。

3. 不妥之处①：总监理工程师组织召开第一次工地会议。正确做法：由建设单位组织召开。

不妥之处②：要求施工单位办理施工许可证。正确做法：由建设单位办理。

不妥之处③：要求施工单位及时确定水准点与坐标控制点。正确做法：由建设单位（监理单位）确定。

4. 不妥之处①：设计单位组织召开交底会。正确做法：由建设单位组织。

不妥之处②：总监理工程师直接向设计单位提交“设计修改建议书”。正确做法：应提交给建设单位，由建设单位交给设计单位。

5. 检查施工单位专职测量人员的岗位证书及测量设备检定证书。

复核（平面和高程）控制网和临时水准点的测量成果。

<<<< 思考题 >>>>

1. 简述建设工程项目勘察设计招标投标的步骤。
2. 监理招标投标的评审要素有哪些?
3. 简述材料设备采购招标投标的评标方法。
4. 简述施工招标的程序。
5. 简述施工投标的程序。

第4章

建设工程合同管理概述

学习目标

掌握合同的基本概念，合同的订立、效力、履行及变更、转让；掌握合同分析，工程合同的风险管理，合同的终止和解除，合同争议的处理方式等。

【本章知识体系】

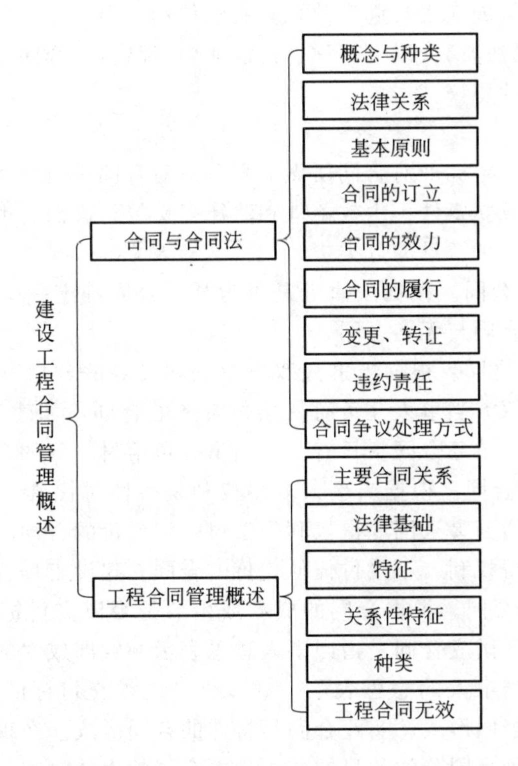

建设工程合同是一个整体性合同，是指发包人（建设单位）和承包人（施工人）为了完成商定的施工工程，明确彼此的权利和义务的协议。依照施工合同，施工单位应完成建设单位交给其的施工任务，建设单位应按照规定提供必要条件并支付工程价款。在执行合同过程中，必须随着工程变更、工程暂定额及主要成本以及延期支出费用的变化而及时地作出决定。现代建设工程合同的基本特征是：

① 建设工程合同是一个整体性合同；

② 该协议通常是为了完成某项工程建设，其合同标的比传统承揽合同要复杂得多；

③ 承包人完成该协议的目的是获取相应酬金；

④ 酬金通常采取分期付款的方式；

⑤ 协议履行过程中双方存在密切的互动，权利和义务处于动态的变化中。

4.1 合同与合同法

4.1.1 合同的概念与种类

（1）合同的概念

合同，也就是协议，是作为平等主体的自然人、法人、其他组织之间设立、变更、终止民事权利和义务的约定、合意。合同作为一种民事法律行为，是当事人协商一致的产物，是两个以上的意思表示相一致的协议。只有当事人所作出的意思表示合法，合同才具有法律约束力。依法成立的合同从成立之日起生效，具有法律约束力。

《中华人民共和国民法典》（以下简称《民法典》）规定："合同是民事主体之间设立、变更、终止民事法律关系的协议。"

（2）合同的分类

合同的分类是指依一定标准对合同所做的划分。对合同进行分类，可以使人们更清楚地了解各类合同的特征、成立要件、生效条件和法律意义等，进而有助于合同当事人依法订立和履行合同。下面列举几种常见的分类：

① 有名合同与无名合同。根据法律上是否为某一合同确定一个特定的名称并设有相应规范，将合同分为有名合同与无名合同。

② 双务合同与单务合同。根据当事人双方权利和义务的分担方式划分为双务合同与单务合同。双务合同是指双方当事人互负对待给付义务的合同，如建设工程合同、买卖合同、租赁合同、借款合同等。单务合同指只有一方当事人负给付义务的合同，如赠与合同。

③ 有偿合同与无偿合同。根据当事人取得权利是否偿付代价，可把合同分为有偿合同与无偿合同。有偿合同指当事人因取得权利须偿付一定代价的合同，如保险合同等。无偿合同是指当事人一方只取得权利，不偿付任何代价的合同。建设工程合同属于有偿合同。

④ 诺成合同与实践合同。根据合同的成立或生效是否以交付标的物标准，可将合同分为诺成合同与实践合同。诺成合同是指当事人意思表示一致即成立的合同。实践合同，又称要物合同，是指除双方当事人的意思表示一致以外，尚须交付标的物才能成立或生效的合同。诺成合同是一般的合同形式，实践合同是特殊的合同形式。在现代经济活动中，大部分合同都是诺成合同。这种合同分类的目的在于确立合同的生效时间。

⑤ 要式合同与不要式合同。根据合同的成立或生效是否应有特定的形式将合同分为要式合同与不要式合同。要式合同是指必须根据法律规定的方式成立的合同。不要式合同是指法律不要求必须具备一定形式和手续的合同。除法律特别规定以外，一般均为不要式合同。

⑥ 主合同与从合同。根据合同相互间的主从关系将合同划分为主合同与从合同。主合同是指不需要其他合同存在即可独立存在的合同。例如，主债务合同与保证合同、抵押合同、定金合同之间，前者为主合同，后者为从合同。

4.1.2 合同法律关系

4.1.2.1 法律关系的概念

法律关系是指由法律规范产生和调整的、以主体之间的权利和义务关系的形式表现出来的特殊的社会关系。社会关系的不同方面由不同方面的法律规范调整，因而形成了内容和性质各不相同的法律关系，如行政法律关系、民事法律关系、经济法律关系等。法律关系由法律关系主体（简称主体）、法律关系客体（简称客体）及法律关系内容（简称内容）三要素构成。主体是法律关系的参与者或当事人，客体是主体享有的权利和承担的义务所指向的对象，而内容即是主体依法享有的权利和承担的义务。

4.1.2.2 合同法律关系

合同是法律关系体系中的一个重要部分，它既是民事法律关系体系中的一部分，同时也属于经济法律关系的范畴，在人们的社会生活中广泛存在。合同法律关系是由合同法律规范调整的，主体法律关系也是由主体、客体和内容三个要素构成的。

（1）合同法律关系的主体

即订立合同的当事人。可以充当合同法律关系主体的有自然人、法人和其他社会组织，包括政府机关、非法人企业。

① 自然人。是指基于出生而成为民事法律关系主体的有生命的人。自然人既包括公民，也包括外国人和无国籍人，他们都可以作为合同法律关系的主体。

② 法人。是指具有民事权利能力和民事行为能力，依法独立享有民事权利和承担民事义务的组织。法人是与自然人相对应的概念，是法律赋予社会组织具有人格的一项制度。

法人应当具备以下条件：

a. 依法成立，法人不能自然产生，它的产生必须经过法定的程序，必须经过政府主管机关的批准或者核准登记；

b. 有必要的财产或者经费；

c. 有自己的名称、组织机构和场所；

d. 能够独立承担民事责任。

法人可以分为企业法人和非企业法人两大类，非企业法人包括行政法人、事业法人和社团法人。企业依法经工商行政管理机关核准登记后取得法人资格。具有法人条件的事业单位、社会团体，依法不需要办理法人登记的，从按规定程序批准成立之日起，具有法人资格；依法需要办理法人登记的，经核准登记，取得法人资格。

③ 其他组织。法人以外的其他组织也可以成为合同法律关系主体，主要包括：法人的分支机构，不具备法人资格的联营体、合伙企业等。这些组织应当是合法成立、有一定的组织机构和财产但又不具备法人资格的组织。其他组织与法人相比，其复杂性在于民事责任的承担较为复杂。

（2）合同法律关系的客体

即合同的标的，是主体的权利和义务所指向的对象。可以作为合同法律关系客体的有物、财产、行为、智力成果等。

① 物，是指可为人们控制，并具有经济价值的生产资料和消费资料，可以分为动产和不动产、流通物与限制流通物、特定物与种类物等。如建筑材料、建筑设备、建筑物等。

② 行为，是指人的有意识地活动。在合同法律关系中，行为多表现为完成一定的工作，如勘察设计、施工安装等。

③ 智力成果，是通过人的智力活动所创造出来的精神成果，如专利权、工程设计技术或咨询成果等。

(3) 合同法律关系的内容

即合同中规定的合同当事人的权利和义务。权利是指当事人一方以法律规定有权按照自己的意志作出某种行为，或要求承担义务一方做出或不做出某种行为，以实现其合法的权益。义务是指承担义务的当事人根据合同规定或依法享有权利一方当事人的要求，必须做出某种行为，以保证享有权利一方实现其权益，否则要承担相应的法律责任。

4.1.2.3　合同法律关系的产生、变更与终止

(1) 法律事实

合同法律关系的产生、变更与终止要依据一定的客观事实，即法律事实。法律事实总体上可以分为两类，即事件和行为。

事件是指不以合同法律关系主体的主观意志为转移的、能够引起合同法律关系产生、变更及终止的一种客观事实。行为是指合同法律关系主体意识的活动，是以人们的意志为转移的法律事实，包括作为和不作为两种形式。行为有合法行为和违法行为之分，能影响合同法律关系的仅是合法行为，不包括违法行为。

(2) 合同法律关系的产生

合同法律关系的产生是指由于一定的法律事实出现，引起主体之间形成一定的权利义务关系。如承包人中标与业主签订建设工程合同，就产生了合同法律关系。

(3) 合同法律关系的变更

合同法律关系的变更是指由于一定的法律事实出现，已形成的合同法律关系发生主体、客体或内容的变化。这种变化不应是主体、客体和内容全部发生变化，而仅是其中某些部分发生变化。如果全部变化则意味着原有的合同法律关系的终止，新的合同关系产生。

(4) 合同法律关系的终止

合同法律关系的终止是指由于一定的法律事实出现而引起主体之间权利义务关系的解除。引起合同法律关系终止的事实可能是合同义务履行完毕，也可能是主体的某些行为，或发生了不可抗拒的自然灾害。如发生地震或特大洪水使原定工程不能兴建，使得合同无法履行而终止。

4.1.3　合同法的基本原则

(1) 平等原则

《民法典》规定："民事主体在民事活动中的法律地位一律平等。"这就确立了合同双方当事人之间法律地位平等的关系，意味着双方是在权利和义务对等的基础上，经过充分协商达成一致的意思表示，共同实现经济利益。

(2) 自愿原则

《民法典》规定："民事主体从事民事活动，应当遵循自愿原则，按照自己的意思设立、变更、终止民事法律关系。"从本质上讲，合同就是市场主体经过自由协商，决定相互间的权利义务关系，并根据其自由意志变更或者解除相互间的关系。如前文所述，赋予市场主体进行交易的自由，是提高经济效率、发展生产力的重要因素。当今各国的合同法以及国际有

关合同的公约、协定等，都明确表示合同自愿是法律中的重要原则。

(3) 公平原则

《民法典》规定："民事主体从事民事活动，应当遵循公平原则，合理确定各方的权利和义务。"这里的公平，不是一般道德理念中的"均等"，而是指确定合同权利和义务时应追求的正确性与合理性。在合同的订立和履行中，合同当事人应当正当行使合同权利和履行合同义务，兼顾他人利益，使当事人的利益能够均衡。在双务合同中，一方当事人在享有权利的同时，也要承担相应义务，取得的利益要与付出的代价相适应。

(4) 诚实信用原则

《民法典》规定："民事主体从事民事活动，应当遵循诚信原则，秉持诚实，恪守承诺。"合同是在双方诚实信用基础上签订的，合同目标的实现必须依靠合同双方真诚合作。如果双方缺乏诚实信用，则合同不可能顺利实施。诚实信用原则具体体现在合同签订、履行以及终止的全过程。

(5) 合法、不违背公序良俗原则

《民法典》规定：" 民事主体从事民事活动，不得违反法律，不得违背公序良俗。"要求当事人在订立及履行合同时，应当遵守法律、法规，不得扰乱社会经济秩序。只有合法合同才受国家法律的保护，违反法律的合同不受国家法律的保护。合法原则的具体内容包括以下几个方面：①合同标的不得违法；②合同主体不得违法；③合同的形式不得违法。

(6) 禁止权利滥用和不违背公序良俗原则

公序良俗是公共秩序与善良风俗的简称。我国《民法典》第八条作出了明确规定。当事人订立履行合同，应当遵守法律、行政法规，尊重社会公德，不得扰乱社会经济秩序、损害社会公共利益。遵守公序良俗原则，是指当事人在订立合同、履行合同的过程中，除应遵守法律、行政法规的规定外，还应遵守社会公共秩序，符合社会的公共道德标准，不得危害社会公共利益。

4.1.4 合同的订立

(1) 合同订立的概念

合同的订立是指当事人通过一定程序、协商一致在其相互之间建立合同关系的一种法律行为。它描述的是缔约各方自接触、洽商直至达成合意的过程，是动态行为与静态协议的统一体。缔约各方的接触和洽商，达成协议前的整个讨价还价过程均属动态行为阶段。静态协议是指缔约达成的合意。

(2) 合同订立的构成

① 订约主体必须存在双方或多方当事人。

② 订立合同的当事人应当具有相应的民事权利能力和民事行为能力。

③ 订立合同应当经过一定程序或者方式，当事人订立合同，要经过要约和承诺两个阶段。缺少任何一个阶段，就不可能订立合同。

④ 订立合同必须经过当事人协商一致是指当事人双方订立合同时必须协商并取得一致意见。如果当事人对合同的基本内容未达成一致意见，即合同不成立。

⑤ 合同订立的结果是在合同当事人之间建立合同关系，通过订立合同这种行为，就在合同当事人之间确立了合同权利、义务关系，即设立、变更或者终止债权债务的关系。

(3) 合同订立的程序

合同订立的程序，指当事人双方通过对合同条款进行协商达成协议的过程。合同订立采取要约、承诺方式。

① 要约。要约是一方当事人希望和他人订立合同的意思表示，该意思表示应当符合下列规定：内容具体确定，表明经受要约人承诺，要约人即受该意思表示约束。

要约可以撤回，也可以撤销。撤回要约的通知应当在要约到达受要约人之前或与要约同时到达受要约人；撤销要约的通知应当在受要约人发出承诺通知前到达受要约人。有下列情形之一的，要约不得撤销：要约人确定了承诺期限或者以其他形式明示要约不可撤销；受要约人有理由认为要约是不可撤销的，并已经为履行合同做了准备工作。

有下列情形之一的要约失效：

a. 拒绝要约的通知到达要约人。

b. 要约人依法撤销要约。

c. 承诺期限届满，受要约人未作出承诺。

d. 受要约人对要约的内容作出实质性变更。

在建设工程合同订立过程中，投标人的投标文件、工程报价单等属于要约。

希望别人向自己发出要约的意思表示称之为要约邀请。如招标公告、拍卖公告、投标邀请书、招标文件等均属于要约邀请。

② 承诺。承诺是受要约人同意要约的意思表示。承诺具有以下条件：

a. 承诺必须由受要约人作出。

b. 承诺只能向要约人作出。

c. 承诺的内容应当与要约的内容一致。

d. 承诺必须在承诺期限内发出。

在建设工程合同订立过程中，招标人发出中标通知书的行为是承诺。

承诺应当以通知的方式作出，但根据交易习惯或者要约表明可以通过行为作出承诺的除外。承诺应当在要约确定的承诺期限内到达要约人。

要约没有确定承诺期限的，承诺应当依照下列规定到达：要约以对话方式作出的，应当即时作出承诺，但当事人另有约定的除外；要约以非对话方式作出的，承诺应当在合理期限内到达。要约以信件或者电报作出的，承诺期限自信件载明的日期或者电报交发之日开始计算。信件未载明日期的，自投寄该信件的邮戳日期开始计算。要约以电话、传真等快速通信方式作出的，承诺期限自要约到达受要约人时开始计算。

超过承诺期限到达要约人的承诺，按迟到原因不同对承诺的有效性进行如下区分：受要约人超过承诺期限发出承诺的，除要约人及时通知受要约人该承诺有效的以外，为新要约；受要约人在承诺期限内发出承诺，按照通常情形能够及时到达要约人，但因其他原因承诺到达要约人时超过承诺期限的，除要约人及时通知受要约人因承诺超过期限不接受该承诺的以外，该承诺有效。

承诺的内容应当与要约的内容一致。受要约人对要约的内容作出实质性变更的，为新要约。有关合同标的、数量、质量、价款或者报酬、履行期限、履行地点和方式、违约责任和解决争议方法等的变更，是对要约内容的实质性变更。承诺对要约的内容作出非实质性变更的，除要约人及时表示反对或者要约表明承诺不得对要约的内容作出任何变更的以外，该承诺有效，合同的内容以承诺的内容为准。

承诺可以撤回。撤回承诺的通知应当在承诺通知到达要约人之前或者与承诺通知同时到达要约人。

③ 要约和承诺的生效。

a. 要约到达受要约人时生效。采用数据电文形式订立合同，收件人指定特定系统接收数据电文的，该数据电文进入该特定系统的时间，视为到达时间；未指定特定系统的，该数据电文进入收件人的任何系统的首次时间，视为到达时间。

b. 承诺通知到达要约人时生效。承诺不需要通知的，根据交易习惯或者要约的要求作出承诺的行为时生效。

(4) 合同的成立

① 不要式合同的成立。合同成立是指合同当事人对合同的标的、数量等内容协商一致。如果法律法规、当事人对合同的形式、程序无特殊要求，则承诺生效时合同成立。

承诺生效的地点为合同成立的地点。采用数据电文形式订立合同的，收件人的主营业地为合同成立的地点；没有主营业地的，其经常居住地为合同成立的地点。当事人另有约定的，按照其约定。

② 要式合同的成立。当事人采用合同书形式订立合同的，自双方当事人签字或者盖章时合同成立。法律、行政法规规定或者当事人约定采用书面形式订立合同，当事人未采用书面形式但一方已经履行主要义务，对方接受的，该合同成立。采用合同书形式订立合同，在签字或者盖章之前，当事人一方已经履行主要义务，对方接受的，该合同成立。

(5) 合同的内容

合同的内容是指当事人享有的权利和承担的义务，主要以各项条款确定。合同内容由当事人约定，一般包括以下条款：

① 当事人的名称或姓名、住所。这是每个合同必须具备的条款，当事人是合同的主体，要把名称或姓名、住所规定准确、清楚。

② 标的。标的是当事人权利和义务所共同指向的对象。没有标的或标的不明确，权利和义务就没有客体，合同关系就不能成立，合同就无法履行。不同的合同其标的也有所不同，标的可以是物、行为、智力成果、项目或某种权利。

③ 数量。数量是衡量合同标的多少的尺度，以数字和计量单位表示。没有数量或数量的规定不明确，当事人双方权利和义务的多少，合同是否完全履行就无法确定。数量必须严格按照国家规定的法定计量单位填写，以免当事人产生不同的理解。施工合同中的数量主要体现的是工程量的多少。

④ 质量。指标准、技术要求，表明标的的内在素质和外观形态的综合，包括产品的性能、效用、工艺等，一般以品种、型号、规格、等级等体现出来。当事人约定质量条款时，必须符合国家有关规定和要求。

⑤ 价款或报酬。是一方当事人向对方当事人所付代价的货币支付，凡是有偿合同都有价款或报酬条款。当事人在约定价款或报酬时，应遵守国家有关价格方面的法律和规定，并接受工商行政管理机关和物价管理部门的监督。

⑥ 履行期限、地点和方式。履行期限是合同中规定当事人履行自己的义务的时间界限，是确定当事人是否按时履行或延期履行的客观标准，也是当事人主张合同权利的时间依据。履行地点是指当事人履行合同义务和对方当事人接受履行的地点。履行方式是当事人履行合同义务的具体做法。合同标的不同，履行方式也有所不同，即使合同标的相同，也有不同的履行方式，当事人只有在合同中明确约定合同的履行方式，才便于合同的履行。

⑦ 违约责任。指当事人一方或双方不履行合同义务或履行合同义务不符合约定的，依照法律的规定或按照当事人的约定应当承担的法律责任。合同中约定违约责任条款，不仅可以维护合同的严肃性，督促当事人切实履行合同，而且一旦出现当事人违反合同的情况，便于当事人及时按照合同承担责任，减少纠纷。

⑧ 解决争议的方法。在合同履行过程中不可避免地会产生争议，为使争议发生后能够有一个双方都能接受的解决办法，应当在合同条款中对此作出规定。如果当事人希望通过仲裁作为解决争议的最终方式，则必须在合同中约定仲裁条款，因为仲裁是以自愿为原则的。

(6) 合同的形式

合同形式指协议内容借以表现的形式。合同的形式由合同的内容决定并为内容服务。合同的形式有书面形式、口头形式和其他形式。

① 书面形式。指合同书、信件和数据电文（包括电报、电传、传真、电子数据交换和电子邮件）等可以有形地表现所载内容的形式。法律、行政法规规定采用书面形式的，应当采用书面形式。当事人约定采用书面形式的，应当采用书面形式。建设工程合同应当采用书面形式。

② 口头形式。指当事人以对话的方式达成的协议。一般用于数额较小或现款交易。

③ 其他形式。指推定形式和默示形式。

(7) 合同订立过程中的法律责任

当事人在订立合同过程中有下列情形之一，给对方造成损失的，应当承担损害赔偿责任。

① 假借订立合同，恶意进行磋商。

② 故意隐瞒与订立合同有关的重要事实或者提供虚假情况。

③ 有其他违背诚实信用原则的行为。

当事人在订立合同过程中知悉的商业秘密，无论合同是否成立，都不得泄露或者不正当地使用。泄露或者不正当地使用该商业秘密给对方造成损失的，应当承担损害赔偿责任。

4.1.5 合同的效力

(1) 合同的生效

合同生效，是指合同发生法律效力，即对合同当事人乃至第三人发生强制性的拘束力。合同之所以具有法律拘束力，并非来源于当事人的意志，而是来源于法律的赋予。

合同成立后，必须具备相应的法律条件才能生效，否则合同是无效的。合同生效应当具备下列条件：

① 当事人具有相应的民事权利能力和民事行为能力。订立合同的人必须具备一定的独立表达自己的意思和理解自己行为的性质和后果的能力。完全民事行为能力人可以订立一切法律允许自然人作为合同主体的合同。法人和其他组织的权利能力就是它们的经营、活动范围，民事行为能力则与它们的权利能力相一致。在建设工程合同中，合同当事人一般应当具有法人资格，并且承包人还应当具备相应的资质等级。

② 意思表示真实。当事人的意思表示必须真实。含有意思表示不真实的合同不能取得法律效力。如建设工程合同的订立，一方采用欺诈、胁迫的手段订立的合同，就是意思表示不真实的合同，这样的合同就欠缺生效的条件。

③ 不违反法律或者社会公共利益。这是合同有效的重要条件，是就合同的目的和内容而言的，是对合同自由的限制。

(2) 合同的生效时间

对于合同的生效时间，主要规定有：

① 合同成立生效。依法成立的合同，自成立时合同生效。

② 批准登记生效。法律、行政法规规定应当办理批准、登记等手续生效的，依照其规定。按照我国现有的法律和行政法规的规定，有的将批准登记作为合同成立的条件，有的将批准登记作为合同生效的条件。

③ 约定生效。当事人对合同的效力可以约定附条件。附生效条件的合同，自条件成就

时生效。附解除条件的合同，自条件成就时失效。当事人为自己的利益不正当地阻止条件成就的，视为条件已成就；不正当地促成条件成就的，视为条件不成就。当事人对合同的效力可以约定附期限。附生效期限的合同，自期限届至时生效。附终止期限的合同，自期限届满时失效。但是当事人为自己的利益不正当地阻止条件成就的，视为条件已成就；不正当地促成条件成就的，视为条件不成就。

(3) 效力待定合同

效力待定合同一般是指行为人未经权利人同意而订立的合同。合同或合同某些方面不符合合同生效要件，但又不属于无效合同或可撤销合同，应当采取补救措施，有条件的尽量促使其生效。合同效力待定主要有以下几种情况：

① 限制民事行为能力人订立的合同。此种合同经法定代理人追认后，该合同有效。单纯获利益的合同或者与其年龄、智力、精神健康状况相适应而订立的合同，不必经法定代理人追认。

② 无权代理合同。这种合同具体又分为三种情况：

a. 行为人没有代理权。即行为人事先没有取得代理权却以代理人自居而代理他人订立的合同。

b. 无权代理人超越代理权，即代理人虽然获得了被代理人的代理权，但他在代订合同时超越了代理权限的范围。

c. 代理权终止后以被代理人的名义订立合同，即行为人曾经是被代理人的代理人，但在以被代理人的名义订立合同时，代理权已终止。

对于无权代理合同，《民法典》第一百七十一条规定："行为人没有代理权、超越代理权或者代理权终止后，仍然实施代理行为，未经被代理人追认的，对被代理人不发生效力。相对人可以催告被代理人自收到通知之日起三十日内予以追认。被代理人未作表示的，视为拒绝追认。行为人实施的行为被追认前，善意相对人有撤销的权利。撤销应当以通知的方式作出。行为人实施的行为未被追认的，善意相对人有权请求行为人履行债务或者就其受到的损害请求行为人赔偿。但是，赔偿的范围不得超过被代理人追认时相对人所能获得的利益。相对人知道或者应当知道行为人无权代理的，相对人和行为人按照各自的过错承担责任。"

③ 无处分权的人处分他人财产的合同。这类合同是指无处分权的人以自己的名义对他人的财产进行处分而订立的合同。根据法律规定，财产处分权只能由享有处分权的人行使。《民法典》第九百八十四条规定："管理人管理事务经受益人事后追认的，从管理事务开始时起，适用委托合同的有关规定，但是管理人另有意思表示的除外。"

(4) 无效合同

合同无效是相对于合同有效而言的，它是指当事人违反了法律规定的条件而订立的合同，国家不承认其效力，自始、确定、当然不发生法律效力，这样的合同，称为无效合同。无效合同从订立时就不具有法律效力。不论合同履行到什么阶段，合同被确认无效后，这种无效的确认要溯及合同订立时。

① 无效合同的确认。有下列情形之一的，合同无效：

a. 一方以欺诈、胁迫的手段订立合同。

b. 恶意串通，损害国家、集体或者第三人利益。

c. 以合法形式掩盖非法目的。

d. 损害社会公众利益。

e. 违反法律、行政法规的强制性规定。

无效合同的确认权归合同管理机关和人民法院。

② 无效合同的处理。具体规定有：

a. 无效合同自合同签订时就没有法律约束力。

b. 合同无效分为整个合同无效和部分无效，如果合同为部分无效的，不影响其他部分的法律效力。

c. 合同无效，不影响合同中独立存在的有关解决争议条款的效力。

d. 合同无效，因该合同取得的财产，应当予以返还；不能返还或者没有必要返还的，应当折价补偿。有过错的一方应当赔偿对方因此所受到的损失，双方都有过错的，应当各自承担相应的责任。

e. 当事人恶意串通，损害国家、集体或者第三人利益的，因此取得的财产收归国家所有或者返还集体、第三人。

（5）可变更或可撤销合同

可变更合同是指合同部分内容违背当事人的真实意思表示，当事人可以要求对该部分内容的效力予以撤销的合同。可撤销合同是指虽经当事人协商一致，但因非对方的过错而导致一方当事人意思表示不真实，允许当事人依照自己的意思，使合同效力归于消灭的合同。

此外，一方以欺诈、胁迫的手段或者乘人之危，使对方在违背真实意思的情况下订立的合同，受损害方有权请求人民法院或者仲裁机构变更或者撤销。

合同经人民法院或仲裁机构变更，被变更的部分无效，而变更后的合同则为有效合同，对当事人具有法律约束力。合同经人民法院或仲裁机构撤销，被撤销的合同即为无效合同，自始不具有约束力。因此，对于以上合同，当事人请求变更的，人民法院或者仲裁机构不得撤销。

可撤销合同与无效合同有明显的区别，主要表现在以下几个方面：

① 无效合同中受损害的是国家、集体、第三人或社会公共利益，是违法的合同；可撤销合同中受损害的则是合同当事人一方的利益。

② 可撤销合同的一方当事人有撤销权，如果其行使撤销权，则合同自始无效；如果不行使撤销权，则合同的效力正常继续。无效合同内容违法，自始不发生法律效力。

③ 可撤销合同中具有撤销权的当事人自知道撤销事由之日起一年内没有行使撤销权或者知道撤销事由后明确表示，或者以自己的行为表示放弃撤销权，则撤销权消灭。无效合同从订立之日起就无效，不存在期限。

由于可撤销的合同只是涉及当事人意思表示不真实的问题，因此法律对撤销权的行使有一定的限制。有下列情形之一的，撤销权消灭：①具有撤销权的当事人自知道或者应当知道撤销事由之日起一年内没有行使撤销权；②具有撤销权的当事人知道撤销事由后明确表示或者以自己的行为放弃撤销权。

合同被撤销后的法律后果与合同无效的法律后果相同。

（6）当事人名称或者法定代表人变更不对合同效力产生影响

合同生效后，当事人不得因姓名、名称的变更或者法定代表人、负责人、承办人的变动而不履行合同义务。

（7）当事人合并或分立后对合同效力的影响

订立合同后当事人与其他法人或组织合并，合同的权利和义务由合并后的新法人或组织承担，合同仍然有效。

订立合同后分立的，分立的当事人应及时通知对方，并告知合同权利和义务的承担人，双方可以重新协商合同的履行方式。如果分立方没有告知或分立方的该合同责任归属通过协商对方当事人仍不同意，则合同的权利和义务由分立后的法人或组织连带负责，即享有连带债权，承担连带债务。

(8) 合同效力的认定

合同效力的认定，可以分为以下几个阶段：即合同成立、合同有效、合同生效。

第一阶段是合同的成立。在任何项目合同效力产生并发挥作用的过程中，合同的成立都是最重要的基础。当有关项目双方当事人在意愿上达成一致，依法签订合同，并根据合同中所要求和规定的内容，履行双方的义务。根据我国现行的《民法典》规定："当事人采用合同书形式订立合同的，自当事人均签名、盖章或者按指印时合同成立。"但是在实践过程中，存在一些特殊情况。例如，双方在签订合同的过程中，要求签订合同确认书，则需要在签订合同确认书之后，合同才是真正的成立。对于合同双方当事人而言，只有依法签订合同，合同成立才能够被法律保护。当合同成立之后，则标志着合同有效以及合同生效的前提已经达成。

第二阶段是合同有效。该阶段是一种法律层面的判断，是从法律基础上判定的合同已经成为法律规定的有效合同。其目的是一旦合同有效后，就开始受到法律的保护与约束。合同是否有效，往往取决于以下标准：

① 合同行为人是否具备国家法律规定的民事行为能力。

② 合同行为人的意思表达是否真实。

③ 合同行为人在合同中应尽的权利和履行的义务是否违反法律和社会公共利益。

以上几个条件是衡量合同是否有效的重要指标，这也充分反映我国国家法律对合同的评价和干预。根据以上标准，可以将合同划分为有效或者无效。根据我国现行的《民法典》第五百零二条规定："依法成立的合同，自成立时生效，但是法律另有规定或者当事人另有约定的除外。依照法律、行政法规的规定，合同应当办理批准等手续的，依照其规定。未办理批准等手续影响合同生效的，不影响合同中履行报批等义务条款以及相关条款的效力。应当办理申请批准等手续的当事人未履行义务的，对方可以请求其承担违反该义务的责任。依照法律、行政法规的规定，合同的变更、转让、解除等情形应当办理批准等手续的，适用前款规定。"

第三阶段是合同生效。合同是否生效，其划分标准是指双方当事人应该按照合同的规定何时起开始履行双方的义务。即按照合同明确规定的双方应该履行的义务开始的时间点，为合同生效时间。合同有效与合同生效共同作为法律层面的判断，但是，在双方当事人是否就合同开始履行义务的时间点而言，合同生效又是一种法律评价。

从广义层面，合同效力应该来源于法律层面，通过法律层面对合同效力进行评析。主要分为以下三种情况：

① 在法律承认和保护的情况下，当事人签订合同，那么就能够认为合同当事人需要严格按照法律规定以及合同签订内容享受权利及履行义务。这就是所谓的"有效合同"。

② 当合同被认定为无效合同时，法律否定合同签订的内容，那么在此时，合同双方的当事人就不需要按照合同中规定的内容去履行义务。这就是所谓的"无效合同"。

③ 在特殊情况下，法律会否定当事人所签订的合同，在某些特殊情况下，按照法律的补正原则，会要求合同双方当事人重新签订合同或者变更合同，以此使合同依法进行，从无效或者失效合同转变为有效合同，并依法产生合同效力。

从狭义层面，认为合同效力的约束力来自合同当事人双方的约定，而并非来自法律法规的强制性规定。对于合同签订双方而言，只有当违背合同时，其违约责任来自法律的强制规定，因此，该种狭义的"合同效力"一般被称为"合同法律约束力"。通常认为"合同法律约束力"是"合同效力"的一个下位概念。在狭义层面，认为合同效力仅仅是有效合同产生的法律约束力，其认为无效合同不具备任何效力。本文讨论的建设工程合同效力，是在广义概念层面进行的研究。

4.1.6 合同的履行

合同的履行，是指合同生效以后，合同当事人依照合同的约定，全面、适当地完成合同义务的行为。当事人订立合同的目的，必须通过合同的履行方能得以实现。履行行为，从合同债务人的角度而言，即是实施属于合同标的行为，这里的行为，根据合同性质的不同，表现为交付某种货物、完成某项工作、提供某种劳务或者支付价款等等。合同的履行，事关合同当事人合法权益的实现。

4.1.6.1 合同履行的原则

（1）全面履行原则

当事人订立合同不是目的，只有全面履行合同，才能实现当事人所追求的法律后果，使其预期目的得以实现。

根据我国现行的《民法典》第五百一十条规定："合同生效后，当事人就质量、价款或者报酬、履行地点等内容没有约定或者约定不明确的，可以协议补充；不能达成补充协议的，按照合同相关条款或者交易习惯确定。"

如果当事人不能达成协议的，按照合同有关条款或交易习惯确定。当事人就有关合同内容约定不明确，依据前条规定仍不能确定的，则按《民法典》第五百一十一条规定处理。

① 质量要求不明确的，按照强制性国家标准履行；没有强制性国家标准的，按照推荐性国家标准履行；没有推荐性国家标准的，按照行业标准履行；没有国家标准、行业标准的，按照通常标准或者符合合同目的的特定标准履行。

② 价款或者报酬不明确的，按照订立合同时履行地的市场价格履行；依法应当执行政府定价或者政府指导价的，依照规定履行。

③ 履行地点不明确，给付货币的，在接受货币一方所在地履行；交付不动产的，在不动产所在地履行；其他标的，在履行义务一方所在地履行。

④ 履行期限不明确的，债务人可以随时履行，债权人也可以随时请求履行，但是应当给对方必要的准备时间。

⑤ 履行方式不明确的，按照有利于实现合同目的的方式履行。

⑥ 履行费用的负担不明确的，由履行义务一方负担；因债权人原因增加的履行费用，由债权人负担。

（2）诚实信用原则

根据我国现行的《民法典》第五百零九条规定，当事人应当按照约定全面履行自己的义务。当事人应当遵循诚信原则，根据合同的性质、目的和交易习惯履行通知、协助、保密等义务。

（3）实际履行原则

合同当事人应严格按照合同规定的标的完成合同义务，而不能用其他标的代替。鉴于客观经济活动的复杂性和多变性，在具体执行该原则时，还应根据实际情况灵活掌握。

4.1.6.2 合同履行中的抗辩权

所谓抗辩权，就是一方当事人有依法对抗对方要求或否认对方权力主张的权力。合同规定了同时履行抗辩权和后履行抗辩权及先履行抗辩权。

（1）同时履行抗辩权

当事人互负债务，没有先后履行顺序的，应当同时履行。同时履行抗辩权包括：一方在对方履行之前有权拒绝其履行要求；一方在对方履行债务不符合约定时，有权拒绝其相应的履行要求。如施工合同中期付款时，对承包人施工质量不合格部分，发包人有权拒付该部分的工程款；如果发包人拖欠工程款，则承包人可以放慢施工进度，甚至停止施工。产生的后果，由违约方承担。

同时履行抗辩权的适用条件是：

① 由同一双务合同产生互负债务。

② 合同中未约定履行的顺序，即当事人应当同时履行债务。

③ 对方当事人没有履行债务或者履行债务不符合合同约定。

④ 对方当事人有全面履行合同债务的能力。

（2）后履行抗辩权

后履行抗辩权也包括两种情况：当事人互负债务，有先后履行顺序的，应当先履行的一方未履行时，后履行的一方有权拒绝其对本方的履行要求；应当先履行的一方履行债务不符合规定的，后履行的一方也有权拒绝其相应的履行要求。如材料供应合同按照约定应由供货方先行交付订购的材料后，采购方再行付款结算，若合同履行过程中供货方交付的材料质量不符合约定的标准，采购方有权拒付货款。

后履行抗辩权应满足的条件为：

① 由同一双务合同产生互负债务。

② 合同中约定了履行的顺序。

③ 应当先履行的合同当事人没有履行债务或者没有正确履行债务。

④ 应当先履行一方当事人有全面履行合同债务的能力。

（3）不安抗辩权

不安抗辩权也称终止履行，是指合同中约定了履行的顺序，合同成立后发生了应当后履行合同一方财务状况恶化的情况，应当先履行合同一方在对方未履行或者提供担保前有权拒绝先为履行。

应当先履行合同的一方有确切证据证明对方有下列情形之一的，可以中止履行。

① 经营状况严重恶化。

② 转移财产、抽逃资金，以逃避债务的。

③ 丧失商业信誉。

④ 有丧失或者可能丧失履行债务能力的其他情形。

因此，不安履行抗辩权应满足的条件为：

① 由同一双务合同产生互负债务，且合同中约定了履行的顺序。

② 先履行一方当事人的债务履行期限已届，而后履行一方当事人履行期限未届。

③ 后履行一方当事人丧失或者可能丧失履行债务能力，证据确切。

④ 合同中未约定担保。

4.1.6.3 合同不当履行的处理

（1）因债权人致使债务人履行困难的处理

合同生效后，当事人不得因姓名、名称的变更或因法定代表人、负责人、承办人的变动而不履行合同义务。债权人分立、合并或者变更住所应当通知债务人。如果没有通知债务人，会使债务人不知向谁履行债务或者不知在何地履行债务，致使履行债务发生困难。出现这些情况，债务人可以中止履行或者将标的物提存。

中止履行是指债务人暂时停止合同的履行或者延期履行合同。提存是指由于债权人的原因致使债务人无法向其交付标的物，债务人可以将标的物交给有关机关保存以此消灭合同的制度。

(2) 提前或者部分履行的处理

提前履行是指债务人在合同规定的履行期限到来之前就开始履行自己的义务。部分履行是指债务人没有按照合同约定履行全部义务而只履行了自己的一部分义务。提前或者部分履行会给债权人行使权力带来困难或者增加费用。

债权人可以拒绝债务人提前或部分履行债务，由此增加的费用由债务人承担、但不损害债权人利益且债权人同意的情况除外。

(3) 合同不当履行中的保全措施

为了防止债务人的财产不适当减少而给债权人带来危害，允许债权人为保全其债权的实现采取保全措施。保全措施包括代位权和撤销权。

① 代位权。是指因债务人怠于行使其到期债权，对债权人造成损害，债权人可以向人民法院请求以自己的名义代位行使债务人的债权。债权人依照有关规定提起代位权诉讼，应当符合下列条件：a. 债权人对债务人的债权合法；b. 债务人怠于行使其到期债权，会对债权人造成损害；c. 债务人的债权已到期；d. 债务人的债权不是专属于债务人自身的债权；e. 代位权的行使范围以债权人的债权为限；f. 债权人行使代位权的必要费用，由债务人负担。

② 撤销权。因债务人放弃其到期债权或者无偿转让财产，对债权人造成损害的，债权人可以请求人民法院撤销债务人的行为。债务人以明显不合理的低价转让财产，对债权人造成损害，并且受让人知道该情形的，债权人也可以请求人民法院撤销债务人的行为。当债权人行使撤销权，人民法院依法撤销债务人行为的，导致债务人的行为自始无效，第三人因此取得的财产，应当返还给债务人。

撤销权的行使范围以债权人的债权为限。债权人行使撤销权的必要费用，由债务人负担。撤销权应自债权人知道或者应当知道撤销事由之日起一年内行使。自债务人的行为发生之日起五年内没有行使撤销权的，该撤销权消灭。

4.1.7 合同的变更、转让

4.1.7.1 合同的变更

此处的合同变更指狭义的合同变更，是指有效成立的合同在尚未履行或未履行完毕之前，由于一定法律事实的出现而使合同内容发生改变。如增加或减少标的物的数量、推迟原定履行期限、变更交付地点或方式等。

合同已经有效成立即具有法律效力，当事人不得擅自对合同内容加以改变。但是，这并不意味着在任何情况下法律都一概不允许变更合同。根据合同自由的原则，当事人如果协商一致自愿变更合同内容，法律一般不会对此作硬性禁止。合同尚未履行或尚未履行完毕之前，如果由于客观情况的变化，使得继续按照原合同约定履行会造成不公平的后果，因此变更原合同条款，调整债权债务内容是十分有必要的。

当事人协商一致，可以变更合同。因此，当事人变更合同的方式类似于订立合同的方式，要经过提议和接受两个步骤。要求变更合同的一方首先提出建议，明确变更的内容，以及变更合同引起的后果处理；另一当事人对变更表示接受。这样，双方当事人对合同的变更达成协议。一般来说，书面形式的合同，变更协议也应采用书面形式。

4.1.7.2 合同的转让

合同转让，是指在合同当事人一方依法将其合同的权利和义务全部或部分转让给第三人。合同的转让是广义的合同的变更。从广义上讲，只要债的三要素中有任何一个要素发生变更，都被认为是债的变更。而狭义债的变更是指债的内容变更，而债的主体变更称为债的转移或合同的转让。合同转让，按照其转让的权利义务的不同，可分为合同权利的转让、合同义务的转让及合同权利义务一并转让三种形态。

(1) 合同权利的转让

合同权利的转让也称债权让与，是合同当事人将合同中的权利全部或部分转让给第三方的行为。转让合同权利的当事人称为让与人，接受转让的第三人称为受让人。

① 债权人转让权利的条件。债权人转让权利的，应当通知债务人。未经通知，该转让对债务人不发生效力。除非经受让人同意，债权人转让权利的通知不得撤销。

② 不得转让的情形。不得转让的情形包括：根据合同性质不得转让；按照当事人约定不得转让；依照法律规定不得转让。

(2) 合同义务的转让

合同义务的转让也称债务转让，是债务人将合同的义务全部或部分地转移给第三人的行为。债务人转让合同义务的条件：债务人将合同的义务全部或部分转让给第三人，应当经债权人同意。

(3) 合同权利和义务一并转让

指当事人一方将债权债务一并转让给第三人，由第三人接受这些债权债务的行为。当事人一方经对方同意，可以将自己在合同中的权利和义务一并转让给第三人。

建设工程项目总承包人或勘察、设计、施工承包人经发包人同意，可以将自己承包的部分工作交由第三人完成。第三人就其完成的工作成果与总承包人或勘察、设计、施工承包人向发包人承担连带责任。

4.1.8 违约责任

违约责任是指合同当事人违反合同约定，不履行义务或者履行义务不符合约定所承担的责任。当事人一方不履行合同义务或者履行合同义务不符合约定的应当承担继续履行、采取补救措施或者赔偿损失等违约责任。

(1) 继续履行

继续履行合同要求违约人按照合同的约定，切实履行所承担的合同义务。包括两种情况：一是债权人要求债务人按合同的约定履行合同；二是债权人向法院提出起诉，由法院判决强迫违约方具体履行其合同义务。当事人违反金钱债务，一般不能免除其继续履行的义务。当事人违反非金钱债务的，除法律规定不适用继续履行的情形外，也不能免除其继续履行的义务。当事人一方不履行金钱债务或者履行非金钱债务不符合规定的，对方可以要求履行。但有下列规定之一的情形除外：

① 法律上或者事实上不能履行。

② 债务的标的不适合强制履行或者履行费用过高。

③ 债权人在合理期限内未要求履行。

(2) 采取补救措施

采取补救措施是指在当事人违反合同后，为防止损失发生或者扩大，由其依照法律或者合同约定而采取的修理、更换、退货、减少价款或者报酬等措施。采用这一违约责任的方式，主要是在发生质量不符合约定的时候。质量不符合约定的，应当按照当事人的约定承担违约责任。对违约责任没有约定或者约定不明确，依照相关法律的规定。仍不能确定的，受损害方根据标的的性质以及损失的大小，可以合理选择要求对方承担修理、更换、退货、减少价款或报酬等违约责任。

(3) 赔偿损失

当事人一方不履行合同义务或者履行合同义务不符合约定，给对方造成损失的，应当赔偿对方的损失。损失赔偿额应当相当于因违约所造成的损失，包括合同履行后可以获得的利益，但不得超过违反合同一方订立合同时预见或应当预见的因违反合同可能造成的损失。这种方式是承担违约责任的主要方式。因为违约一般都会给当事人造成损失，赔偿损失是守约者避免损失的有效方式。

当事人一方不履行合同义务或履行合同义务不符合约定的，在履行义务或采取补救措施后，对方还有其他损失的，应承担赔偿责任。当事人一方违约后，对方应当采取适当措施防止损失的扩大，没有采取措施致使损失扩大的，不得就扩大的损失请求赔偿，当事人因防止损失扩大而支出的合理费用，由违约方承担。

(4) 支付违约金

违约金是指按照当事人的约定或者法律直接规定，一方当事人违约时，应向另一方支付的金钱。违约金的标的物是金钱，也可约定为其他财产。

① 当事人可以约定一方违约时应当根据违约情况向对方支付一定数额的违约金，也可以约定因违约产生的损失赔偿额的计算方法。在合同实施中，只要一方有不履行合同的行为，就得按合同规定向另一方支付违约金，而不管违约行为是否造成对方损失。

② 违约金同时具有补偿性和惩罚性。约定的违约金低于违反合同所造成的损失的，当事人可以请求人民法院或者仲裁机构予以增加；若约定的违约金过分高于所造成的损失，当事人可以请求人民法院或者仲裁机构予以减少。

(5) 定金

当事人可以约定一方向对方给付定金作为债权的担保。债务人履行债务后定金应当抵作价款或收回。给付定金的一方不履行约定债务的，无权要求返还定金；收受定金的一方不履行约定债务的，应当双倍返还定金。

当事人既约定违约金，又约定定金的，一方违约时，对方可以选择适用违约金或定金条款。但是，这两种违约责任不能合并使用。

4.1.9 合同争议处理方式

合同争议，是指当事人双方对合同订立和履行情况以及不履行合同的后果所产生的纠纷。对合同订立产生的争议，一般是对合同是否成立及合同的效力产生分歧；对合同履行情况产生的争议，往往是对合同是否履行或者是否已按合同约定履行产生的异议；而对并不履行合同的后果产生的争议，则是对没有履行合同或者没有完全履行合同的责任，应由哪方承担责任和如何承担责任而产生的纠纷。选择适当的解决方式，及时解决合同争议，不仅关系到维护当事人的合同利益和避免损失的扩大，而且对维护社会经济秩序也有重要作用。

合同争议的解决通常有如下几种处理方式。

(1) 和解

和解是指争议的合同当事人，依据有关的法律规定和合同约定，在互谅互让的基础上，经过谈判和磋商，自愿对争议事项达成协议，从而解决合同争议的一种方法。和解的特点在于无须第三者介入，简便易行，能及时解决争议，并有利于双方的协作和合同的继续履行。但由于和解必须以双方自愿为前提，因此，当双方分歧严重，一方或双方不愿协商解决争议时，和解方式往往受到局限。

（2）调解

调解是争议当事人在第三方的主持下，通过其劝说引导，在互谅互让的基础上自愿达成协议以解决合同争议的一种方式。调解也是以公平合理、自愿等为原则。调解解决合同争议，可以不伤和气，使双方当事人互相谅解，有利于促进合作。但这种方式受当事人自愿的局限，如果当事人不愿调解，或调解不成时，则应及时采取仲裁或诉讼以最终解决合同争议。

（3）仲裁

仲裁是指发生争议的双方当事人，根据其在争议发生前或争议发生后所达成的协议，自愿将该争议提交中立的第三者进行裁判的争议解决制度和方式。仲裁具有自愿性、专业性、灵活性、保密性、快捷性、经济性和独立性等特点。

当事人采用仲裁方式解决纠纷，应当双方自愿，达成仲裁协议。仲裁协议应采用书面形式。没有仲裁协议，一方申请仲裁的，仲裁委员会不予受理。当事人达成仲裁协议，一方向人民法院起诉的，人民法院不予受理，但仲裁协议无效的除外。仲裁委员会应当由当事人协议选定。仲裁不实行级别管辖和地域管辖。

仲裁协议的内容包括：

① 请求仲裁必须是双方当事人共同的意思表示，必须是双方协商一致的基础上真实意思的表示，必须是有利害关系的双方当事人的意思表示。

② 仲裁事项，提交仲裁的争议范围。

③ 选定的仲裁委员会。

仲裁实行一裁终局制度。裁决做出后，当事人应当履行裁决。一方当事人不履行的，另一方当事人可以依照民事诉讼法的有关规定向人民法院申请执行。

（4）诉讼

诉讼作为一种合同争议的解决方法，是指人民法院在当事人和其他诉讼参与人参加下，审理和解决民事案件的活动。当事人双方产生合同争议，又未达成有效仲裁协议的，任何一方都可以向有管辖权的人民法院起诉。与其他解决合同争议的方式相比，诉讼是最有效的一种方式，之所以如此，首先是因为诉讼由国家审判机关依法进行审理裁判，最具权威性；其次，判决发生法律效力后，以国家强制力保证判决的执行。

需要指出的是，仲裁和诉讼这两种争议解决的方式只能选择其中一种，当事人可以根据实际情况选择仲裁或诉讼。

4.2 工程合同管理概述

4.2.1 工程建设中的主要合同关系

工程建设是一个综合性极强的社会生产过程，随着社会进步和建筑技术的发展，建筑工业也将实现社会化大生产，专业分工越来越细。任何一个项目都会涉及几个、几十个乃至上百个经济主体，而合同就是它们之间联系的纽带和桥梁，因此在一个工程中，相关的合同可能有几份、几十份甚至更多份合同，从而使得每一个工程均有一个复杂的合同网络，在这个网络中，业主和承包人是两个最主要的节点。

(1) 业主的主要合同关系

业主又称建设单位，是工程的投资方和所有者。根据业主对工程的需求，确定工程项目的整体目标，这个目标是所有相关工程合同的核心。要实现工程目标，业主必须将建设工程的勘察设计、各专业工程施工、设备和材料供应等工作托付出去，这就必须与有关单位签订下列合同。

① 咨询（监理）合同。咨询（监理）公司负责工程的可行性研究、设计监理、招标和施工监理等的一项或几项工作，业主将与该公司签订合同。

② 勘察、设计合同。勘察、设计单位负责工程的地质勘察和设计工作，业主将与该单位签订合同。

③ 买卖合同。业主与有关的材料和设备供应单位签订买卖（采购）合同，由那些单位负责提供工程所需的材料和设备。

④ 工程施工合同。一个或几个承包人分别承包土建、机电安装、通风管道、装饰工程、通信工程等施工任务，业主将与不同的承包人分别签订合同，这些合同称为工程施工合同。

⑤ 贷款合同。金融机构向业主提供资金保证，业主将与该金融机构签订贷款合同。按照资金来源的不同，这些合同分为贷款合同和合资合同等。

按照工程承包方式和范围的不同，业主可能订立几十份合同，例如将工程分专业、分阶段发包，材料和设备供应分别采购等；也可能将上述建设任务以各种形式合并，如把土建和安装委托给一个承包人，把整个设备供应委托给一个成套设备供应企业等，这又需要订立另外的合同。当然，业主还可以与一个承包人订立一个总承包合同，由该承包人负责整个工程的设计、供应、施工，甚至管理等工作。因此，建设工程合同标的的范围和内容会有很大差别。

(2) 承包人的主要合同关系

承包人是工程的具体实施者，是工程承包合同的执行者，按承担工程建设的任务，分为勘测设计单位、施工企业等。承包人通过投标接受业主的发包，签订工程承包合同。承包人为了完成建设任务，也会将他不具备能力的某些专业工程的建设以及不能自行完成的某些材料和设备的生产和供应任务以合同的形式委托出去，因此也有自己复杂的合同关系。

① 建设工程合同和分包合同。业主与承包人达成协议，设立建设工程合同关系。对于一些大型工程或专业化程度相对较高的工程，承包人通常必须与其他承包人合作才能完成业主委托给他的全部建设任务，于是承包人把从业主那里承接到的工程中的某些分项工程或某专业工程，分包给另一承包人来完成，承包人与其签订分包合同，分包商完成总承包人分包给他的工程，但与业主无合同关系，而只向总承包人负责。总承包人向业主承担全部工程责任，负责工程的管理和所属各分包商工作之间的协调以及各分包商合同责任的划分，同时承担协调失误造成的损失，向业主承担工程风险。

② 物资采购合同。承包人必须保证及时采购与供应工程建设所需的材料与设备，因此他必须与供应商签订物资采购合同。

③ 运输合同。这是承包人为解决建设物资的运输问题而与运输单位签订的合同。

④ 加工合同。此即承包人将建筑构配件、特殊构件加工任务委托给加工承揽单位而签订的合同。

⑤ 租赁合同。在工程建设过程中，承包人需要许多机械设备、运输设备和周转材料等。当某些设备、周转材料在现场使用率较低或自己购置需要大量资金投入而又不具备这个经济实力时，可以采用租赁方式，这样承包人就将与租赁单位签订租赁合同。

⑥ 劳务供应合同。建筑生产需要大量的劳动力。承包人为了降低成本，通常只有少量的技术骨干是其固定工，为了满足任务的临时需要，往往要与劳务供应商签订劳务供应合同，由劳务供应商向工程提供劳务。

⑦ 保险合同。承包人按建设工程合同要求对工程进行保险，需要与保险公司签订保险合同。

以上即为承包人为了履行与业主签订的工程承包合同而与其他主体签订的合同，这些主体与项目业主之间没有直接的经济关系。另外，在许多大型工程中，尤其在业主要求总承包的工程中，可能需要几个企业联营才能完成，即联营承包，这时承包人之间还需签订联营合同。

工程建设中主要的合同关系如图 4.1 所示。

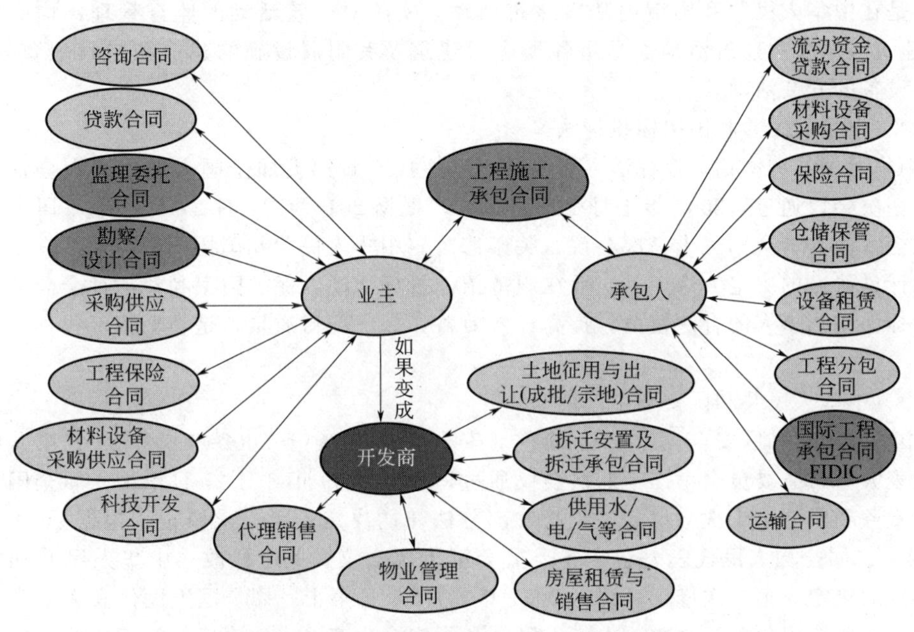

图 4.1　工程建设中主要的合同关系

4.2.2 工程合同管理法律基础

完备的法律制度是进行合同管理的基础。为推行建设领域的合同管理制，有关部门做了大量的工作，从立法到实际操作日趋完善，基本形成了国家立法、政府立规、行业立制的层次分明、体制完备的合同法律体系以及相关配套制度。规范建设工程合同，不但需要规范合同本身的法律法规的完善，也需要相关法律体系的完善。目前，我国这方面的立法体系已基本完善。与建设工程合同直接相关的法律有：

(1)《中华人民共和国民法典》

2020 年 5 月 28 日，十三届全国人大三次会议表决通过了《中华人民共和国民法典》，自 2021 年 1 月 1 日起施行。婚姻法、继承法、民法通则、收养法、担保法、合同法、物权法、侵权责任法、民法总则同时废止。

《中华人民共和国民法典》共 7 编、1260 条，各编依次为总则、物权、合同、人格权、婚姻家庭、继承、侵权责任，以及附则。通篇贯穿以人民为中心的发展思想，着眼满足人民对美好生活的需要，对公民的人身权、财产权、人格权等作出明确翔实的规定，并规定侵权责任，明确权利受到削弱、减损、侵害时的请求权和救济权等，体现了对人民权利的充分保障，被誉为“新时代人民权利的宣言书”。

(2)《中华人民共和国建筑法》

《中华人民共和国建筑法》(以下简称《建筑法》)于1997年11月1日第八届全国人民代表大会常务委员会第二十八次会议通过，根据2011年4月22日第十一届全国人民代表大会常务委员会第二十次会议《关于修改〈中华人民共和国建筑法〉的决定》第一次修正，根据2019年4月23日第十三届全国人民代表大会常务委员会第十次会议《关于修改〈中华人民共和国建筑法〉等八部法律的决定》第二次修正。它是建筑业的基本法律，旨在加强对建筑活动的监督管理，维护建筑市场秩序，保证建筑工程的质量和安全，促进建筑业健康发展。凡是在中华人民共和国境内从事建筑活动，实施对建筑活动的监督管理，均应遵守该法。《建筑法》所称建筑活动，是指各类房屋建筑及其附属设施的建造和与其配套的线路、管道、设备的安装活动。

(3)《中华人民共和国招标投标法》

《中华人民共和国招标投标法》于1999年8月30日第九届全国人民代表大会常务委员会第十一次会议通过，2000年1月1日起施行。根据2017年12月27日第十二届全国人民代表大会常务委员会第三十一次会议《关于修改〈中华人民共和国招标投标法〉、〈中华人民共和国计量法〉的决定》修正。它旨在规范招标投标活动，保护国家利益、社会公共利益和招标投标活动当事人的合法权益，提高经济效益，保证项目质量，是整个招标投标领域的基本法。

(4)《中华人民共和国安全生产法》

《中华人民共和国安全生产法》(简称《安全生产法》)于2002年6月29日第九届全国人民代表大会常务委员会第二十八次会议通过，根据2009年8月27日第十一届全国人民代表大会常务委员会第十次会议《关于修改部分法律的决定》第一次修正，根据2014年8月31日第十二届全国人民代表大会常务委员会第十次会议《关于修改〈中华人民共和国安全生产法〉的决定》第二次修正，根据2021年6月10日第十三届全国人民代表大会常务委员会第二十九次会议《关于修改〈中华人民共和国安全生产法〉的决定》第三次修正。它旨在加强安全生产工作，防止和减少生产安全事故，保障人民群众生命和财产安全，促进经济社会持续健康发展。

(5)《中华人民共和国环境保护法》

《中华人民共和国环境保护法》(简称《环境保护法》)于1989年12月26日第七届全国人民代表大会常务委员会第十一次会议通过，2014年4月24日第十二届全国人民代表大会常务委员会第八次会议修订，2015年1月1日起施行。它旨在保护和改善环境，防治污染和其他公害，保障公众健康，推进生态文明建设，促进经济社会可持续发展。建设项目的选址、规划、勘察、设计、施工、使用和维护均应遵循该法。

(6)《中华人民共和国环境影响评价法》

《中华人民共和国环境影响评价法》(简称《环境影响评价法》)于2002年10月28日第九届全国人民代表大会常务委员会第三十次会议通过，根据2016年7月2日第十二届全国人民代表大会常务委员会第二十一次会议《关于修改〈中华人民共和国节约能源法〉等六部法律的决定》第一次修正；根据2018年12月29日第十三届全国人民代表大会常务委员会第七次会议《关于修改〈中华人民共和国劳动法〉等七部法律的决定》第二次修正。它旨在实施可持续发展战略，预防因规划和建设项目实施后对环境造成不良影响，促进经济、社会和环境的协调发展。该法的内容包括规划的环境影响评价、建设项目的环境影响评价及相关的法律责任。

(7)《中华人民共和国劳动法》

《中华人民共和国劳动法》(简称《劳动法》)于1994年7月5日第八届全国人民代表大会常务委员会第八次会议通过，根据2009年8月27日第十一届全国人民代表大会常务委员会第十次会议《关于修改部分法律的决定》第一次修正，根据2018年12月29日第十三届全国人民代表大会常务委员会第七次会议《关于修改〈中华人民共和国劳动法〉等七部法律的决定》第二次修正。为了保护劳动者的合法权益，调整劳动关系，建立和维护适应社会主义市场经济的劳动制度，促进经济发展和社会进步，根据宪法，制定本法。

(8)《中华人民共和国仲裁法》

《中华人民共和国仲裁法》(简称《仲裁法》)于1994年8月31日第八届全国人民代表大会常务委员会第九次会议通过，1995年9月1日起施行。它旨在保证公正、及时地仲裁经济纠纷，保护当事人的合法权益，保障社会主义市场经济健康发展。

(9)《中华人民共和国保险法》

《中华人民共和国保险法》(简称《保险法》)于1995年6月30日第八届全国人民代表大会常务委员会第十四次会议通过，2015年4月24日第十二届全国人民代表大会常务委员会第十四次会议第三次修正。保险法是调整保险关系的一切法律规范的总称。凡有关保险的组织、保险对象以及当事人的权利和义务等法律规范等均属保险法。

除了上述法律，国务院及其下属各部委还通过并发布了与建设工程有关的行政法规及部门规章。这些部门规章和行政法规将法律的原则性规定具体应用于工程实践，使得建设工程项目全寿命周期的各个环节都有规可依、有章可循。从行政法规层面来看，《招标投标实施条例》规范了招标投标活动参与方的具体行为，《建设工程质量管理条例》和《建设工程安全生产管理条例》是保障建设工程质量和建设活动安全的基本依据，《建设工程勘察设计管理条例》规范了勘察设计参与方的具体行为；《建设项目环境保护管理条例》《公共机构节能条例》《民用建筑节能条例》是促进节能减排工作、保证工程项目可持续建设的法律要求。从部门规章层面来看，《工程建设施工招标投标办法》《工程建设项目招标范围和规模标准规定》《评标委员会和评标方法暂行规定》《工程建设项目招标代理机构资格认定办法》《工程建设项目自行招标试行办法》《招标公告发布暂行办法》《建筑工程施工许可管理办法》《房屋建筑工程和市政基础设施工程竣工验收暂行规定》《建设工程价款结算暂行办法》等文件为建设工程从项目采购到竣工验收结算提供了具体的管理办法和操作流程。

4.2.3 建设工程合同的特征

建设工程合同的履行效果往往不同于一般的承揽合同中工作的完成及交付，该类合同对社会公共安全的影响较大，因此受到国家更多的参与和调控。它具有与一般承揽合同不同的众多特点。

(1) 合同主体具有严格性

承揽合同的主体一般没有限制，可以是公民个人，也可以是法人，而建设工程合同的主体是有限制的，主要表现为法律法规有关当事人资质的规定。建设工程合同的标的是建设工程，具有投资大、周期长、质量要求高、技术力量全面、影响国计民生等特点，作为公民个人是不能够独立完成的，所以，自然人往往不能作为建设工程合同的当事人。建设工程合同中的发包人，相关法律没有对于其资质加以规定，实务上一般是经过批准进行工程项目建设的法人，在签订建设工程合同之前须取得一系列的行政许可或批准手续，如土地使用权证、建设用地规划许可证、建设工程许可证。国有单位投资的经营性基本建设大中型项目，须组建项目法人，实行项目法人责任制。同时，承包人无资质或者超越资质签订的建设工程合同是导致合同无效的法定原因。

（2）订立程序具有特殊性

订立合同属法律行为，其成立须具备当事人、意思表示、标的三要件，而合同有别于其他民事法律行为的特殊性在于其意思表示须由当事人合意，亦即双方意思表示一致合同方能成立。现代民法的基本理念之一即当事人的意思自由，缔约过程中的双方自由的意思表示按磋商过程可以抽象为要约与承诺。根据我国现行的《民法典》第四百七十一条规定："当事人订立合同，可以采取要约、承诺方式或者其他方式。"在此范式之下，建设工程合同独具的特点表现为法律对于部分建设工程合同有必须以招标投标方式订立合同的强制性规定。

（3）合同标的具有特殊性

与承揽合同相比，建设工程合同给付的标的物为不动产，建设工程本身在属性上具有不可移动、长期存在的特点。

建设工程作为一种产品的特殊性具体表现在：

其一，产品的固定性，生产的流动性；

其二，产品的多样性，生产的条件性；

其三，产品的社会性，生产的外部约束性；

其四，产品的形体性，生产的周期性。

这些特点决定了建设工程合同作为一种特殊的承揽合同存在的意义，也决定了其他几项特点。

（4）监督管理具有特殊性

建设工程合同订立后，必须报上级主管部门审批，并将合同副本送交建设主管部门；依照法律程序领取建设拨款和贷款，进行转账结算；改变建设工程计划、方案和工艺流程，必须变更合同或者另行补充合同的，除经过双方协商一致外，还要经过主管部门批准后才能进行，对大型的重要工程，国家主管部门要直接参加验收工作。在我国，规范和调整建设工程合同的法律法规，除了《民法典》《建筑法》等法律外，还存在着大量的行政法规、行政规章、地方性法规以及地方政府规章。上述法规中以行政法规和部门规章为主，对工程建设的各个环节都进行严格管制，其间充斥着大量强制性规定和禁止性规定，违反其中的规定将很可能导致建设工程合同因为违反法律中关于合同效力的规定而导致效力的丧失。对建设工程合同实行国家管制的理由在于建设工程合同的标的物为不动产，具有不可移动性，长期存在和发挥效用，事关国计民生。建设工程合同从订立到履行，从资金的投放到最终的竣工验收，都受到国家严格的管理和监督。

（5）计划和程序的严格性

建设工程合同具有程序性强的特点，呈现出合同之间的关系环环相扣的特点。例如，未经立项，没有计划任务书，则不能进行签订勘察、设计合同的工作；没有完成勘察、设计工作，则不能进行施工图设计文件审查；没有经过招标施工图设计文件审查，则不能进行招标投标；没有经过投标，则不能签订施工合同等。实践中出现的很多工程建设中的问题大都源自没有严格遵循法律的程序性规定，外观上体现为"边设计、边修改、边施工"的"三边"工程，造成严重的社会危害和资源浪费。

（6）履行期限具有长期性

传统民法契约理论中合同所确定的给付形态，可以把合同分为一时性合同与持续性合同。一时性合同是指债务因一次给付即履行完毕的合同，例如买卖、互易、赠与等合同。持续性合同是指债务须经过持续的给付才能履行完毕的合同，例如租赁、委托等合同。

实践中，建设工程合同往往履行期限较长，有人认定其为持续性合同，但是事实上建设工程合同作为承揽合同的一种，给付的对象为工作物，其给付往往是一次性的，竣工验收就是给付完成的一个标志。因此，并不能将其作为此处所说的“持续性合同”，但是因其履行期限较长，至多只能称作“长期合同”，这一点决定了这一合同类型的合同履行中的风险应对措施不同于短期合同。

建设工程由于结构复杂、体积大、建筑材料类型多、工作量大，与一般的工业产品的生产相比，它的合同履行期限都较长；在合同履行过程中，还可能因为不可抗力、工程变更、材料供应不及时等原因而导致合同期限顺延。所有这些情况，决定了建设工程合同的履行期限具有长期性。

4.2.4 建设工程合同的关系性特征

(1) 合同内容的不确定性

关系合同理论认为，承诺总是不完整的。该观点与制度经济学的不完全合同理论一脉相承。在建设工程合同中，合同的不完全性体现得更为明显，既有客观上有限理性制约下导致的条款缺漏，也有交易主体的刻意“留白”，还有履约过程中当事人的主动“回避”适用合同条款的现象。

(2) 合同形成的动态性

建设工程合同并非一次性给付即可完成，而是须经历长期而复杂的一段施工期间。同时，建设工程合同又是一种在“生产”过程开始之前就已经确定了最终产品价格的合同，而在“生产”过程中又不可避免出现各种各样的变更和风险。因此，建设工程合同关系除双方当事人所签订的合同外，在整个合同履行期间会不断产生新的权利义务关系。在建设工程合同关系中，我们会发现合同变更非常灵活、频繁。建设工程合同中的合意，实际上是一种动态的合意。从时间维度观察，施工合同是从合同缔结前的磋商阶段到履行完毕后的一个连续过程。并且，它并非指从缔约的开始，到履行债务终结时这一单向过程，而是指从各当事人策划之时起并在与对方交涉中逐步深化的动态过程，合同规范在当事人之间的相互关系中动态地生成和变动。这一意义上说，建设工程合同关系可以称之为一种有生命的、有机的存在，可以随其发展阶段产生各种权利义务和风险分配关系。

(3) 合同主体间的依赖性

麦克尼尔的关系合同理论指出，作为关系合同的特质之一，包含权力、等级和命令关系，即不依据对等的合意而形成契约内容，而是依据命令-从属而形成关系，这在劳动关系上最为典型，但在建设工程合同中也普遍存在。麦克尼尔认为，所谓权力，就是不管他人的愿望，或通过操纵他人的愿望，将一个人的意志强加于他人的能力。

(4) 合同关系的交织性

一个建设工程在作为最终的劳务结果提交业主之前，需要经过融资、勘查、设计、施工、监理、验收等多个环节，是业主、勘查人、设计人、施工人、监理人、银行等多方合作的劳务成果。在我国的特殊法律环境下，施工人员还分为总承包人、分包人、转包人等多个主体。这些主体彼此签订形式上互相独立但实际上存在密切联系的合同，形成错综复杂的系统网络。一个建设工程的顺利完成有赖于这个合同关系网中众多独立主体的共同合作才能完成，它要求这些主体必须相互协调各自提供的给付，一旦一个合同出现了履行障碍，可能给其他合同产生连锁性的反应。

建设工程合同的特殊性，决定了规划、建设、利用以及工程质量等重要问题，不仅关涉当事人利益，还涉及国家长远利益、社会公共利益和公共安全。

4.2.5 建设工程合同种类

（1）依工程管理模式分类

工程管理的目的是在追求最短工期、最低成本和最高品质要求的总体目标下完成工程建设。为达此目的，世界各国工程项目管理的模式不断创新，根据不同需求和工程特点，形成了多种管理模式及合同类型。

① 传统工程合同（building contract）。传统工程合同最显著的特点是设计和施工的两分法（DB模式），即第一阶段是发包人委托设计师完成工程设计、提供图纸、确定工程标准，第二阶段由发包人依照这些设计、图纸和技术标准选定合适的工程施工承包人，并由承包人按照设计要求完成施工。在这种传统模式下，涉及的工程合同包括设计合同和施工合同两个相互独立的合同。我国将建设工程合同分为工程勘察、设计和施工合同，正是建立在传统工程合同模式的基础上。

② 设计-施工/建造合同（design-build contract）。设计-施工模式是20世纪90年代开始采用的一种较新的施工管理模式，这种管理模式的特点是，设计和施工工作均由同一个承包人承担和完成。其优点是可以减少设计和施工之间的纠纷，同时，采取边设计边施工的方式，可以缩短工期，提早开工。但是上述特点也意味着承包人责任的加重，设计的风险和责任都由发包人转由承包人承担；对业主而言，虽然其转嫁了设计的风险和责任，承包人的投标报价将会大大高于传统的工程合同，同时，也意味着业主减少了对设计标准和质量的管控和改进。

③ 交钥匙模式（EPC/turnkey project）。EPC代表“设计-采购-施工”，即承包人需要提供的服务范围。由于交钥匙模式通常采取固定总价方式，成本容易控制；相应地，也意味着承包人承担的风险更大、收取的价格也更高。交钥匙模式在我国也被称为工程总承包模式，根据我国《建筑法》第二十四条的规定，建筑工程的发包单位可以将建筑工程的勘察、设计、施工、设备采购一并发包给一个工程总承包单位。这也是近年来我国大力推行的一种工程建设模式。

④ 设计-建造-运营模式（design-building-operate）。设计-建造-运营合同是更为新型和非典型的建设工程合同类型。在这种合同模式下，承包人除了承担设计和建造两项重要的工作内容之外，还需要承担项目建成之后的运营阶段的服务，即将工程项目的设计、建造和运营阶段融合在一个合同框架之下。此类合同更多地用于建设-经营-转让（BOT，build-operate-transfer）、建设-拥有-运营-转让（BOOT，build-own-operate-transfer）模式的公共基础设施建设和运营服务。但是，在一个成熟的BOT项目中，通常由特殊项目公司与承包人和运营商分别签署建设合同与运营合同。在这类合同中，由于要将设计、建造、运营三个相互独立的合同融合在一起，对合同文件本身的整体框架设计和权利义务分配、衔接的要求也较高。

⑤ 公私合营合同模式。公私合营合同模式也称PPP合同模式（public-private partnerships），即政府与私人机构合作，由私人机构获得政府的许可而从事公共事务，主要是大型的铁路、水利、公路、电力等基础设计项目建设，以及水务、医院、学校、监狱等社会公益项目，提供融资、设计、建设、运营、维护等服务，并最终由政府付费或者由使用者付费的

方式偿还私人机构的融资成本和投资回报。2013 年，国务院发布《关于政府向社会力量购买服务的指导意见》，开启了 PPP 项目模式的快速发展道路。此后，国务院及相关部门陆续出台数十项推广应用政府和社会资本合作（PPP）模式的各类文件，全国各地掀起了在基础设施和公共服务领域推广应用 PPP 模式的高潮，因 PPP 合同引发的法律争议也成为理论与实务关注热点。

⑥ 装配式建筑合同（pre-fabricated contract）。所谓装配式建筑，是指用预制的构件在工地现场装配而成的建筑。简言之，就是“搭积木式”造房子，流水线上“生产”房子。随着建筑行业从标准化、多样化、工业化到集约化、产业化、信息化的不断演变和完善，推广装配式建筑已成为建筑产业发展的新战略。2017 年中共中央、国务院出台《关于进一步加强城市规划建设管理工作的若干意见》，提出将加大政策支持力度，力争在 10 年左右时间，使装配式建筑占新建建筑的比例达到 30%。与 PPP 模式相反，装配式建筑合同追求简单化，将以往劳务与金钱混合、买卖与承揽混合的建设工程合同转化为单纯的买卖合同，或者在其中尽可能加大买卖的比重、减小承揽的比重。从法律上看，装配式合同关系更接近于买卖合同关系而不是承揽合同关系。

(2) 依合同价款结算方式分类

根据建设工程合同中当事人约定的结算方式不同，可分为固定总价合同、固定单价合同、按实结算合同（重测量合同）、成本加酬金合同等。

① 固定总价合同。固定总价合同，是指承包人完成全部工程内容，并由发包人支付双方约定的、固定的费用和报酬的合同计价模式。固定总价合同的工程总造价原则上是确定的，一般不随环境和工程量的变化而变化。在总价合同下，承包人承担大部分的工程风险。

② 固定单价合同。固定单价合同，是指承包人在完成工程建设后，以实际完成的工程量以及约定的不变单价进行工程价款结算。在固定单价合同缔结时，由发包人给出全部工程的各分项工程内容和工作项目一览表，而不提供确定的工程量，双方根据工作项目内容约定各项目的单价，即所谓的工程量清单加固定单价形式。对于固定单价合同中的工程量，在缔结合同时通常都属于预估，实际的工程量需要到竣工时才能确切得知。因此，在这类合同中，承包人承担的风险与固定总价合同为少。

③ 成本加酬金合同。成本加酬金合同是业主以工程或服务实际发生的成本（施工费、材料费及人工费等）为基础，再加上合同双方约定的管理费和利润等费用向承包人支付合同价款的一种合同形式。在这一模式中，发包人需要对承包人以及分包人、供应商的成本构成要素和费率等内容进行详尽的审核，并将核算后的文件作为建设工程合同的组成部分。相应地，发包人承担的风险也较大。但其也有相应的优点，如发包人不需要完成全部深化设计就可以进场施工，可以提早开工；不需要向承包人提前支付有关的风险费用，而是代之以实际发生风险时支付对应的成本加费用。

(3) 依签约主体分类

根据建设工程合同签订的主体，可以分为总承包合同、分包合同与转包合同。

① 总承包合同与分包合同。所谓工程总承包，是指从事工程总承包的企业按照与建设单位签订的合同，对工程项目的勘察、设计、采购、施工等实行全过程的承包，并对工程的质量、安全、工期和造价等全面负责的承包方式。工程总承包模式与上述分类中相关模式存在交叉，通常而言，工程总承包一般采用设计-采购-施工总承包或者设计-施工总承包模式，但也可由双方约定采用其他工程总承包模式。工程总承包模式中的合同包括总承包合同和分包合同，总承包合同是指业主与总承包人签订的建设工程合同。总承包人在签订总承包合同后，再根据施工需要与若干分包人签订合同由后者负责某分项工程的施工或供应，总承包人与分包人签订的合同称为分包合同（sub-contract）。

② 分包合同与转包合同

我国法律允许工程分包，但禁止转包行为。因此符合法律规定的分包合同有效，而转包合同则为无效。总承包人或者勘察、设计、施工承包人经发包人同意，可以将自己承包的部分工作交由分包人完成，但承包人不得将其承包的全部建设工程转包给第三人或者将其承包的全部建设工程肢解以后以分包的名义分别转包给第三人。

转包合同包括三类：一是承包人将全部建设工程转包给第三人施工的；二是承包人将全部建设工程肢解分包给多个第三人施工的；三是分包人将其承包的部分工程项目再分包给第三人施工的。

在建设工程行业中，多个总承包人、分包人和转包人往往构成复杂的合同链关系，合同链条越长，法律关系和责任划分越复杂，其中涉及合同权利义务转让、总承包人与分包人法律关系、分包人或转包人优先受偿权是否享有优先受偿权、背靠背条款（pay when paid）是否合法等议题。

4.2.6 建设工程施工合同无效

4.2.6.1 建设工程合同中法定无效情形

（1）恶意损害他人利益

在建设工程项目签订过程中，部分施工合同当事人为了达到自身经济利益的目的，例如逃税避税，可能存在双方共同串通牟取非法利益的情况，或是在承包人资质不足的前提下签订合同。这类合同签订的目的，通常都是为了获取不正当利益，必然对国家、集体或者其他个人的合法利益造成损害。此类建设工程合同被认定为法定无效情形。

（2）损害公共利益

我国在不同类型的法律中，都有关于维护社会公共利益的法规。社会公共利益是我国全社会成员的最高利益，任何建设工程项目合同中不可损害社会公共利益，否则都是无效合同。

（3）损害国家利益

国家利益具有至高无上的地位，建设工程项目合同中内容不可以损害国家利益。

（4）违反法律与强制规定

当合同内容存在违反法律，或者制订的合同本身情况就不合法的时候，那么合同自然就是无效的。国家重点建设工程合同，应当按照国家规定的程序和国家批准的投资计划、可行性研究报告等文件订立，与此同时，《工程建设项目报建管理办法》规定“凡未报建的工程建设项目，不得办理招标手续和发放施工许可证，设计、施工单位不得承接该项工程的设计和施工任务”。所以如果工程项目本身就不合法，那么其在建设中所签订的合同也就会被认作无效。

（5）承包人资质欠缺

对于建设工程类企业，国家有相应的资质要求，只有具备相应资质的企业，才能够承建对应项目，没有资质或者资质不够的，都不能承建项目。

（6）实际施工人借用资质

“实际施工人”指的并不是进行施工的具体工作人员或者建筑工人，而是承接具体施工工作，并且组织人员等进行施工的组织、个人。在实际的建设工程中，现场施工也需要具备与此项施工任务相对应的资质，而当出现借用他人资质进行施工，本身并没有资质的情况时，所签订的合同就会被认定为无效合同。

（7）招标投标程序违法

在招标的过程中，其程序违反了相应法律法规，那么即使招标成功，并且签订了合同，由于招标程序已经先行违反了法律的规定，那么在此之后签订的合同就必然认作无效。

（8）非法转包

转包行为，即承包单位在获得工程的承包权以后，没有依照双方签订的合同履行自己的义务，对承包的工程未组成相应的管理部门，不对工程的质量、工期以及施工安全等各方面进行管理和监督，而是直接将工程整体或者分为几部分包给其他企业或者个人的行为。这种行为在《建筑法》以及《关于进一步加强工程招标投标管理的规定》中都有明确的说明。同时，这种行为属于合同义务的转移行为，合同义务的转移需要和签订合同的双方同意，并且更改合同，转包行为明显是违反了这一规定的。这种行为属于典型的违法行为，在实际的施工过程中，转包行为的出现，多数是因为转包后的承建者不具备工程需要资质，所以需要通过多一步的转包来承包工程获利。在这种情况下，就必然会出现承包者从材料、人工、质量等方面减少投入，以次充好，偷工减料来盈利，最终就会出现质量问题，对发包人以及工程的使用方都产生了极大的安全隐患。

（9）违法分包

分包指的是项目工程的总承包单位，把工程中的部分工程按照相关规定，向下承包给具有对应资质的企业进行施工。在这种情况下，分包单位对自己所承包的工程部分向承包单位负责，承包单位依然与工程所属单位的承包关系没有发生变化。但如果分包单位不具备资质，则该分包属于违法行为。

4.2.6.2 建筑工程合同无效法律后果

无效合同自始至终没有法律约束力，不能产生当事人预期的法律后果。根据我国法律的规定，无效合同的法律后果之一是返还财产，恢复原状。但由于建筑工程施工合同履行结果的特殊性，往往是承包人已经通过施工建设使得建筑材料形成在建工程甚至是竣工的建筑工程了。因此建筑工程施工合同无效的情况下，返还财产不太可能性，因此司法解释制定了相对灵活的解决方案。

（1）参照合同约定支付工程价款

根据《最高人民法院关于审理建设工程施工合同纠纷案件适用法律问题的解释（二）》规定，建设工程施工合同无效，但建设工程经竣工验收合格，承包人请求参照合同约定支付工程价款的，应予支持。

注意，只是“参照”合同约定支付工程价款，而非“按照”合同约定支付工程价款。也就是说支付的工程款不一定是实现约定的那个金额，也没有以工程定额为标准，通过鉴定确定建设工程价值的补偿原则。在这里，司法解释制定者是采用“折价补偿”的方式处理无效合同的。

（2）承包人承担修复费用

如果建设工程施工合同无效，且建设工程经竣工验收不合格，但是修复后的建设工程经竣工验收合格的，发包人请求承包人承担修复费用的，法院应予以支持。

（3）不予支付工程款

根据《最高人民法院关于审理建设工程施工合同纠纷案件适用法律问题的解释（二）》规定，如果建设工程施工合同无效，修复后的建设工程经竣工验收不合格，承包人请求支付工程价款的，不予支持。

（4）发包人按照过错承担相应的民事责任

根据《最高人民法院关于审理建设工程施工合同纠纷案件适用法律问题的解释（二）》规定，因建设工程不合格造成的损失，发包人有过错的，也应承担相应的民事责任。

（5）收缴当事人已经取得的非法所得

根据《最高人民法院关于审理建设工程施工合同纠纷案件适用法律问题的解释（二）》规定，承包人非法转包、违法分包建设工程或者没有资质的实际施工人借用有资质的建筑施工企业名义与他人签订建设工程施工合同，导致建设工程施工合同无效的，人民法院可以收缴当事人已经取得的非法所得。

（6）施工中取得资质的，按照有效合同处理

在超越资质等级的建设工程施工合同无效的场合下，如果承包人签约之时超越资质等级许可的业务范围签订建设工程施工合同，但是在建设工程竣工前取得相应资质等级，当事人请求按照无效合同处理的，法院不予支持。

不管签订怎样的合同，当事人都应该先对合同内容作出审查，当然也可以委托专业人士进行审查。在审查建设合同内容的时候，重点是关于验收的主体资格、质量不合格情况下的整改措施和责任承担、结算资料的提交时间和补充要求。注意作为承包人不要忘记增加：结算文件提交后，在约定时间内发包人不予以审计的，视为认可结算资料。

4.2.6.3 建设工程合同无效的法律责任

建设工程合同原本是承揽合同中的一种，但与普通的合同立法多任意性规范不同，关于建设工程合同的立法中强制性规范占了相当的比例，对于订立了无效的建设工程合同的法定责任也规定得较为严格。

（1）建设工程合同无效的民事责任

① 建设工程合同订立后尚未履行前被确认无效的民事责任。尚未履行前被确认无效的建设工程合同，双方当事人均不得再继续履行。这时，合同无效的处理只按照缔约过失来承担责任，由有过错的一方赔偿另一方因合同无效而造成的损失；双方均有过错的，依照过错大小承担相应的责任。

② 建设工程合同已开始履行但尚未履行完毕被确认无效的民事责任。对于建设工程合同尚未履行完毕就被确认无效的情形：a. 已完成部分工程质量低劣，无法补救或所建工程在特定区域内对其他工程构成威胁的，应按照一般无效合同的处理原则，已经完成的部分工程应拆除，建设方支付的工程款应返还。b. 工程质量完全合格，也未违反国家和地方政府的计划，则已完成的建设工程应归建设方所有，承包人所付出的劳动由建设方折价补偿给施工方，折价时应该按照合同约定的工程价款比例折价。c. 赔偿损失，如果因建设方过错导致合同无效的，建设方对己方的损失自行承担，同时应该赔偿承包人施工过程中支付的人工费、材料费等实际支出费用；如果是承包人存在过错的，承包人对己方的损失自行承担，同时要赔偿建设方材料费等实际支出的费用。双方都有过错的，按过错大小承担相应赔偿责任。

③ 建设工程合同已履行完毕后被确认无效的民事责任。

a. 建设工程合同已经履行完毕后，建设工程经竣工验收合格的，建设方应该参照合同约定支付承包人工程价款，但仍应追究双方其他相应的法律责任。

b. 建设工程合同已经履行完毕后，建设工程经竣工验收不合格的，要分两种情况给予不同处理：一是维修后建设工程经竣工验收合格的，建设方仍应参照合同约定支付承包人工程款，但承包人应承担相应的维修义务，或自己维修，或负担建设方维修费。二是维修后建设工程经竣工验收不合格的，建设方不支付施工方工程款，对此损失由承包人自行承担。同

时按照双方的过错及过错大小对其他损失承担相应的赔偿责任。这里的其他损失包括签订、履行合同和合同被确认无效后的后续费用，如拆除质量不合格的建筑物的费用、工程延期费用、材料费等。

④ 双方共同故意损坏他人利益的民事责任。如果建设方和承包人在订立合同时，明知他们的行为会损害国家、集体或第三人利益，而故意订立该合同的，建设工程施工合同被确认无效后，当该合同属于损害国家利益时，所获得的利益应由国家收缴，当该合同损害集体或者第三人利益时，所获得的利益应返还集体和个人。当然，收缴的财产应限制在因该合同所获得利益范围内，不能扩大到其他财产。

（2）建设工程合同无效的行政责任

建设工程合同被确认无效后，除了承担民事法律责任外，还要承担相应的行政责任。根据我国相关法律，建设工程合同无效的行政责任主要有：

① 责令改正。如未按照国家规定将竣工验收报告、有关认可文件或者准许使用文件报送备案的，责令改正。

② 责令停业整顿。如承包人在施工中偷工减料，使用不合格的材料、建筑构配件和设备，造成建设工程质量不符合规定的质量标准，情节严重的，责令停业整顿。

③ 降低资质等级。如承包人将承包的工程转包或非法分包的，可以责令停业整顿，降低资质等级。

④ 吊销资质证书。如以欺骗手段取得资质证书承揽工程的，吊销资质证书。

⑤ 罚款。罚款是最常用的行政处罚措施。如验收不合格，擅自交付使用的，处工程合同价款2%以上4%以下的罚款。当事人订立无效建设工程合同的目的，无非就是追求经济上的利益，通过罚款这种行政处罚，使其丧失获得利益的可能性，从而遏制当事人签订无效建设工程合同追求额外利益的企图。

（3）建设工程合同无效的刑事责任

虽然，在我国现有的《中华人民共和国刑法》（简称《刑法》）中并没有针对建设合同无效的刑事责任的相关罪名，但是违法的建设工程合同的签订行为往往具有一定的社会危害性，因此具有了刑法上的应受惩罚性，能够以《刑法》中的有关罪名来定罪量刑。

建设工程合同的签订和履行关乎民众生命和财产安全，国家对其从法律上进行了一系列的强制性的规定，希望能够减少因合同无效所导致的损失。在实践中，我们应当按照国家的有关规定规范操作，不仅要严把工程质量关，更要从源头上依法签订建设工程合同，将法律风险和经济风险都控制在合理的范围内，优化配置社会资源，避免因建设工程合同无效所应承担的法律责任和经济责任。

案例分析

【案例分析一】

某超市想要购进一批毛巾，向几家毛巾厂发出电询：本超市欲购进毛巾，如果有全棉新款，请附图样与说明，本超市将派人前往洽谈购买事宜。于是有几家毛巾厂回电，称自己满足该超市的要求，并且附上了图样与说明。其中一家毛巾厂甲厂寄送了图样和说明后，又送了100条毛巾到该超市，但超市看货后并不满意，决定不购买甲厂的毛巾。

问题：甲厂的损失应该由谁承担？

分析要点：

首先，电询是超市发出的，是特定的人发出的。但是，这份电询的内容并不具体确定：

没有标的的数量、价款，也没有履行的期限。因此，这根本不是一份要约，而是一项要约邀请。超市不受该行为的约束。超市和甲厂之间没有法律上的关系，甲厂受到的损失应该自己承担。

【案例分析二】

2月21日，某市大山建筑原料厂（以下简称大山）向某市飞龙建筑材料厂（以下简称飞龙）发出一份报价单，在报价单中称：大山愿意向飞龙提供10000t石灰石，价格为10元/t，价格中包括运费，在合同成立后两年内运送。3月1日，飞龙向大山发出一份购买石灰石的订单：飞龙要求大山从3月11日开始提供石灰石，每天提供1000t。按照该规定，10000t石灰石应当在同年6月运完。但由于各种原因，大山未能在飞龙约定的时间内运完，而是直到10月才全部交完货。为此，飞龙以大山未能按照合同的约定履行给付义务为由，向法院起诉，要求大山赔偿其因此而遭受的损失。

问题：试分析案例中的要约与承诺：大山与飞龙之间的合同关系成立吗？大山是否应赔偿飞龙损失？

分析要点：

大山向飞龙发出的报价单属于要约，但随后飞龙向大山发出的订单在履行期限方面不同于报价单，可见飞龙做出的是新要约而非承诺。虽然大山建筑原料厂未直接以通知的方式表示接受飞龙的要约而承诺，但其实际已履行了合同，所以应当认为合同已经成立。

基于上述分析，合同内容应以订单为准。大山未能按照合同的约定履行给付义务，已经构成违约，应当承担违约责任。

【案例分析三】

甲公司拟向乙公司购买一批钢材。双方经过口头协商，约定购买钢材100t，单价每吨3500元人民币，并拟定了准备签字盖章的买卖合同。乙公司签字盖章后，交给甲公司签字盖章。由于施工进度紧张，在甲公司催促下，乙公司在未收到甲公司签字盖章的合同的情形下，将100t钢材送到甲公司工地现场。甲公司接受了并投入工程使用。后因拖欠货款，双方产生了纠纷。

问题：甲、乙公司的买卖合同是否成立？

分析要点：

双方当事人在合同中签字盖章十分重要。如果没有双方当事人的签字盖章，就不能最终确定当事人对合同的内容协商一致，也难以证明合同的成立有效。根据合同形式的不要式原则，双方当事人的签字盖章仅是形式问题。如果一个以书面形式订立的合同已经履行，仅仅是没有签字盖章，就认为合同不成立，则违背了当事人的真实意思。当事人既然已经履行，合同当然依法成立。

【案例分析四】

某建筑公司在施工的过程中发现所使用的水泥混凝土的配合比无法满足强度要求，于是将该情况报告给了建设单位，请求改变配合比。建设单位经过与施工单位负责人协商，认为可以将混凝土的配合比做一下调整。于是，双方就改变混凝土配合比重新签订了一个协议，作为原合同的补充部分。

问题：该项新协议有效吗？

分析要点：

无效。尽管该新协议是建设单位与施工单位协商一致达成的，但是由于违反法律强制性规定而无效。《建设工程勘察设计管理条例》第二十八条规定："建设单位、施工单位、监理单位不得修改建设工程勘察、设计文件；确需修改建设工程勘察、设计文件的，应当由原建设工程勘察、设计单位修改。经原建设工程勘察、设计单位书面同意，建设单位也可以委托其他具有相应资质的建设工程勘察、设计单位修改。修改单位对修改的勘察、设计文件承担相应责任。”所以，没有设计单位的参与，仅仅是建设单位与施工单位达成的修改设计的协议是无效的。

【案例分析五】

2015 年 9 月，某钢铁总厂（甲方）与某建筑安装公司（乙方）签订建设工程施工合同，约定：甲方的 150m 高炉改造工程由乙方承建，2015 年 9 月 15 日开工，2016 年 5 月 1 日具备投产条件；从乙方施工到 1000 万元工作量的当月起，甲方按月计划报表的 50%支付工程款，月末按统计报表结算。合同签订后，乙方按照约定完成工程，但甲方未支付全额工程款，截至 2016 年 12 月，尚欠应付工程款 1117 万元。2017 年 2 月 3 日，乙方起诉甲方，要求支付工程款、延期付利息及滞纳金。甲方主张，因合同中含有垫资承包条款，所以合同无效，甲方可以不承担违约责任。

问题：甲方观点是否正确？

分析要点：

虽然垫资条款违反了政府行政主管部门的规定，但是不违反法律、行政法规的禁止性、强制性规定。法律有广义和狭义之分，狭义的法律仅指全国人民代表大会及其常务委员会制定的规范性文件。而行政法规则是国务院制定的规范性文件。两者均属于广义的法律的一部分。

【案例分析六】

9 月 1 日，甲向乙方发出一份欲出售木材的要约，要约中对木材的型号、质量、价格、数量等内容皆做了规定，且规定了乙应在 10 日内给予答复。9 月 4 日，乙方收到此要约后，准备了价款，腾出了仓库，为履行合同做了必要的准备。9 月 7 日，甲向乙方发出了一份撤销要约的通知，9 月 10 日到达乙处。

问题：甲的行为是否需要承担责任？承担的是缔约过失责任还是违约责任呢？

分析要点：

甲在要约中已确定了承诺期限，此要约属于不得撤销的要约，甲撤销要约的通知不产生效力，但合同尚未成立，因此，甲应承担缔约过失责任。

【案例分析七】

某施工单位（以下简称甲公司）与某材料供应商（以下简称乙公司）签订了一个砂石料的购买合同，合同中约定了违约金的比例。为了确保合同的履行，双方还签订了定金合同，甲公司交付了 5 万元定金。2015 年 4 月 5 日是双方合同中约定的交货的日期。但是，乙公司却没能按时交货。甲公司要求其支付违约金并返还定金。但是乙公司认为，如果甲公司选择适用了违约金条款，就不可以要求返还定金了。

问题：乙公司的观点正确吗？

分析要点：

乙公司违约，甲公司可以选择定金条款，也可以选择违约金条款。甲公司选择了违约金条款，并不意味着定金不可以收回。定金无法收回的情况仅仅发生在支付定金的一方不履行约定债务的情况下。本案例中，甲公司不存在这种前提条件，因此，甲公司的定金可以收回。

<<<< 思考题 >>>>

1. 简述合同的分类。
2. 在什么情况下合同可以终止履行?
3. 承担违约责任的方式有哪些?
4. 合同争议的解决方式有哪几种?
5. 简述建设工程合同的含义。
6. 简述建设工程合同管理的意义。
7. 简述建设工程合同示范文本在建设工程合同管理中的作用。
8. 哪些情形下订立的合同为效力待定合同?

建设工程勘察设计合同管理

学习目标

熟悉建设工程勘察设计合同的主要条款及约定等内容；建设工程勘察设计合同中发包人与承包人相互的权利义务与相应的违约责任。

【本章知识体系】

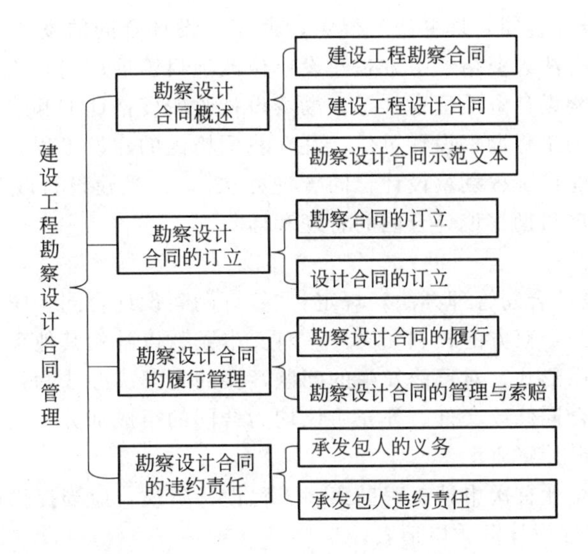

5.1 建设工程勘察设计合同概述

为了规范勘察设计的市场秩序，维护勘察设计合同当事人的合法权益，保证勘察设计合同的内容完备、责任明确、风险责任分担合理，住房和城乡建设部和工商总局颁布了《建设工程勘察合同（示范文本）》（GF-2016-0203）和《建设工程设计合同示范文本（房屋建筑工程）》（GF-2015-0209）、《建设工程设计合同示范文本（专业建设工程）》（GF-2015-0210）。

建设工程勘察设计合同是指委托方与承包人为完成特定的勘察、设计任务，明确相互权利和义务关系而订立的合同，建设单位称为委托方，勘察设计单位称为承包人。

(1) 基本概念

建设工程的勘察包括选址勘察、初步勘察、详细勘察和施工勘察等4个阶段，其主要工作内容有地形测量、工程勘察、地下水勘察、地表水勘察、气象调查等。建设工程勘察合同是指根据建设工程的要求，查明、分析、评价建设场地的地质地理环境特征和岩土工程条件，编制建设工程勘察文件的协议。

建设工程设计一般分为初步设计和施工图设计两个阶段，包括工业建筑设计和民用建筑设计。建设工程设计合同是指根据建设工程的要求，对建设工程所需的技术、经济、资源、环境等条件进行综合分析、论证，编制建设工程设计文件的协议。

为保证工程项目的建设质量达到预期的投资目的，实施过程必须遵循项目建设的内在规律，即坚持先勘察、后设计、再施工的程序。

(2) 委托方和承包人签订勘察设计合同的作用

① 有利于保证建设工程勘察设计任务按期、按质、按量的顺利完成。

② 有利于委托方与承包人明确各自的权利、义务以及违约责任等内容，一旦发生纠纷，责任明确，避免不必要的争执。

③ 促使双方当事人加强管理与经济核算，提高管理水平。

④ 为双方的设计管理工作提供法律依据。

(3) 合同的主体

《建设工程勘察设计合同管理办法》规定，勘察、设计合同的发包人应当是法人或者自然人，承接方必须具有法人资格。甲方是建设单位或项目管理部门，乙方是持有建设行政主管部门颁发的工程勘察设计资质证书、工程勘察设计收费资格证书和工商行政管理部门核发的企业法人营业执照的工程勘察设计单位。凡在我国境内的建设工程，对其进行勘察、设计的单位，应当按照《建设工程勘察设计合同管理办法》，接受建设行政主管部门和工商行政管理部门对建设工程项目勘察设计合同的管理和监督。

(4) 合同形式

《建设工程勘察设计合同管理办法》规定："签订勘察设计合同，应当采用书面形式，参照文本的条款，明确约定双方的权利和义务。对文本条款以外的其他事项，当事人认为需要约定的，也应采均书面形式。对可能发生的问题，要约定解决办法和处理原则。"

双方协商同意的合同修改文件、补充协议均为合同的组成部分。

(5) 工程勘察、设计资质

工程勘察、设计企业首次申请工程勘察、工程设计资质，应当提供以下材料：

① 工程勘察、工程设计资质申请表；

② 企业法人、合伙企业营业执照副本复印件；

③ 企业章程或合伙人协议；

④ 企业法定代表人、合伙人的身份证明；

⑤ 企业负责人、技术负责人的身份证明、任职文件、毕业证书、职称证书及相关资质标准要求提供的材料；

⑥ 工程勘察、工程设计资质申请表中所列注册执业人员的身份证明、注册执业证书；

⑦ 工程勘察、工程设计资质标准要求的非注册专业技术人员的职称证书、毕业证书、身份证明及个人业绩材料；

⑧ 工程勘察、工程设计资质标准要求的注册执业人员、其他专业技术人员与原聘用单位解除聘用劳动合同的证明及新单位的聘用劳动合同；

⑨ 资质标准要求的其他有关材料。

工程勘察资质分为工程勘察综合资质、工程勘察专业资质、工程勘察劳务资质。工程勘察综合资质只设甲级；工程勘察专业资质设甲级、乙级，根据工程性质和技术特点，部分专业可以设丙级；工程勘察劳务资质不分等级。

取得工程勘察综合资质的企业，可以承接各专业（海洋工程勘察除外）、各等级工程勘察业务；取得工程勘察专业资质的企业，可以承接相应等级相应专业的工程勘察业务；取得工程勘察劳务资质的企业，可以承接岩土工程治理、工程钻探、凿井等工程勘察劳务业务。

申请工程勘察甲级资质、工程设计甲级资质，以及涉及铁路、交通、水利、信息产业、民航等方面的工程设计乙级资质的，应当向企业工商注册所在地的省、自治区、直辖市人民政府建设主管部门提出申请。其中，国务院国资委管理的企业应当向国务院建设主管部门提出申请；国务院国资委管理的企业下属层级的企业申请资质，应当由国务院国资委管理的企业向国务院建设主管部门提出申请。

省、自治区、直辖市人民政府建设主管部门应当自受理申请之日起 20 日内初审完毕，并将初审意见和申请材料报国务院建设主管部门。

国务院建设主管部门应当自省、自治区、直辖市人民政府建设主管部门受理申请材料之日起 60 日内完成审查，公示审查意见，公示时间为 10 日。其中，涉及铁路、交通、水利、信息产业、民航等方面的工程设计资质，由国务院建设主管部门送国务院有关部门审核，国务院有关部门在 20 日内审核完毕，并将审核意见送国务院建设主管部门。

工程勘察乙级及以下资质、劳务资质、工程设计乙级（涉及铁路、交通、水利、信息产业、民航等方面的工程设计乙级资质除外）及以下资质许可由省、自治区、直辖市人民政府建设主管部门实施。具体实施程序由省、自治区、直辖市人民政府建设主管部门依法确定。

省、自治区、直辖市人民政府建设主管部门应当自作出决定之日起 30 日内，将准予资质许可的决定报国务院建设主管部门备案。

工程勘察、工程设计资质证书分为正本和副本，正本一份，副本六份，由国务院建设主管部门统一印制，正、副本具备同等法律效力。资质证书有效期为 5 年。

5.1.1 建设工程勘察合同

建设工程勘察合同是承包人进行工程勘察，发包人支付价款的合同。建设工程勘察单位称为承包人，建设单位或者有关单位称为发包人（也称为委托方）。

建设工程勘察合同的标的是为建设工程需要而作的勘察成果。工程勘察是工程建设的第一个环节，也是保证建设工程质量的基础环节。为了确保工程勘察的质量，勘察合同的承包人必须是经国家或省级主管机关批准，持有勘察许可证，具有法人资格的勘察单位。

建设工程勘察合同必须符合国家规定的基本建设程序，勘察合同由建设单位或有关单位提出委托，经与勘察部门协商，双方取得一致意见即可签订，任何违反国家规定的建设程序的勘察合同均是无效的。

（1）建设工程勘察合同的特征

① 建设工程勘察合同的一方主体属于特殊主体，应当持有相应的资质等级证书。

② 勘察合同的订立原则上应通过招标投标。

③ 现阶段，勘察收费是受政府指导价的限制而不是完全根据市场自由协商价格。

④ 与一般合同不同，勘察合同禁止勘察人将合同转让，即禁止转包。

⑤ 勘察合同的履行，例如勘察依据、勘察深度、勘察文件编制方法，受法定程序和法定技术标准的严格控制。

（2）建设工程勘察合同的内容

① 工程概况；

② 发包人提供资料的内容、技术要求和期限；

③ 勘察人勘察的范围、进度和质量要求；

④ 开工及提交勘察成果资料的时间；

⑤ 收费标准及付费方式；

⑥ 发包人和承包人的责任（违约责任）；

⑦ 合同争议的解决、补充条款；

⑧ 合同的生效、终止和签证。

5.1.2 建设工程设计合同

建设工程设计合同是承包人进行工程设计，委托方支付价款的合同。建设单位或有关单位为委托方，建设工程设计单位为承包人。

工程设计是工程建设的第二个环节，是保证建设工程质量的重要环节。工程设计合同的承包人必须是经国家或省级主要机关批准，持有设计许可证，具有法人资格的设计单位。只有具备了上级批准的设计任务书，建设工程设计合同才能订立；小型单项工程必须具有上级机关批准的文件方能订立。如果单独委托施工图设计任务，应当同时具有经有关部门批准的初步设计文件方能订立。

建设工程设计合同特征如下：

（1）建设工程设计合同的主体只能是法人

建设工程设计合同的标的是建设工程设计，其具有周期长、质量要求高、技术力量要求全面等特点，公民个人是不能够独立完成的。合同中的发包人只能是经过批准建设工程的法人，承包人也只能是具备从事设计资格的法人。因此，建设工程设计合同的当事人不仅是法人，而且必须是具有某种资格的法人。

（2）建设工程设计合同标的仅限于工程设计

建设工程设计合同的标的只能是建设工程设计而不能是其他标的物。建设工程设计合同这一类型的确立正是基于其标的的特殊性。对于一些结构简单、价值较小的工程设计，不作为建设工程设计而适用建设工程设计合同的有关规定。这里的工程是指土木建筑工程和建筑业范围内的线路、管道、设备，安装工程的新建、扩建、改建以及大型的建筑装饰活动。为建造一般的临时性平房和小型的家庭装修活动而订立的合同一般属于承揽合同，而不属于建设工程合同。

（3）国家管理的特殊性

建设工程与土地密不可分，承包人所完成的最终工作成果落实不仅使其具有不可移动性，而且须长期存在和发挥效用，是关系国计民生的大事。所以，国家对建设工程不仅进行建设规划，而且实行严格的管理和监督。从建设工程设计合同的订立到合同的履行，从资金的投放到最终的成果验收，均受到国家严格的管理和监督。

（4）建设工程设计合同具有次序性

由于建设工程的建设周期长、质量要求高、涉及面广，各阶段的工作之间有一定的严密顺序，即要符合建设程序要求，因此，建设工程设计合同也就具有次序性强的特点。例如，国有投资项目未经立项，没有可行性研究，就不能签订设计合同；没有完成勘察工作，就不能开展设计工作等。

(5) 建设工程设计合同为要式合同

建设工程合同应当采用书面形式，是国家对工程建设进行监督管理的需要，也是由建设工程设计合同履行的特点所决定的。建设工程设计合同应为要式合同，不采用书面形式的建设工程设计合同一般不能有效成立。

5.1.3 勘察设计合同示范文本

发包人通过招标发包或直接发包的方式，与选择的承包人就委托的勘察设计任务签订合同。为了保证勘察设计合同的内容完备、责任明确、风险分担合理，原建设部和工商管理行政局联合颁布了《建设工程勘察合同（示范文本）》和《建设工程设计合同示范文本》。

5.1.3.1 《建设工程勘察合同（示范文本）》

(1)《建设工程勘察合同（示范文本）》(CF—2016—0203) 由合同协议书、通用合同条款和专用合同条款三部分组成。

合同协议书共计 12 条，主要包括工程概况、勘察范围和阶段、技术要求及工作量、合同工期、质量标准、合同价款、合同文件构成、承诺、词语定义、签订时间、签订地点、合同生效和合同份数等内容，集中约定了合同当事人的基本合同权利义务。

通用合同条款共计 17 条，主要包括一般约定、发包人、勘察人、工期、成果资料、后期服务、合同价款与支付、变更与调整、知识产权、不可抗力、合同生效与终止、合同解除、责任与保险、违约、索赔、争议解决及补充条款等。通用合同条款是根据相关法律法规的规定，就工程勘察的实施及相关事项对合同当事人的权利义务做出的原则性约定，既考虑了现行法律法规对工程建设的有关要求，也考虑了工程勘察管理的特殊需要。

专用合同条款共计 17 条，其主要条款与通用合同条款一致，是对通用合同条款原则性约定的细化、完善、补充、修改或另行约定的条款。合同当事人可以根据不同建设工程的特点及具体情况，通过双方的谈判、协商对相应的专用合同条款进行修改补充。

在使用专用合同条款时，应注意以下事项：

① 专用合同条款编号应与相应的通用合同条款编号一致；

② 合同当事人可以通过对专用合同条款的修改，满足具体项目工程勘察的特殊要求，避免直接修改通用合同条款；

③ 在专用合同条款中有横道线的地方，合同当事人可针对相应的通用合同条款进行细化、完善、补充、修改或另行约定；如无细化、完善、补充、修改或另行约定，则填写“无”或划“/”。

(2)《建设工程勘察合同（示范文本）》的性质和适用范围

《建设工程勘察合同（示范文本）》为非强制性使用文本，合同当事人可结合工程具体情况，根据《建设工程勘察合同（示范文本）》订立合同，并按照法律法规和合同约定履行相应的权利义务，承担相应的法律责任。

《建设工程勘察合同（示范文本）》适用于岩土工程勘察，岩土工程设计，岩土工程物探、测试、检测、监测，水文地质勘察及工程测量等工程勘察活动。岩土工程设计也可使用《建设工程设计合同示范文本（专业建设工程）》(GF—2015—0210)。

5.1.3.2 《建设工程设计合同示范文本》

《建设工程设计合同示范文本》有两个版本：《建设工程设计合同示范文本（房屋建筑工程）》(CF-2015-0209) 和《建设工程设计合同示范文本（专业建筑工程）》(GF—2015—0210)。

（1）《建设工程设计合同示范文本（房屋建筑工程）》

该示范文本由合同协议、通用合同条款和专用合同条款三部分组成。合同协议书共计12条，主要包括工程概况、工程设计范围、阶段与服务内容、工程设计周期、合同价格形式与签约合同价、发包人代表与设计人项目负责人、合同文件构成、承诺等重要内容，集中约定了当事人的基本权利义务。

通用合同条款共计17条，主要包括一般约定、发包人、设计人、工程设计资料和要求、工程设计进度与周期、工程设计文件的交付与审查、施工现场配合服务、合同价款与支付、工程设计变更与索赔、违约责任、不可抗力、争议解决等。它对合同当事人的权利义务做出原则性约定，既考虑了工程设计管理的需要，也照顾到现行法律法规对工程设计的特殊要求，较好地平衡了各方合同当事人的权益。

专用合同条款共计18条，其主要条款与通用合同条款一致，是对通用合同条款原则性约定的细化、完善、补充、修改或另行约定的条款。合同当事人可以根据不同建设工程特点及具体情况，通过双方的谈判、协商对相应的专用合同条款进行修改补充。

（2）《建设工程设计合同示范文本（专业建筑工程）》

该示范文本也是由合同协议、通用合同条款和专用合同条款三部分组成的。各部分包含的主要条款与《建设工程设计合同示范文本（房屋建筑工程）》一致，不再赘述。

（3）《建设工程设计合同示范文本》的性质和适用范围

《建设工程设计合同示范文本》供合同双方当事人参照使用。

《建设工程设计合同示范文本（房屋建筑工程）》（GF—2015—0209）适用于建设用地规划许可证范围内的建筑物构筑物设计、室外工程设计、民用建筑修建的地下工程设计及住宅小区、工厂厂前区、工厂生活区、小区规划设计及单体设计等，以及所包含的相关专业的设计内容（总平面布置、竖向设计、各类管网管线设计、景观设计、室内外环境设计及建筑装饰、道路、消防、智能、安保、通信、防雷、人防、供配电、照明、废水治理、空调设施、抗震加固等）等工程设计活动。

《建设工程设计合同示范文本（专业建设工程）》（GF—2015—0210）适用于房屋建筑工程以外各行业建设工程项目的主体工程和配套工程（含厂、矿区内的自备电站、道路、专用铁路、通信、各种管网管线和配套的建筑物等全部配套工程）以及与主体工程、配套工程相关的工艺、土木、建筑、环境保护、水土保持、消防、安全、卫生、节能、防雷、抗震、照明工程等工程设计活动。

5.2 建设工程勘察设计合同的订立

5.2.1 建设工程勘察合同的订立

依据《建设工程勘察合同（示范文本）》订立建设工程勘察合同时，双方通过协商，应根据工程项目的特点，在相应条款内明确以下几方面的具体内容。

（1）发包人应提供的勘察依据文件和资料

① 提供本工程批准文件（复印件），以及用地（附建筑红线范围）、施工、勘察许可等

批件（复印件）；

② 提供工程勘察任务委托书、技术要求和工作范围的地形图、建筑总平面布置图；

③ 提供勘察工作范围已有的技术资料及工程所需的坐标与标高资料；

④ 提供勘察工作范围地下已有埋藏物的资料（如电力、电信电缆、各种管道、人防设施、洞室等）及具体位置分布图；

⑤ 其他必要的相关资料。

（2）委托任务的工作范围

① 工程勘察任务（内容）。可能包括：自然条件观测、地形图测绘、资源探测、岩土工程勘察、地层安全性评价、工程水文地质勘察、环境评价、模型试验等。

② 预计的勘察工作量。

③ 勘察成果资料提交的份数。

（3）合同工期

合同约定的勘察工作开始和终止时间。

（4）勘察费用

① 勘察费用的预算金额；

② 勘察费用的支付程序和每次支付的百分比。

（5）发包人应为勘察人提供的现场工作条件

根据项目的具体情况，双方可以在合同内约定由发包人负责保证勘察工作顺利开展应提供的条件，可能包括：

① 落实土地征用、青苗树木赔偿；

② 拆除地上地下障碍物；

③ 处理施工扰民及影响施工正常进行的有关问题；

④ 平整施工现场；

⑤ 修好通行道路、接通电源水源、挖好排水沟渠以及准备好水上作业用船等。

（6）违约责任

① 承担违约责任的条件；

② 违约金的计算方法等。

（7）合同争议的最终解决方式、约定仲裁委员会的名称

5.2.2 建设工程设计合同的订立

5.2.2.1 建设工程设计合同订立的实体条件

（1）工程项目的可行性论证

根据国家或地方政府发展国民经济长远布局，以及工程项目的地区配置和生产力的合理布局的需要决定。在工程项目的决定上，必须进行可行性研究，促使建设项目的确定具有切实的科学性和可靠性，杜绝项目决策的盲目性，不能草率行事。

（2）编制设计任务书

设计任务书是工程建设项目编制设计文件的重要依据。它是根据国家建设工程项目计划的安排，由主管部门组织规划，指定或委托设计而编制的设计文件。其内容应包括以下部分：工程建设的目的和根据、建设规模、产品方案、生产方法和工艺原则，资源、材料、燃

料、动力、供水、运输等协作配合条件，以及资源的利用和“三废”治理的要求，建设地点以及占用土地的估算、建设工期、投资控制数与劳动定员控制数和要求达到的经济效益和技术水平等。

(3) 确定建设地点，办理建设工程项目征用土地手续

建设地点的选择与工程项目的经济效益关系甚大，在建设工程的选址时应主要考虑以下因素：

① 工程地质和水文地质等自然条件是否合适；

② 建设时所需水、电、运输条件是否方便；

③ 工程建设投产后的原料、材料、燃料等是否能解决；

④ 该选址是否符合市政建设长远规划等。

在全面调查，掌握充分材料的基础上，提出选址报告。

5.2.2.2 建设工程设计合同订立的具体内容

依据示范文本［《建设工程设计合同示范文本（房屋建筑工程）》（GF-2015-0209）和《建设工程设计合同示范文本（专业建设工程）》（GF-2015-0210），根据不同的范围进行对应示范文本的选用］订立建设工程设计合同时，双方通过协商，应根据工程项目的特点，在相应条款内明确以下具体内容。

(1) 发包人应提供的文件和资料

① 设计依据文件和资料。

a. 经批准的项目可行性研究报告或项目建议书；

b. 城市规划许可文件；

c. 工程勘察资料等。

发包人应向设计人提交的有关资料和文件在合同内需约定资料和文件的名称、提交的时间及有关事宜。

② 项目设计要求。

a. 工程的范围和规模；

b. 限额设计的要求；

c. 设计依据的标准；

d. 法律、法规规定应满足的其他条件。

(2) 委托任务的工作范围

① 设计范围。合同内应明确建设规模以及详细列出工程分项的名称、层数和建筑面积。

② 建筑物的合理使用年限设计要求。

③ 委托的设计阶段和内容。可以包括方案设计、初步设计和施工图设计的全过程，也可以是其中的某几个阶段。

④ 设计深度要求。设计标准可以高于国家规范的强制性规定，发包人不得要求设计人违反国家有关标准进行设计。方案设计文件应当满足编制初步设计文件和控制概算的需要；初步设计文件应当满足编制施工招标文件、主要设备材料订货和编制施工图设计文件的需要；施工图设计文件应当满足设备材料采购、非标准设备制作和施工的需要，并注明建设工程合理使用年限。具体内容要根据项目的特点在合同内约定。

⑤ 设计人配合施工工作的要求。包括向发包人和施工承包人进行设计交底、处理有关设计问题、参加重要隐蔽工程部位验收和竣工验收等事项。

5.3 建设工程勘察设计合同的履行管理

建设工程勘察设计合同是勘察设计单位在工程设计过程中的最高行为准则，勘察设计单位在工程设计过程中的一切活动都是为了履行合同责任。

建设工程勘察设计合同管理是指勘察设计合同条件的拟定、合同的签订和履行、合同的变更与解除、合同争议的解决和合同索赔等管理工作。其目的是促使合同双方（委托单位和勘察设计单位）全面有序地完成合同规定的各方的义务和责任，从而保证建设工程勘察设计工作的顺利实施。

建设工程勘察设计合同及其管理的法律基础主要是国家或地方颁发的法律、法规。

5.3.1 建设工程勘察设计合同的履行

建设工程勘察设计合同属于双务合同，双方当事人都享有合同规定的权利，同时也要承担和履行相应的义务。

5.3.1.1 勘察合同的履行

（1）发包人的义务

发包人需要负责提供资料或文件的内容、技术要求、期限以及应承担的有关准备工作和服务项目。

① 向承包人提供开展勘察所必需的有关基础资料。委托勘察的，需在开展工作前向承包人提交工程项目的批准文件、勘察许可批复、工程勘察任务委托书、技术要求和工作范围地形图、勘察范围内已有的技术资料、工程所需的坐标与标高资料、勘察工作范围内地下埋藏物的资料等文件。在勘察工作范围内，不属于委托勘察任务而且没有资料的地段，发包人应负责清理地下埋藏物。

业若因未提供上述资料、图纸或提供的资料、图纸不可靠、地下埋藏物不清，使承包人在勘察过程中发生人身伤害或造成经济损失时，由发包人承担民事责任。

② 工程勘察前，若属于发包人负责提供的材料，应根据承包人提出的工程用料计划按时提供（包括产品合格证明），并负责运输费用。

③ 在勘察人员进入现场工作时，应为其提供必要的生产、生活条件并承担费用，若不能提供则一次性支付临时设施费。

④ 勘察过程中的任务变更，经办理正式的变更手续后，发包人应按实际发生的工作量支付勘察费。

⑤ 发包人应对承包人的投标书、勘察方案、报告书、文件、资料、图纸、数据、特殊工艺（方法）、专利技术及合理化建议进行妥善保管、保护。未经承包人同意，发包人不得复制、泄露、擅自修改、传达或向第三者转让或用于本合同之外的项目。

⑥ 发包人若要求在合同约定时间内提前完工（或提交勘察成果资料）时，发包人应向承包人支付一定的加班费。由于发包人的原因而造成承包人停、窝工时，除顺延工期外，发包人应支付一定的停、窝工费。

(2) 承包人的义务

① 承包人应按照现行国家技术规范、标准、规程、技术条例，根据发包人的委托任务书和技术要求进行工程勘察，按合同规定的时间、质量要求提交勘察成果（资料、文件），并对其负责。

若勘察成果质量不合格，承包人应负责无偿予以补充完善达到质量合格；若承包人无力补充完善而需另行委托其他单位时，承包人应承担全部勘察费用；若因勘察质量而造成发包人重大经济损失或出现工程事故时，承包人除了免收直接受损部分的勘察费外，还要根据损失向发包人支付赔偿金并承担相应的法律责任。

② 勘察工作中，根据岩土工程条件（或工作现场的地形地貌、地质和水文地质条件）及技术规范要求，向发包人提出增减工作量或修改勘察工作的意见，并办理正式的变更手续。

③ 承包人应在合同约定的时间内提交勘察成果（资料、文件），勘察工作以发包人下达的开工通知书或合同约定的开工时间为准。

若勘察工作中出现设计变更、工作量变化、不可抗力或其他非承包人的原因而造成停工、窝工时，工期可以相应顺延。

(3) 勘察费的支付

① 收费标准。勘察费的收费标准按国家有关规定执行，也可以采用预算包干、中标价加签证或实际完成的工作量结算等方式。

② 勘察费的支付。发包人应按下述要求支付勘察费：合同生效后 3 天内，发包人向承包人支付预算勘察费的 20%作为定金。勘察工作开始后，定金作为勘察费；规模较大、工期较长的勘察工程，发包人应按工程的进度向承包人支付工程进度款；承包人提交勘察成果后 10 天内，发包人应一次性付清全部工程费用。

5.3.1.2 设计合同的履行

(1) 发包人的义务

① 向承包人提供设计依据文件和基础资料。发包人应按照合同约定时间，向承包人提交设计的依据文件和相关资料，以保证设计工作的顺利开展。

若发包人提供上述资料超过规定期限在 15 日以内的，承包人交付设计文件的时间相应顺延；发包人交付的上述资料超过规定期限 15 日时，承包人有权重新确定设计文件的交付时间。

发包人应对提供资料的正确性负责。保证所提交的基础资料及文件的完整性、正确性及时限性等。

② 发包人应向承包人提出明确的设计范围和设计深度要求。

③ 发包人变更设计项目、规模、条件或因提供的资料错误，或提供的资料有较大修改，造成承包人需返工时，双方需另行协商签订补充协议或另签合同，发包人还需按承包人已完成的工作量支付设计费。

④ 发包人需提供必要的现场工作条件。发包人有义务为设计人员在现场工作期间提供必要的工作、生活、交通等方面条件及必要的劳动保护装备。

⑤ 外部协调工作。设计的阶段成果（初步设计、技术设计、施工图设计）完成后，应由发包人组织鉴定和验收，并负责向发包人的上级或有管理资质的设计部门完成报批手续。

施工图设计完成后，发包人应将施工图报送建设行政管理主管部门，由建设行政主管部门委托的审查机构进行结构安全和强制性标准、规范执行情况等内容的审查。

⑥ 发包人应保护承包人的投标书、设计方案、文件、资料、图纸、数据、计算软件和

专利技术，未经承包人同意，发包人对承包人交付的设计资料及文件不得擅自修改、复制或转给第三者或用于本合同之外的项目。

⑦ 发包人委托配合引进项目的设计任务，从询价、对外谈判、国内外技术考察直到建成投产的各个阶段，应通知承担有关设计任务的单位参加。

⑧ 发包人若要求在合同约定时间内提前交付设计成果资料及文件时，须经承包人同意。若承包人能够达到要求，双方协商一致后签订提前交付设计文件的协议，发包人应支付相应的赶工费。

(2) 承包人的义务

① 承包人应根据已批准的设计任务书（或可行性研究报告）或上一阶段设计的批准文件，以及有关设计的技术经济文件、设计标准、技术规范、规程、定额等提出勘察技术要求，进行设计，且按合同规定的时间、质量要求提交设计成果（图纸、资料、文件），并对其负责。

负责设计的建（构）筑物需注明设计的合理使用年限。设计文件中选用的材料、构配件、设备等应注明规格、型号、性能等技术指标，其质量需符合国家规定的标准。

《建设工程质量管理条例》规定，设计单位未根据勘察成果进行设计，未按照工程强制性标准进行设计等情况，均属于违法行为，应追究设计单位的责任。

② 设计阶段的内容一般包括初步设计、技术设计和施工图设计阶段。其中初步设计包括总体设计、方案设计、初步设计文件的编制；技术设计包括提出技术设计计划、编制技术设计文件、初步审查；施工图设计包括建筑设计、结构设计、设备设计、专业设计协调、施工图文件的编制等。承包人应根据合同完成上述全部内容或部分内容。

③ 初步设计经上级主管部门审查后，在原定任务书范围内的必须修改由设计单位负责。若原定任务书有重大变更需重新设计或修改设计时，须具有审批机关或设计任务书批准机关的议定书，经双方协商后另订合同。

④ 承包人应配合所承担设计任务的建设项目的施工。施工前进行设计技术交底，解决施工中出现的设计问题，负责设计变更和修改预算，参加试车考核和竣工验收。大中型工业项目及复杂、重要民用工程应派驻现场设计代表，参加隐蔽工程的验收等。

⑤ 承包人交付设计资料、文件后，按规定参加有关设计审查，根据审查结论负责对不超出原定范围内的内容作必要的修改。

设计文件批准后，就具有一定的严肃性，不得任意修改和变更。若必须修改需经过有关部门批准，其批准权限视修改的内容所涉及的范围而定。

⑥ 若建设项目的设计任务由两个以上的设计单位配合设计，如果委托其中一个设计单位为总承包时，则签订总承包合同，总承包单位对发包人负责。总承包单位与各分包单位签订分包合同，分包单位对总承包单位负责。

(3) 设计费的支付

① 收费标准。设计合同的收费标准，应按国家有关建设工程设计费的管理规定、工程种类、建设规模和工程的繁简程度确定，也可以采取预算包干或实际完成的工作量结算等方式。

② 设计费的支付。发包人应按下述要求支付设计费：合同生效后3天内，发包人应向承包人支付设计费总额的20%作为定金。设计工作开始后，定金作为设计费；承包人交付初步设计文件后3天内，发包人应支付设计费总额的30%；施工图阶段，当承包人按合同约定提交阶段性设计成果后，发包人应根据约定的支付条件、所完成的施工图工作量比例和时间，分期分批向承包人支付剩余总设计费的50%。施工图完成后，发包人结清设计费，不留尾款。

5.3.2 建设工程勘察设计合同的管理与索赔

5.3.2.1 勘察设计合同承发包人对合同的管理

（1）发包人对合同的管理

在建设工程勘察设计合同的履行过程中，双方都应重视合同的管理工作。发包人如没有专业合同管理人员，可以委托监理工程师负责。

① 合同文档资料的管理。合同签订前后，有大量的文档资料。合同文档资料的管理是合同管理的一个基本业务。建设工程勘察设计合同管理中，发包人的文档资料主要包括：勘察设计招标投标文件；建设工程勘察设计合同及附件；双方的会谈纪要；发包人提供的各种检测、实验、鉴定报告及提出的变更申请等；勘察设计成果资料及勘察设计过程中的各种报表、报告等；政府部门和上级机构的各种批文、文件和签证等；其他各种文件、资料等。

② 合同实施过程中的监督管理。发包人对合同的监督是掌握承包人勘察设计工作的进度、质量是否按照合同约定的标准执行，以保证勘察设计工作能够按期保质完成；同时也及时将本方的变更指令通知对方，及时协调、解决合同履行过程中出现的问题。发包人的合同监督工作可由其委托的监理方来完成。

发包人在合同实施过程中的监督管理主要体现在四个方面：勘察设计工作的质量；勘察设计工作量；勘察设计进度控制；项目的概、预算控制等。

（2）承包人对合同的管理

建设工程勘察设计单位应建立自己的合同管理专门机构，负责勘察设计合同的起草、协商和签订，同时在每个勘察设计项目中指定合同管理人员参加项目管理工作，负责合同的实施控制和管理。

① 合同文档资料的管理。合同订立的基础资料，以及合同履行中形成的所有资料，承包人应注意收集和保存，健全合同档案管理，这些资料是解决合同争议和提出索赔的重要依据。主要包括：勘察设计招标投标文件；中标通知书；建设工程勘察设计合同及附件；双方的会谈纪要；发包人的各种指令、变更通知和变更记录等；勘察设计成果资料及勘察设计过程中的各种报表、报告；其他各种文件、资料等。

② 合同订立和履行过程中的管理。承包人对合同的监督同样也是为保证勘察设计工作能够按期保质完成，及时将本方的一些变更建议通知对方，及时协调、解决合同履行过程中出现的问题。

a. 订立合同时的管理。承包人设立的专门的合同管理机构对建设工程勘察设计合同的订立全面负责，实施监管、控制，特别是在合同订立前要深入了解发包人的资信、经营状况及订立合同应备的相应条件。涉及合同双方当事人权利、义务的条款更要全面明确。

b. 合同履行时的管理。合同开始履行，双方当事人的权利、义务也开始发生效力，为保证勘察设计合同能够正确、全面履行，专门的合同管理机构需要经常检查合同履行情况，发现问题及时解决，以避免不必要的损失。

5.3.2.2 勘察设计合同承发包人的索赔要求

在勘察设计合同执行的过程中，合同一方因合同另一方未能履行或未能正确履行合同中所规定的义务而受到损失的，则可向另一方提出索赔。勘察设计合同中通常规定各分项索赔费用限额或合同总索赔费用数额。

(1) 承包人向委托方提出索赔要求

① 委托方不能按合同要求及时提交满足设计要求的资料，致使承包人设计人员无法正常开展设计工作的，承包人可提出延长合同工期索赔。

② 因委托方未能履行其合同规定的责任或在设计中途提出变更要求，而造成勘察设计工作的返工、停工、窝工或修改设计的，承包人可向委托方提出增加设计费和延长合同工期索赔。

③ 委托方不按合同规定按时支付价款的，承包人可提出合同违约金索赔。

④ 因其他原因属于委托方责任造成承包人利益损害的，承包人可提出增加设计费索赔。

(2) 委托方向承包人提出索赔要求

① 承包人未能按合同规定工期提交勘察设计文件，拖延了项目建设工期，委托方可向承包人提出违约金索赔。

② 由于承包人提交的勘察设计成果错误或遗漏，使委托方在工程施工或使用时遭受损失，委托方可向承包人提出减少支付设计费或赔偿索赔。

③ 因承包人的其他原因造成委托方损失的，委托方可向承包人提出索赔。

5.4 建设工程勘察设计合同违约责任

一般情况下，当事人不按照合同约定履行义务，即会产生合同的违约责任，此违约责任具有一定的特点，主要包括以下几个方面：

(1) 违约责任的产生以合同当事人不履行合同义务为条件

无论哪一种合同，当事人承担违约责任都需要具备一定的前提条件，即没有按照合同约定履行合同义务，这是产生违约责任的前提条件。任何一类合同的签订，都是为了要实现或者达到某一种目标或者获取某种利益，双方在合同签订后尽管权利义务不同，但是其宗旨却一样，都要促成合同的最终顺利完成。违约责任的产生，是由于当事人违反了合同的约定，没有履行合同义务所造成，是对不守约方的惩罚和警诫。

(2) 违约责任具有相对性

违约责任的相对性是由合同的相对性所决定的，合同的相对性即合同项下的所有权利义务都存在于合同当事人之间，不涉及任何第三方，即使出现了合同内的义务与责任是由第三方实际履行，但其承担责任的主体仍然是合同当事人。这样的性质适用于所有的合同条款，当然也包括了合同的违约责任，违约责任的存在和承担也自然具有了相对性，不涉及任何第三方。

(3) 违约责任具有补偿性

违约责任的承担具有一定的补偿性，根据《民法典》的有关规定，合同双方的利益本来是均衡与公平的，但是因为合同一方出现了违约行为，破坏了这种平衡，因此出现违约行为的一方，要通过这种违约责任来补偿利益受损的一方，这也是合同公平原则的体现。根据我国现行的《民法典》第五百七十七条规定："当事人一方不履行合同义务或者履行合同义务不符合约定的，应当承担继续履行、采取补救措施或者赔偿损失等违约责任。"

（4）违约责任可以由当事人约定

违约责任可以由当事人在合同中进行约定，主要是由合同的自愿原则所决定。法律允许当事人在合同中对违约责任进行约定，比如对违约金的比例、对定金的数额以及赔偿损失的限额等等，但是这并不等于说，如果当事人不在合同中进行约定，当一方出现违约行为的时候，就不必向对方承担违约责任，因为相关法律法规对此也会有一定强制性规定，当事人也要遵守和执行。

5.4.1　勘察、设计合同承发包人的义务

在建设工程中，勘察、设计合同发包人的主要业务：

① 向勘察人、设计人提供开展工作所需的基础资料和技术要求，并对提供的时间、进度和资料的可靠性负责；

② 为勘察人、设计人提供必要的工作和生活条件；

③ 按照合同规定向勘察人、设计人支付勘察、设计费；

④ 维护勘察人、设计人的工作成果，不得擅自修改，不得转让给第三人重复使用；

⑤ 配合施工，进行技术交底，解决施工过程中有关设计的问题，负责设计修改，参加工程竣工验收。

5.4.2　勘察、设计合同承发包人违约责任

勘察、设计合同发包人的违约行为有三种具体形式，即发包人变更计划、发包人提供的资料不准确、发包人未按照期限提供必需的勘察和设计工作条件。这三种违约行为都将导致勘察人、设计人支出额外的工作量，从而造成勘察、设计费用的不合理增加。为此发包人应当承担不履行、不适当履行或延迟履行违约责任，按照勘察人、设计人实际消耗的工作量增付费用。因发包人变更计划，提供的资料不准确，或者未按照期限提供必需的勘察、设计工作条件而造成勘察、设计的返工、停工或者修改设计，发包人应当按照勘察人、设计人实际消耗的工作量增付费用。在这里发包人通过赔偿损失的方式承担违约责任。

如果发包人未按合同规定的方式、标准和期限向勘察人、设计人支付勘察、设计费，发包人应当承担不履行或迟延履行违约责任。当事人一方未支付价款或者报酬的，对方可以要求其支付价款或者报酬。发包人迟延支付勘察、设计费的，除应支付勘察、设计费外，还应承担其他的违约责任，如支付违约金、赔偿逾期利息等。由于发包人擅自修改勘察设计成果而引起的工程质量问题，发包人应当承担责任；发包人擅自将勘察设计成果转移给第三人使用，发包人应当赔偿相应的损失。

5.4.2.1　勘察合同承发包人应承担的违约责任

（1）发包人的违约责任

① 发包人不履行合同时，无权要求返还定金。

② 发包人未给承包人提供必要的生产、生活条件造成停工、窝工时，发包人应承担停工、窝工和顺延工期等违约责任。

③ 合同履行期间，由于工程停建而终止合同或发包人要求结束合同时承包人未进行

勘察工作的，则不返还发包人已付定金；已进行勘察工作的，完成工作量在50%以内时，发包人应支付预算勘察费的50%；完成工作量超过50%的，则支付预算勘察费的100%。

④ 发包人未按合同规定的时间（日期）支付勘察费，每超过1天，应按未支付费用的0.1%偿付逾期违约金。

(2) 承包人的违约责任

① 承包人不履行合同时，应双倍返还定金。

② 由于承包人原因造成勘察成果资料质量不合格，不能满足技术要求时，其返工费用由承包人承担。交付的资料达不到合同约定标准部分，发包人可以要求承包人返工，直到达到约定条件。若返工后仍达不到约定条件，承包人应承担损害赔偿责任，根据造成的损失支付违约金和赔偿金。

③ 承包人未按合同规定的时间（日期）提交勘察成果，每超过1天，应减收勘察费用的0.1%。

由于不可抗力因素造成合同无法正常履行时，双方协商解决。

5.4.2.2 设计合同承发包人应承担的违约责任

(1) 发包人的违约责任

① 发包人不履行合同时，无权要求返还定金。

② 发包人延误设计费的支付时，每逾期1天，应承担应付金额的0.2%为违约金，并顺延设计时间。逾期30天以上时，承包人有权暂停履行下一阶段的工作，并书面通知发包人。

③ 由于审批工作而造成的延误应视为发包人的责任。承包人提交合同约定的设计资料后，按照承包人已完成全部工作对待，发包人需结清全部设计费。

④ 在合同履行期间，发包人要求终止或解除合同，承包人未开始设计工作时，不返还发包人已付的定金；已经开始设计工作的，完成的实际工作量不足1/2时，按该阶段设计费的一半支付；超过1/2时，按该阶段设计费的全部支付。

(2) 承包人的违约责任

① 承包人不履行合同时，应双倍返还定金。

② 因设计错误造成工程质量事故、损失的，承包人除了负责采取补救措施外，免收直接受损部分的设计费。损失严重的还应根据损失程度向发包人支付与该部分设计费相当的赔偿金。

③ 因设计成果质量低劣，施工单位已经按照此成果文件施工而导致工程质量不合格，需要返工、改建时，承包人应重新完成设计成果中不合格部分，并视造成损失的程度减收或免收设计费。

④ 承包人未按合同规定的时间（日期）提交设计成果，每超1天，应减收设计费用的0.2%。

案例分析

【案例分析一】

伟业公司承接了某发包人的建设工程勘察设计任务。由于业务过于繁忙，经发包人同意，伟业设计公司将部分工程分包给了宏基公司。工作结束后，发包人验收时，发现宏基公司承接的部分存在重大问题。发包人向宏基公司交涉，宏基公司认为其与发包人没有直接合同关系，不同意承担责任。伟业设计公司则认为工作由宏基公司完成，伟业设计公司没有责任。

问题：请评析谁应当承担责任？

分析要点：

建设工程勘察、设计单位经勘察设计合同发包人同意，可以将自己承包的部分工作分包给具有相应资质条件的第三人。第三人就其完成的工作成果与工程勘察、设计单位向发包人承担连带责任。本案中伟业设计公司与宏基公司应承担连带责任。

【案例分析二】

某甲建筑公司（以下简称甲公司）与某乙勘察设计公司（以下简称乙公司）签订了勘察合同，约定由乙公司从事工程勘察。在履行合同中，乙公司数次要求甲公司提供地下埋藏物资料，甲公司认为这是乙公司的工作，拒绝配合。乙公司无奈只好自行准备。工作结束后，甲公司以乙公司工期过长且不符合要求为由，拒绝支付价款。乙公司只好向法院提起诉讼，要求甲公司履行义务。

问题：请评析谁应当承担责任？

分析要点：

提供地下埋藏物资料是发包人的义务。如果发包人不能提供相关资料，由勘察人收集时，发包人需向勘察人支付相应费用；由此耽误的工期，也由发包人负责。

【案例分析三】

某厂新建一个车间，分别与市设计院和市某建筑公司签订设计合同和施工合同。工程竣工后厂房北侧墙壁发生裂缝。为此该厂向法院起诉建筑公司。经勘验，裂缝是由于地基不均匀沉降引起，结论是结构设计图纸所依据的地质资料不准，于是该厂又向法院起诉设计院。设计院答称，设计院是根据该厂提供的地质资料设计的，不应承担事故责任。

经法院查证：该厂提供的地质资料不是新建车间的地质资料，而是与该车间相邻的某厂的地质资料，事故前设计院也不知该情况。

问题：

1. 事故的责任是者谁？

2. 该厂发生的诉讼费由谁来承担？

分析要点：

1. 该案例中，设计合同的主体是某厂和市设计院，施工合同的主体是该厂和某建筑公司。根据案情，由于设计图纸所依据的资料不准，使地基不均匀沉降，最终导致墙壁裂缝事故。所以，事故涉及的是设计合同中的责权关系，而与施工合同无关，即建筑公司没有责任。

2. 在设计合同中，提供准确的资料是委托方的义务之一，而且要对资料的可靠性负责，所以委托方提供假的地质资料是事故的根源，委托方是事故的责任者之一；市设计院接受对方提供的资料设计，似乎没有过错，但是直到事故发生前设计院仍不知道资料虚假，说明在整个设计过程中，设计院并未对地质资料进行认真审查，使假资料滥竽充数，导致事故，否则，有可能防患于未然。所以，设计院也是责任者之一。由此可知：在此事故中，委托方（某厂）为直接责任者、主要责任者，承接方（设计院）为间接责任者、次要责任者。

根据上述结论，该厂发生的诉讼费，主要由该厂负责，市设计院也应承担一小部分。

<<<< 思考题 >>>>

1. 什么是建设工程勘察设计合同?
2. 订立建设工程勘察设计合同时应约定哪些内容?
3. 建设工程勘察合同的勘察人有哪些责任?
4. 建设工程设计合同的设计人有哪些责任?
5. 建设工程勘察设计合同对违约责任如何划分?

建设工程施工合同管理

学习目标

熟悉建设工程施工合同中发包人与承包人相互间的权利义务关系，熟悉建设工程施工合同履行中的质量管理、进度管理、成本管理，施工合同中相应的违约责任处理等。

【本章知识体系】

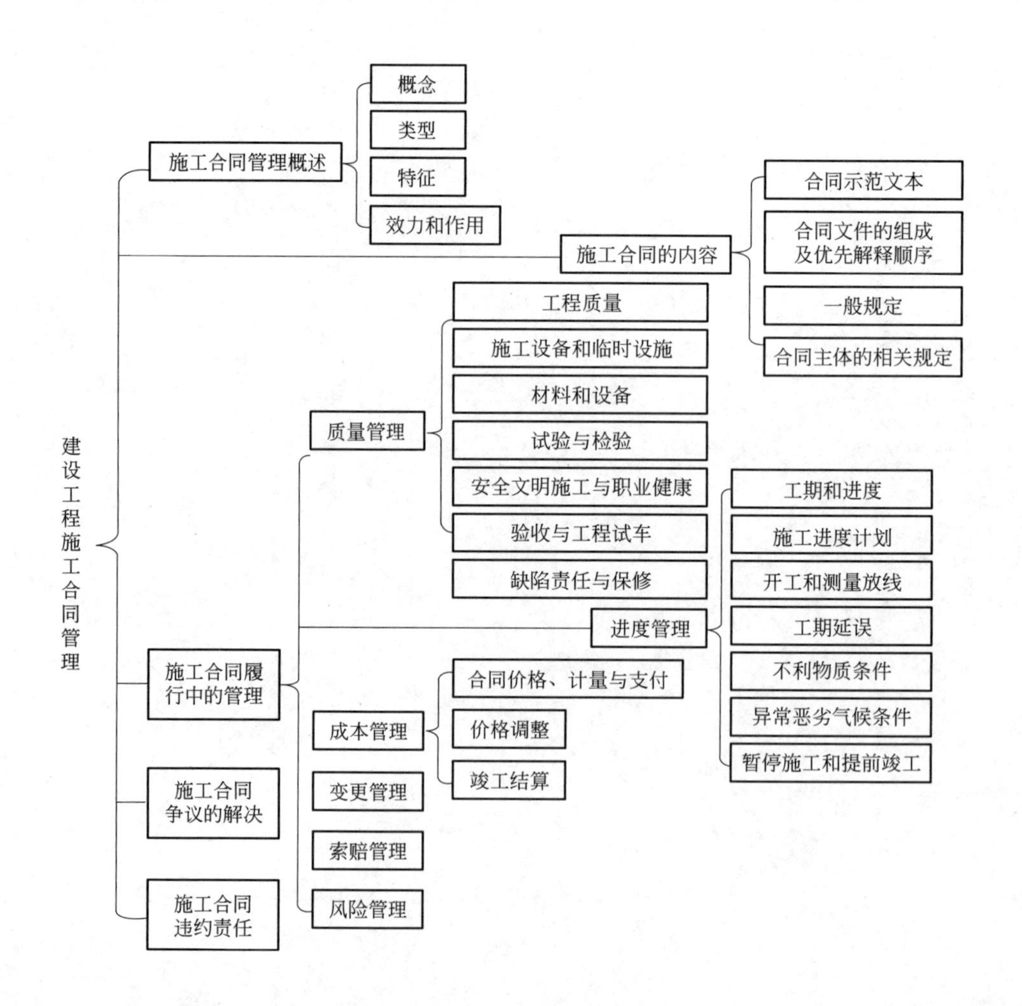

6.1 建设工程施工合同管理概述

6.1.1 建设工程施工合同的概念

建设工程施工合同是指发包人（建设单位）和承包人（施工方）为完成商定的施工工程，明确相互权利、义务的协议。依照施工合同，施工单位应完成建设单位交给的施工任务，建设单位应按照规定提供必要条件并支付工程价款。建设工程施工合同是承包人进行工程建设施工，发包人支付价款的合同，是建设工程的主要合同，同时也是工程建设质量控制、进度控制、投资控制的主要依据。施工合同的当事人是发包人和承包人，双方是平等的民事主体。

建设工程施工合同是建设工程合同体系中最重要，也是最常见的一种合同，其标的是将设计图纸变为满足功能、质量、进度、投资等发包人投资预期目的的建筑产品。它与其他建设工程合同一样，是双务有偿合同，在订立时应遵守自愿、公平、诚实信用等原则。

6.1.2 建设工程施工合同的类型

施工合同根据可选择的计价方式分为固定价格合同、可调价格合同和成本加酬金合同。

（1）固定价格合同

固定价格合同是指在约定的风险范围内价款不再调整的合同。这种合同的价款并不是绝对不可调整，而是约定范围内的风险内承包人承担。固定价格合同可分为固定总价合同和固定单价合同两种。固定总价合同和固定单价合同适用范围见表 6.1。

表 6.1 固定总价合同和固定单价合同适用范围

合同类型	适用范围
固定总价合同	① 工程量少、工期短、在施工过程中环境因素变化少、工程条件稳定并合理； ② 工程设计详细，图纸完整、清楚，工程任务和范围明确； ③ 工程结构和技术简单，风险少； ④ 投标期相对宽裕，承包人可以有充足的时间详细考察现场、复核工程量、分析招标文件、拟定工期计划
固定单价合同	工期较短、工程量变化幅度不会太大的项目

总价合同是指合同当事人约定以施工图、已标价工程量清单或预算书及有关条件进行合同价格计算、调整和确认的建设工程施工合同，在约定的范围内合同总价不作调整。合同当事人应在专用合同条款中约定总价包含的风险范围和风险费用的计算方法，并约定风险范围以外的合同价格的调整方法。其中，因市场价格波动引起的调整、因法律变化引起的调整按相关约定执行。

单价合同是指合同当事人约定以工程量清单及其综合单价进行合同价格计算、调整和确认的建设工程施工合同，在约定的范围内合同单价不作调整。合同当事人应在专用合同条款中约定综合单价包含的风险范围和风险费用的计算方法，并约定风险范围以外合同价格的调整方法。

（2）可调价格合同

可调价格合同是针对固定价格而言，通常适用于工期较长（如1年以上）的施工合同。例如，工期在18个月以上的合同，发包人和承包人在招标投标阶段和签订合同时，不可能合理预见到一年半以后物价浮动和后续法规变化对合同价款的影响，为了合理分担外界因素影响的风险，应采用可调价格合同。

对于工期较短的合同，专用条款内也要约定因外部条件变化对施工产生成本影响可调整合同价款的内容。可调价合同的计价方式与固定价格合同基本相同，只是增加可调价的条款，因此，在专用条款内应明确约定调价的计算方法。

（3）成本加酬金合同

成本加酬金合同又称为成本补偿合同，是指将工程项目的实际造价划分为直接成本费和承包人完成工作后应得酬金两部分。工程实施过程中发生的直接成本费由业主实报实销，另按合同约定的方式付给承包人相应报酬。

成本加酬金合同适用范围见表6.2。

表6.2 成本加酬金合同适用范围

序号	适用范围
1	时间特别紧迫，如紧急抢险、救灾，来不及进行详细计划和商谈
2	工程特别复杂，工程技术、结构方案不能预先确定，或者虽然可以确定工程技术和结构方案，但是不可能进行竞争性的招标活动并以总价或单价合同的形式确定承包人，如研究开发性质的工程项目

按照酬金的计算方式不同，成本加酬金合同可分为以下几种形式：

① 成本加固定百分数酬金。采用这种合同计价方式，承包人的实际成本实报实销，同时，按照实际成本的固定百分数付给承包人一笔酬金。工程的合同总价表达式为：

$$C=C_1+C_1\times P$$

式中，C为合同总价；C_1为实际发生的成本；P为双方事先商定的酬金的固定百分数。

这种合同计价方式，工程总价及付给承包人的酬金随工程成本而水涨船高，这不利于鼓励承包人降低成本。正是由于这种弊病所在，使得这种合同计价方式很少被采用。

② 成本加固定金额酬金。采用这种合同计价方式与成本加固定百分数酬金合同相似。其不同之处仅在于在成本上所增加的费用是一笔固定金额的酬金。酬金一般是按估算工程成本的一定百分比确定，数额是固定不变的。其计算表达式为：

$$C=C_1+F$$

式中，F为双方约定的酬金具体数额。

这种计价方式的合同虽然也不能鼓励承包人关心和降低成本，但从尽快获得全部酬金减少管理投入出发，会有利于缩短工期。

采用上述两种合同计价方式时，为了避免承包人企图获得更多的酬金而对工程成本不加控制，往往在承包合同中规定一些补充条款，以鼓励承包人节约工程费用的开支，降低成本。

③ 成本加奖罚。采用成本加奖罚合同，在签订合同时双方事先约定该工程的预期成本或称目标成本和固定酬金，以及实际发生的成本与预期成本比较后的奖罚计算办法。在合同实施后，根据工程实际成本的发生情况，确定奖惩的额度，当实际成本低于预期成本时，承

包人除可获得实际成本补偿和酬金外，还可根据成本降低额得到一笔奖金。当实际成本大于预期成本时，承包人仅可得到实际成本补偿和酬金，并视实际成本高于预期成本的情况，被处以一笔罚金。成本加奖罚合同的计算表达式为：

$$C=C_1+F \qquad (C_1=C_0)$$
$$C=C_1+F+\Delta F \qquad (C_1<C_0)$$
$$C=C_1+F-\Delta F \qquad (C_1>C_0)$$

式中，C_0 为签订合同时双方约定的预期成本；ΔF 为奖罚金额（可以说百分数，也可以是绝对数，而且奖励与惩罚可以是不同的计算标准）。

这种合同计价方式可以促使承包人关心和降低成本，缩短工期，而且目标成本可以随设计的进展而加以调整，所以发承包双方都不会承担太大的风险，故这种合同计价方式应用较多。

④ 最高限额成本加固定最大酬金。在这种计价方式的合同中，首先要确定最高限额成本、报价成本和最低成本，当实际成本没有超过最低成本时，承包人花费的成本费用及应得酬金等都可得到发包人的支付，并与发包人分享节约额；如果实际工程成本在最低成本和报价成本之间，承包人只有成本和酬金可以得到支付，如果实际工程成本在报价成本与最高限额成本之间，则只有全部成本可以得到支付；实际工程成本超过最高限额成本，则超过部分，发包人不予支付。

这种合同计价方式有利于控制工程投资，并能鼓励承包人最大限度地降低工程成本。

施工招标时所依据的工程项目设计深度是选择合同类型的重要因素。招标图样和工程量清单的详细程度能否使投标人进行合理报价，取决于已完成的设计深度。表 6.3 列出了不同设计阶段与合同类型的对应选择关系。

表 6.3　不同设计阶段与合同类型选择方式

合同类型	设计阶段	设计主要内容	设计应满足的条件
总价合同	施工图设计	① 详细的设备清单 ② 详细的材料清单 ③ 施工详图 ④ 施工图预算 ⑤ 施工组织设计	① 设备、材料的安排 ② 非标准设备的制造 ③ 施工图预算的编制 ④ 施工组织设计的编制 ⑤ 其他施工要求
单价合同	技术设计	① 较详细的设备清单 ② 较详细的材料清单 ③ 工程必需的设计内容 ④ 修正概算	① 设计方案中重大技术问题的要求 ② 有关实验方面确定的要求 ③ 有关设备制造方面的要求
成本加酬金合同或单价合同	初步设计	① 总概算 ② 设计依据及指导思想 ③ 建设规模 ④ 主要设备选型和配置 ⑤ 主要材料需要量 ⑥ 主要建筑物、构筑物的形式和估计工程量 ⑦ 公用辅助设施 ⑧ 主要技术经济指标	① 主要设备、材料的订购 ② 项目总造价控制 ③ 技术设计的编制 ④ 施工组织设计的编制

6.1.3　建设工程施工合同的特征

建设工程施工合同，除具备合同的一般特征外，还具有自身的特征。

（1）合同标的物的特殊性

该类合同为完成特定的建设项目需要大量的建筑产品，这些建筑产品是不动产，建造过程中往往受到自然条件、地质水文条件、社会条件、人为条件等因素影响。这就决定其不同于一般商品，不能批量生产，具有单件性的特点，相互间具有不可代替性。

（2）合同内容的多样性和复杂性

建设工程施工合同条款多，内容复杂。现在的建设工程施工合同通常包含很多通用条款和专用条款，因涉及双方权利义务的内容非常丰富，所以除了必备的书面形式要件外，其涉及的内容十分繁杂，条文少则数十条，多则上百条。

施工合同在履行的过程中，不仅涉及发包人和承包人双方，还涉及监理单位、设计单位、供货单位、分包商等其他参与方。具体内容的约定还需与相应的监理合同、设计合同、供货合同、分包合同等其他合同内容相协调。另外，由于施工合同的履行期限一般较长，往往又会在履行过程中受不可抗力、法律法规变化、市场价格波动等因素影响，导致合同的内容约定、履行管理等复杂化。

（3）合同涉及法律、法规多

工程项目建设是十分重要的经济活动，对国家和社会的生产生活具有重大影响，其中建设工程质量更是直接关系到人民群众的生命财产安全，因此，国家发布大量的法律、法规及部门规章，来加强对工程项目建设的监督和管理。

（4）合同监督管理的严格性

由于施工合同的履行对国家的经济发展、人民的工作和生活都有重大的影响，国家对施工合同实施非常严格的监督。在施工合同的订立、履行、变更、终止全过程中，除要求合同当事人对合同进行严格的管理外，合同的管理机关（工商行政管理机构）、建设行政管理机关、质量监督机构、金融机构等都要对施工合同进行严格的监督。因此，国家对施工合同的监督是十分严格的，具体体现在以下几个方面：

① 合同主体监督的严格性。

② 对合同订立监督的严格性。

③ 对合同履行监督的严格性。

（5）合同履行期限的长期性

施工合同的标的由于结构复杂，体积庞大，人力、物力、财力等资源消耗大，工期一般都以年计，与一般的工业产品生产相比，其生产时间长。建设工程施工合同由于需要长期履行，因此具有严格的计划性要求。合同的履行期限除施工期外，还包括合同签订后到正式开工前的施工准备时间和工程全部竣工验收后，办理竣工验收的时间以及工程保修期。因此施工合同的履行期限具有长期性。

6.1.4 建设工程施工合同的效力和作用

6.1.4.1 施工合同的效力

合同生效，是指法律按照一定标准对合同评价后而赋予强制力。已经成立的合同，必须具备一定的生效要件，才能产生法律约束力。合同生效要件是判断合同是否具有法律效力的评价标准。合同的生效要件有以下几项：

（1）意思表示真实

所谓意思表示真实，是指表意人的表示行为真实反映其内心的效果意思，即表示行为应当与效果意思相一致。

(2) 不违反法律行政法规的强制性规定，不损害社会公共利益

有效合同不仅不得违反法律行政法规的强制性规定，而且不得损害社会公共利益。社会公共利益是一个抽象的概念，内涵丰富、范围宽泛，包括了政治基础、社会秩序、社会公共道德要求，可以弥补法律、行政法规明文规定的不足。对于那些表面上虽未违反现行法律明文强制性规定，但实质上违反社会规范的合同行为，具有重要的否定作用。

(3) 具备法律所要求的形式

这里的形式包括两层意思：订立合同的程序与合同的表现形式。这两方面都必须要符合法律的规定，否则不能发生法律效力。例如，根据我国现行的《民法典》第四百九十条规定："当事人采用合同书形式订立合同的，自当事人均签名、盖章或者按指印时合同成立。"如果符合此规定的合同没有进行登记备案，则合同不能发生法律效力。

6.1.4.2 施工合同的作用

在市场经济条件下，随着社会法制建设的不断完善和社会法治意识的不断加强，"按合同办事"成为工程建设领域公认的一种规律和要求。施工合同依据法律的约束，遵循公平交易的原则，确定双方的权利和义务，对进一步规范各方建设主体的行为，维护当事人的合法权益，培养和完善建设市场起着重要的作用。建设工程施工合同的作用主要表现在下列几个方面。

(1) 明确建设工程发包人和承包人在施工阶段的权利和义务

《中华人民共和国民法典》规定："依法成立的合同，对当事人具有法律约束力。"施工合同的法律效力有三层含义：即双方都应认真履行各自的义务；任何一方都无权擅自修改或废除合同；如果任何一方违反履行合同义务，就不能享受相应权利，还要承担违约责任。

(2) 实行建设工程施工阶段监理的法定依据

《中华人民共和国建筑法》规定："国家推行建筑工程监理制度。""建筑工程监理应当依照法律、行政法规及有关的技术标准、设计文件和建筑工程承包合同，对承包单位在施工质量、建设工期和建设资金使用等方面，代表建设单位实施监督。"在这些法定依据中，建筑工程承包合同，也就是施工合同中，一是明确了建设工程的发包人、承包人和监理人三者的关系是通过工程监理合同和施工合同确立的；二是明确了监理人对工程的监理是以施工合同为依据的。

(3) 保护发包人和承包人权益的依据

《中华人民共和国民法典》规定："合同是民事主体之间设立、变更、终止民事法律关系的协议。依法成立的合同，受法律保护。"

无论是哪种情况的违约，权利受到侵害的一方，就要以施工合同为依据，根据有关法律，追究对方的法律责任。施工合同一经订立，就成为调解、仲裁和审理纠纷的依据。因此，施工合同是保护建设工程实施阶段发包人和承包人权益的依据。

(4) 有利于建筑市场的培育和发展

在计划经济条件下，行政手段是施工管理的主要方法；在市场经济条件下，合同是维系市场运转的主要因素。因此，培育和发展建筑市场，首先要培育合同（契约）意识，其次推行建设监理制度、实行招标投标制度（这些都是建筑市场的组成部分）等。但都要以签订施工合同为基础，否则建筑市场的培育和发展将无从谈起。

6.2 建设工程施工合同的内容

6.2.1 施工合同示范文本的组成

为了指导建设工程施工合同当事人的签约行为，维护合同当事人的合法权益，依据《中华人民共和国民法典》《中华人民共和国建筑法》《中华人民共和国招标投标法》以及相关的法律法规，住房和城乡建设部、原国家工商行政管理总局对《建设工程施工合同（示范文本)》(GF-2013-0201）进行了修订，制定了《建设工程施工合同（示范文本)》(GF-2017-0201)（以下简称《示范文本》)。《示范文本》是非强制性使用文本，适用于房屋建筑工程、土木工程、线路管道和设备安装工程、装修工程等建设工程的施工承发包活动，合同当事人可结合建设工程具体情况，根据《示范文本》订立合同，并按照法律法规规定和合同约定承担相应的法律责任及合同权利义务。《示范文本》由“合同协议书”“通用合同条款”“专用合同条款”三部分组成，通常包含 11 个附件。

（1）合同协议书

合同协议书是施工合同的总纲性法律文件，经过双方当事人签字盖章后合同即成立。标准化的协议书格式文字量不大，需要结合承包工程特点进行填写。

合同协议书的主要组成内容包括：

① 工程概况。工程概况主要包括工程名称、工程地点、工程立项批准文件、资金来源、工程内容、工程承包范围。

② 合同工期。合同工期包括计划开工日期、计划竣工日期、工期总日历天数。

③ 质量标准。

④ 签约合同价与合同价格形式。

⑤ 项目经理。

⑥ 合同文件构成。

⑦ 承诺。

⑧ 词语含义。

⑨ 签订时间。

⑩ 签订地点。

⑪ 补充协议。

⑫ 合同生效。

⑬ 合同份数。

（2）通用合同条款

“通用”的含义是，所列条款的约定不区分具体工程的行业、地域、规模等特点，只要属于建筑安装工程均可适用。“通用合同条款”共计 20 条。

通用合同条款具体包括：一般约定、发包人、承包人、监理人、工程质量、安全文明施工与环境保护、工期和进度、材料与设备、试验与检验、变更、价格调整、合同价格、计量与支付、验收和工程试车、竣工结算、缺陷责任与保修、违约、不可抗力、保险、索赔和争议解决。前述条款安排既考虑了现行法律法规对工程建设的有关要求，也考虑了建设工程施工管理的特殊需要。

(3) 专用合同条款

专用合同条款是对通用合同条款原则性约定的细化、完善、补充、修改或另行约定的条款。在使用专用合同条款时，应注意以下事项：

① 专用合同条款的编号应与相应的通用合同条款的编号一致。

② 合同当事人可以通过对专用合同条款的修改，满足具体建设工程的特殊要求，避免直接修改通用合同条款。

③ 在专用合同条款中有横道线的地方，合同当事人可针对相应的通用合同条款进行细化、完善、补充、修改或另行约定；如无细化、完善、补充、修改或另行约定，则填写“无”或画“/”。

(4) 附件

《示范文本》中为使用者提供11个附件。

附件1：承包人承揽工程项目一览表。

附件2：发包人供应材料设备一览表。

附件3：工程质量保证书。

附件4：主要建设工程文件目录。

附件5：承包人用于本工程施工的机械设备表。

附件6：承包人主要施工管理人员表。

附件7：分包人主要施工管理人员表。

附件8：履约担保格式。

附件9：预付款担保格式。

附件10：支付担保格式。

附件11：暂估价一览表。

6.2.2 施工合同文件的组成及优先解释顺序

(1) 组成内容

《示范文本》规定了施工合同文件的组成和优先解释顺序，组成建设工程施工合同的文件。组成合同的各项文件应互相解释，互为说明。建设工程施工合同文件的组成如下：

① 合同协议书；

② 中标通知书（如果有）；

③ 投标函及其附录（如果有）；

④ 专用合同条款及其附件；

⑤ 通用合同条款；

⑥ 技术标准和要求；

⑦ 图纸；

⑧ 已标价工程量清单或预算书；

⑨ 其他合同文件。

双方有关工程的洽商、变更等书面协议或文件视为本合同的组成部分。上述各项合同文件包括合同当事人就该项合同文件所做出的补充和修改，属于同一类内容的文件，应以最新签署的为准。

在合同订立及履行过程中形成的与合同有关的文件均构成合同文件组成部分，并根据其性质确定优先解释顺序。

(2) 优先解释顺序

组成施工合同文件之间应能互相解释、互相说明。当合同文件中出现模糊不清或不一致时，按照上述提到的各文件序号顺序优先解释。由于履行合同时双方达成一致的洽商、变更等书面协议发生时间在后，且经过当事人签署，因此作为协议书的组成部分，排序放在第一位。如果双方不同意这种次序安排，可以在专用条款内约定本合同的文件组成和解释次序。

6.2.3 合同的一般规定

(1) 语言文字

合同以中国的汉语简体文字编写、解释和说明。合同当事人在专用合同条款中约定使用两种以上语言时，汉语为优先解释和说明合同的语言。

(2) 法律

合同所称法律是指中华人民共和国法律、行政法规、部门规章，以及工程所在地的地方性法规、自治条例、单行条例和地方政府规章等。

合同当事人可以在专用合同条款中约定合同适用的其他规范性文件。

(3) 标准和规范

适用于工程的国家标准、行业标准、工程所在地的地方性标准以及相应的规范、规程等，合同当事人有特别要求的，应在专用合同条款中约定。

发包人要求使用国外标准、规范的，发包人负责提供原文版本和中文译本，并在专用合同条款中约定提供标准规范的名称、份数和时间。

发包人对工程的技术标准、功能要求高于或严于现行国家、行业或地方标准的，应当在专用合同条款中予以明确。除专用合同条款另有约定外，应视为承包人在签订合同前已充分预见前述技术标准和功能要求的复杂程度，签约合同价中已包含由此产生的费用。

(4) 图纸和承包人文件

① 图纸的提供和交底。发包人应按照专用合同条款约定的期限、数量和内容向承包人免费提供图纸，并组织承包人、监理人和设计人进行图纸会审和设计交底。发包人至迟不得晚于开工通知载明的开工日期前 14 天向承包人提供图纸。

因发包人未按合同约定提供图纸导致承包人费用增加和（或）工期延误的，按照“因发包人原因导致工期延误”的约定办理。

② 图纸的错误。承包人在收到发包人提供的图纸后，发现图纸存在差错、遗漏或缺陷的，应及时通知监理人。监理人接到该通知后，应附具相关意见并立即报送发包人，发包人应在收到监理人报送的通知后的合理时间内做出决定。合理时间是指发包人在收到监理人的报送通知后，尽其努力且不懈怠地完成图纸修改补充所需的时间。

③ 图纸的修改和补充。图纸需要修改和补充的，应经图纸原设计人及审批部门同意，并由监理人在工程或工程相应部位施工前将修改后的图纸或补充图纸提交给承包人，承包人应按修改或补充后的图纸施工。

④ 承包人文件。承包人应按照专用合同条款的约定提供应当由其编制的与工程施工有关的文件，并按照专用合同条款约定的期限、数量和形式提交监理人，并由监理人报送发包人。

除专用合同条款另有约定外，监理人应在收到承包人文件后 7 天内审查完毕，监理人对承包人文件有异议的，承包人应予以修改，并重新报送监理人。监理人的审查并不减轻或免除承包人根据合同约定应当承担的责任。

⑤ 图纸和承包人文件的保管。除专用合同条款另有约定外，承包人应在施工现场另外保存一套完整的图纸和承包人文件，供发包人、监理人及有关人员进行工程检查时使用。

(5) 联络

与合同有关的通知、批准、证明、证书、指示、指令、要求、请求、同意、意见、确定和决定等，均应采用书面形式，并应在合同约定的期限内送达接收人和送达地点。

发包人和承包人应在专用合同条款中约定各自的送达接收人和送达地点。任何一方合同当事人指定的接收人或送达地点发生变动的，应提前3天以书面形式通知对方。

发包人和承包人应当及时签收另一方送达至送达地点和指定接收人的来往信函。拒不签收的，由此增加的费用和（或）延误的工期由拒绝接收一方承担。

(6) 严禁贿赂

合同当事人不得以贿赂或变相贿赂的方式，谋取非法利益或损害对方权益。因一方合同当事人的贿赂造成对方损失的，应赔偿损失，并承担相应的法律责任。

承包人不得与监理人或发包人聘请的第三方串通损害发包人利益。未经发包人书面同意，承包人不得为监理人提供合同约定以外的通信设备、交通工具及其他任何形式的利益，不得向监理人支付报酬。

(7) 化石、文物

在施工现场发掘的所有文物、古迹以及具有地质研究或考古价值的其他遗迹、化石、钱币或物品属于国家所有。一旦发现上述文物，承包人应采取合理有效的保护措施，防止任何人员移动或损坏上述物品，并立即报告有关政府行政管理部门，同时通知监理人。

发包人、监理人和承包人应按有关政府行政管理部门要求采取妥善的保护措施，由此增加的费用和（或）延误的工期由发包人承担。

承包人发现文物后不及时报告或隐瞒不报，致使文物丢失或损坏的，应赔偿损失，并承担相应的法律责任。

(8) 交通运输

① 出入现场的权利。除专用合同条款另有约定外，发包人应根据施工需要，负责取得出入施工现场所需的批准手续和全部权利，以及取得因施工所需修建道路、桥梁以及其他基础设施的权利，并承担相关手续费用和建设费用。承包人应协助发包人办理修建场内外道路、桥梁以及其他基础设施的手续。

承包人应在订立合同前查勘施工现场，并根据工程规模及技术参数合理预见工程施工所需的进出施工现场的方式、手段、路径等。因承包人未合理预见所增加的费用和（或）延误的工期由承包人承担。

② 场外交通。发包人应提供场外交通设施的技术参数和具体条件，承包人应遵守有关交通法规，严格按照道路和桥梁的限制荷载行驶，执行有关道路限速、限行、禁止超载的规定，并配合交通管理部门的监督和检查。场外交通设施无法满足工程施工需要的，由发包人负责完善并承担相关费用。

③ 场内交通。发包人应提供场内交通设施的技术参数和具体条件，并应按照专用合同条款的约定向承包人免费提供满足工程施工所需的场内道路和交通设施。因承包人原因造成上述道路或交通设施损坏的，承包人负责修复并承担由此增加的费用。

除发包人按照合同约定提供的场内道路和交通设施外，承包人负责修建、维修、养护和管理施工所需的其他场内临时道路和交通设施。发包人和监理人可以为实现合同目的使用承包人修建的场内临时道路和交通设施。

场外交通和场内交通的边界由合同当事人在专用合同条款中约定。

④ 超大件和超重件的运输。由承包人负责运输的超大件或超重件，应由承包人负责向交通管理部门办理申请手续，发包人给予协助。运输超大件或超重件所需的道路和桥梁临时加固改造费用和其他有关费用，由承包人承担，但专用合同条款另有约定除外。

⑤ 道路和桥梁的损坏责任。因承包人运输造成施工场地内外公共道路和桥梁损坏的，由承包人承担修复损坏的全部费用和可能引起的赔偿。

⑥ 水路和航空运输。前述各项的内容适用于水路运输和航空运输，其中“道路”一词的涵义包括河道、航线、船闸、机场、码头、堤防以及水路或航空运输中其他相似结构物；“车辆”一词的涵义包括船舶和飞机等。

(9) 知识产权

① 除专用合同条款另有约定外，发包人提供给承包人的图纸、发包人为实施工程自行编制或委托编制的技术规范以及反映发包人要求的或其他类似性质的文件的著作权属于发包人，承包人可以为实现合同目的而复制、使用此类文件，但不能用于与合同无关的其他事项。

② 除专用合同条款另有约定外，承包人为实施工程所编制的文件，除署名权以外的著作权属于发包人，承包人可因实施工程的运行、调试、维修、改造等目的而复制、使用此类文件，但不能用于与合同无关的其他事项。

③ 合同当事人保证在履行合同过程中不侵犯对方及第三方的知识产权。承包人在使用材料、施工设备、工程设备或采用施工工艺时，因侵犯他人的专利权或其他知识产权所引起的责任，由承包人承担；因发包人提供的材料、施工设备、工程设备或施工工艺导致侵权的，由发包人承担责任。

④ 除专用合同条款另有约定外，承包人在合同签订前和签订时已确定采用的专利、专有技术、技术秘密的使用费已包含在签约合同价中。

⑤ 未经发包人书面同意，承包人不得为了合同以外的目的而复制、使用上述文件或将之提供给任何第三方。

(10) 保密

除法律规定或合同另有约定外，未经发包人同意，承包人不得将发包人提供的图纸、文件以及声明需要保密的资料信息等商业秘密泄露给第三方。

除法律规定或合同另有约定外，未经承包人同意，发包人不得将承包人提供的技术秘密及声明需要保密的资料信息等商业秘密泄露给第三方。

(11) 工程量清单错误的修正

除专用合同条款另有约定外，发包人提供的工程量清单，应被认为是准确的和完整的。出现下列情形之一时，发包人应予以修正，并相应调整合同价格。

① 工程量清单存在缺项、漏项的；

② 工程量清单偏差超出专用合同条款约定的工程量偏差范围的；

③ 未按照国家现行计量规范强制性规定计量的。

6.2.4 合同主体的相关规定

6.2.4.1 发包人

(1) 许可或批准

发包人应遵守法律，并办理法律规定由其办理的许可、批准或备案，包括但不限于建设用地规划许可证、建设工程规划许可证、建设工程施工许可证、施工所需临时用水、临时用电、中断道路交通、临时占用土地等许可和批准。发包人应协助承包人办理法律规定的有关施工证件和批件。

因发包人原因未能及时办理完毕前述许可、批准或备案，由发包人承担由此增加的费用和（或）延误的工期，并支付承包人合理的利润。

（2）发包人代表

发包人应在专用合同条款中明确其派驻施工现场的发包人代表的姓名、职务、联系方式及授权范围等事项。发包人代表在发包人的授权范围内，负责处理合同履行过程中与发包人有关的具体事宜。发包人代表在授权范围内的行为由发包人承担法律责任。发包人更换发包人代表的，应提前7天书面通知承包人。

发包人代表不能按照合同约定履行其职责及义务，并导致合同无法继续正常履行的，承包人可以要求发包人撤换发包人代表。

不属于法定必须监理的工程，监理人的职权可以由发包人代表或发包人指定的其他人员行使。

（3）发包人人员

发包人应要求在施工现场的发包人人员遵守法律及有关安全、质量、环境保护、文明施工等规定，并保障承包人免于承受因发包人人员未遵守上述要求给承包人造成的损失和责任。

发包人人员包括发包人代表及其他由发包人派驻施工现场的人员。

（4）施工现场、施工条件和基础资料的提供

① 提供施工现场。除专用合同条款另有约定外，发包人应最迟于开工日期7天前向承包人移交施工现场。

② 提供施工条件。除专用合同条款另有约定外，发包人应负责提供施工所需要的条件，包括：

a. 将施工用水、电力、通信线路等施工所必需的条件接至施工现场内；

b. 保证向承包人提供正常施工所需要的进入施工现场的交通条件；

c. 协调处理施工现场周围地下管线和邻近建筑物、构筑物、古树名木的保护工作，并承担相关费用；

d. 按照专用合同条款约定应提供的其他设施和条件。

③ 提供基础资料。发包人应当在移交施工现场前向承包人提供施工现场及工程施工所必需的毗邻区域内供水、排水、供电、供气、供热、通信、广播电视等地下管线资料，气象和水文观测资料，地质勘察资料，相邻建筑物、构筑物和地下工程等有关基础资料，并对所提供资料的真实性、准确性和完整性负责。

按照法律规定确需在开工后方能提供的基础资料，发包人应尽其努力及时地在相应工程施工前的合理期限内提供，合理期限应以不影响承包人的正常施工为限。

④ 逾期提供的责任。因发包人原因未能按合同约定及时向承包人提供施工现场、施工条件、基础资料的，由发包人承担由此增加的费用和（或）延误的工期。

（5）资金来源证明及支付担保

除专用合同条款另有约定外，发包人应在收到承包人要求提供资金来源证明的书面通知后28天内，向承包人提供能够按照合同约定支付合同价款的相应资金来源证明。

除专用合同条款另有约定外，发包人要求承包人提供履约担保的，发包人应当向承包人提供支付担保。支付担保可以采用银行保函或担保公司担保等形式，具体由合同当事人在专用合同条款中约定。

（6）支付合同价款

发包人应按合同约定向承包人及时支付合同价款。

（7）组织竣工验收

发包人应按合同约定及时组织竣工验收。

（8）现场统一管理协议

发包人应与承包人、由发包人直接发包的专业工程的承包人签订施工现场统一管理协议，明确各方的权利义务。施工现场统一管理协议作为专用合同条款的附件。

6.2.4.2 承包人

（1）承包人的一般义务

承包人在履行合同过程中应遵守法律和工程建设标准规范，并履行以下义务。

① 办理法律规定应由承包人办理的许可和批准，并将办理结果书面报送发包人留存。

② 按法律规定和合同约定完成工程，并在保修期内承担保修义务。

③ 按法律规定和合同约定采取施工安全和环境保护措施，办理工伤保险，确保工程及人员、材料、设备和设施的安全。

④ 按合同约定的工作内容和施工进度要求，编制施工组织设计和施工措施计划，并对所有施工作业和施工方法的完备性和安全可靠性负责。

⑤ 在进行合同约定的各项工作时，不得侵害发包人与他人使用公用道路、水源、市政管网等公共设施的权利，避免对邻近的公共设施产生干扰。承包人占用或使用他人的施工场地，影响他人作业或生活的，应承担相应责任。

⑥ 按照“环境保护”约定负责施工场地及其周边环境与生态的保护工作。

⑦ 按“安全文明施工”约定采取施工安全措施，确保工程及其人员、材料、设备和设施的安全，防止因工程施工造成的人身伤害和财产损失。

⑧ 将发包人按合同约定支付的各项价款专用于合同工程，且应及时支付其雇用人员工资，并及时向分包人支付合同价款。

⑨ 按照法律规定和合同约定编制竣工资料，完成竣工资料立卷及归档，并按专用合同条款约定的竣工资料的套数、内容、时间等要求移交发包人。

⑩ 应履行的其他义务。

（2）项目经理

① 项目经理应为合同当事人所确认的人选，并在专用合同条款中明确项目经理的姓名、职称、注册执业证书编号、联系方式及授权范围等事项，项目经理经承包人授权后代表承包人负责履行合同。项目经理应是承包人正式聘用的员工，承包人应向发包人提交项目经理与承包人之间的劳动合同，以及承包人为项目经理缴纳社会保险的有效证明。承包人不提交上述文件的，项目经理无权履行职责，发包人有权要求更换项目经理，由此增加的费用和（或）延误的工期由承包人承担。

项目经理应常驻施工现场，且每月在施工现场时间不得少于专用合同条款约定的天数。项目经理不得同时担任其他项目的项目经理。项目经理确需离开施工现场时，应事先通知监理人，并取得发包人的书面同意。项目经理的通知中应当载明临时代行其职责的人员的注册执业资格、管理经验等资料，该人员应具备履行相应职责的能力。

承包人违反上述约定的，应按照专用合同条款的约定，承担违约责任。

② 项目经理按合同约定组织工程实施。在紧急情况下为确保施工安全和人员安全，在无法与发包人代表和总监理工程师及时取得联系时，项目经理有权采取必要的措施保证与工程有关的人身、财产和工程的安全，但应在48小时内向发包人代表和总监理工程师提交书面报告。

③ 承包人需要更换项目经理的，应提前14天书面通知发包人和监理人，并征得发包人书面同意。通知中应当载明继任项目经理的注册执业资格、管理经验等资料，继任项目经理继续履行合同中约定的项目经理职责。未经发包人书面同意，承包人不得擅自更换项目经理。承包人擅自更换项目经理的，应按照专用合同条款的约定承担违约责任。

④ 发包人有权书面通知承包人更换其认为不称职的项目经理，通知中应当载明要求更换的理由。承包人应在接到更换通知后14天内向发包人提出书面的改进报告。发包人收到改进报告后仍要求更换的，承包人应在接到第二次更换通知的28天内进行更换，并将新任命的项目经理的注册执业资格、管理经验等资料书面通知发包人。继任项目经理继续履行合同中约定的项目经理职责。承包人无正当理由拒绝更换项目经理的，应按照专用合同条款的约定承担违约责任。

⑤ 项目经理因特殊情况授权其下属人员履行其某项工作职责的，该下属人员应具备履行相应职责的能力，并应提前7天将上述人员的姓名和授权范围书面通知监理人，并征得发包人书面同意。

(3) 承包人人员

① 除专用合同条款另有约定外，承包人应在接到开工通知后7天内，向监理人提交承包人项目管理机构及施工现场人员安排的报告，其内容应包括合同管理、施工、技术、材料、质量、安全、财务等主要施工管理人员名单及其岗位、注册执业资格等，以及各工种技术工人的安排情况，并同时提交主要施工管理人员与承包人之间的劳动关系证明和缴纳社会保险的有效证明。

② 承包人派驻到施工现场的主要施工管理人员应相对稳定。施工过程中如有变动，承包人应及时向监理人提交施工现场人员变动情况的报告。承包人更换主要施工管理人员时，应提前7天书面通知监理人，并征得发包人书面同意。通知中应当载明继任人员的注册执业资格、管理经验等资料。

特殊工种作业人员均应持有相应的资格证明，监理人可以随时检查。

③ 发包人对于承包人主要施工管理人员的资格或能力有异议的，承包人应提供资料证明被质疑人员有能力完成其岗位工作或不存在发包人所质疑的情形。发包人要求撤换不能按照合同约定履行职责及义务的主要施工管理人员的，承包人应当撤换。承包人无正当理由拒绝撤换的，应按照专用合同条款的约定承担违约责任。

④ 除专用合同条款另有约定外，承包人的主要施工管理人员离开施工现场每月累计不超过5天的，应报监理人同意；离开施工现场每月累计超过5天的，应通知监理人，并征得发包人书面同意。主要施工管理人员离开施工现场前应指定一名有经验的人员临时代行其职责，该人员应具备履行相应职责的资格和能力，且应征得监理人或发包人的同意。

⑤ 承包人擅自更换主要施工管理人员，或前述人员未经监理人或发包人同意擅自离开施工现场的，应按照专用合同条款约定承担违约责任。

(4) 承包人现场查勘

承包人应对基于发包人按照“提供基础资料”提交的基础资料所做出的解释和推断负责，但因基础资料存在错误、遗漏导致承包人解释或推断失实的，由发包人承担责任。

承包人应对施工现场和施工条件进行查勘，并充分了解工程所在地的气象条件、交通条件、风俗习惯以及其他与完成合同工作有关的其他资料。因承包人未能充分查勘、了解前述情况或未能充分估计前述情况所可能产生后果的，承包人承担由此增加的费用和（或）延误的工期。

(5) 分包

① 分包的一般约定。承包人不得将其承包的全部工程转包给第三人，或将其承包的全部工程肢解后以分包的名义转包给第三人。承包人不得将工程主体结构、关键性工作及专用合同条款中禁止分包的专业工程分包给第三人，主体结构、关键性工作的范围由合同当事人按照法律规定在专用合同条款中予以明确。

承包人不得以劳务分包的名义转包或违法分包工程。

② 分包的确定。承包人应按专用合同条款的约定进行分包，确定分包人。已标价工程量清单或预算书中给定暂估价的专业工程，按照暂估价确定分包人。按照合同约定进行分包的，承包人应确保分包人具有相应的资质和能力。工程分包不减轻或免除承包人的责任和义务，承包人和分包人就分包工程向发包人承担连带责任。除合同另有约定外，承包人应在分包合同签订后7天内向发包人和监理人提交分包合同副本。

③ 分包管理。承包人应向监理人提交分包人的主要施工管理人员表，并对分包人的施工人员进行实名制管理，包括但不限于进出场管理、登记造册以及各种证照的办理。

④ 分包合同价款。

a. 生效法律文书要求发包人向分包人支付分包合同价款的，发包人有权从应付承包人工程款中扣除该部分款项。

b. 除上述约定的情况或专用合同条款另有约定外，分包合同价款由承包人与分包人结算，未经承包人同意，发包人不得向分包人支付分包工程价款。

⑤ 分包合同权益的转让。分包人在分包合同项下的义务持续到缺陷责任期届满以后的，发包人有权在缺陷责任期届满前，要求承包人将其在分包合同项下的权益转让给发包人，承包人应当转让。除转让合同另有约定外，转让合同生效后，由分包人向发包人履行义务。

(6) 工程照管与成品、半成品保护

① 除专用合同条款另有约定外，自发包人向承包人移交施工现场之日起，承包人应负责照管工程及工程相关的材料、工程设备，直到颁发工程接收证书之日止。

② 在承包人负责照管期间，因承包人原因造成工程、材料、工程设备损坏的，由承包人负责修复或更换，并承担由此增加的费用和（或）延误的工期。

③ 对合同内分期完成的成品和半成品，在工程接收证书颁发前，由承包人承担保护责任。因承包人原因造成成品或半成品损坏的，由承包人负责修复或更换，并承担由此增加的费用和（或）延误的工期。

(7) 履约担保

发包人需要承包人提供履约担保的，由合同当事人在专用合同条款中约定履约担保的方式、金额及期限等。履约担保可以采用银行保函或担保公司担保等形式，具体由合同当事人在专用合同条款中约定。

因承包人原因导致工期延长的，继续提供履约担保所增加的费用由承包人承担；非因承包人原因导致工期延长的，继续提供履约担保所增加的费用由发包人承担。

(8) 联合体

① 联合体各方应共同与发包人签订合同协议书。联合体各方应为履行合同向发包人承担连带责任。

② 联合体协议经发包人确认后作为合同附件。在履行合同过程中，未经发包人同意，不得修改联合体协议。

③ 联合体牵头人负责与发包人和监理人联系，并接受指示，负责组织联合体各成员全面履行合同。

6.2.4.3 监理人

(1) 监理人的一般规定

工程实行监理的，发包人和承包人应在专用合同条款中明确监理人的监理内容及监理权限等事项。监理人应当根据发包人授权及法律规定，代表发包人对工程施工相关事项进行检查、查验、审核、验收，并签发相关指示，但监理人无权修改合同，且无权减轻或免除合同约定的承包人的任何责任与义务。

除专用合同条款另有约定外，监理人在施工现场的办公场所、生活场所由承包人提供，所发生的费用由发包人承担。

（2）监理人员

发包人授予监理人对工程实施监理的权利由监理人派驻施工现场的监理人员行使，监理人员包括总监理工程师及监理工程师。监理人应将授权的总监理工程师和监理工程师的姓名及授权范围以书面形式提前通知承包人。更换总监理工程师的，监理人应提前7天书面通知承包人；更换其他监理人员，监理人应提前48小时书面通知承包人。

（3）监理人的指示

监理人应按照发包人的授权发出监理指示。监理人的指示应采用书面形式，并经其授权的监理人员签字。紧急情况下，为了保证施工人员的安全或避免工程受损，监理人员可以口头形式发出指示，该指示与书面形式的指示具有同等法律效力，但必须在发出口头指示后24小时内补发书面监理指示，补发的书面监理指示应与口头指示一致。

监理人发出的指示应送达承包人项目经理或经项目经理授权接收的人员。因监理人未能按合同约定发出指示、指示延误或发出了错误指示而导致承包人费用增加和（或）工期延误的，由发包人承担相应责任。除专用合同条款另有约定外，总监理工程师不应将“商定或确定”约定应由总监理工程师做出确定的权力授权或委托给其他监理人员。

承包人对监理人发出的指示有疑问的，应向监理人提出书面异议，监理人应在48小时内对该指示予以确认、更改或撤销，监理人逾期未回复的，承包人有权拒绝执行上述指示。

监理人对承包人的任何工作、工程或其采用的材料和工程设备未在约定的或合理期限内提出意见的，视为批准，但不免除或减轻承包人对该工作、工程、材料、工程设备等应承担的责任和义务。

（4）商定或确定

合同当事人进行商定或确定时，总监理工程师应当会同合同当事人尽量通过协商达成一致，不能达成一致的，由总监理工程师按照合同约定审慎做出公正的确定。

总监理工程师应将确定以书面形式通知发包人和承包人，并附详细依据。合同当事人对总监理工程师的确定没有异议的，按照总监理工程师的确定执行。任何一方合同当事人有异议，按照“争议解决”约定处理。争议解决前，合同当事人暂按总监理工程师的确定执行；争议解决后，争议解决的结果与总监理工程师的确定不一致的，按照争议解决的结果执行，由此造成的损失由责任人承担。

6.3 施工合同履行中的质量管理

6.3.1 工程质量

6.3.1.1 质量要求

工程质量标准必须符合现行国家有关工程施工质量验收规范和标准的要求。有关工程质量的特殊标准或要求由合同当事人在专用合同条款中约定。

因发包人原因造成工程质量未达到合同约定标准的，由发包人承担由此增加的费用和（或）延误的工期，并支付承包人合理的利润。

因承包人原因造成工程质量未达到合同约定标准的，发包人有权要求承包人返工直至工程质量达到合同约定的标准为止，并由承包人承担由此增加的费用和（或）延误的工期。

6.3.1.2 质量保证措施

（1）发包人的质量管理

发包人应按照法律规定及合同约定完成与工程质量有关的各项工作。

（2）承包人的质量管理

承包人按照“施工组织设计”约定向发包人和监理人提交工程质量保证体系及措施文件，建立完善的质量检查制度，并提交相应的工程质量文件。对于发包人和监理人违反法律规定和合同约定的错误指示，承包人有权拒绝实施。

承包人应对施工人员进行质量教育和技术培训，定期考核施工人员的劳动技能，严格执行施工规范和操作规程。

承包人应按照法律规定和发包人的要求，对材料、工程设备以及工程的所有部位及其施工工艺进行全过程的质量检查和检验，并做详细记录，编制工程质量报表，报送监理人审查。此外，承包人还应按照法律规定和发包人的要求，进行施工现场取样试验、工程复核测量和设备性能检测，提供试验样品、提交试验报告和测量成果以及其他工作。

（3）监理人的质量检查和检验

监理人按照法律规定和发包人授权对工程的所有部位及其施工工艺、材料和工程设备进行检查和检验。承包人应为监理人的检查和检验提供方便，包括监理人到施工现场，或制造、加工地点，或合同约定的其他地方进行察看和查阅施工原始记录。监理人为此进行的检查和检验，不免除或减轻承包人按照合同约定应当承担的责任。

监理人的检查和检验不应影响施工正常进行。监理人的检查和检验影响施工正常进行的，且经检查检验不合格的，影响正常施工的费用由承包人承担，工期不予顺延；经检查检验合格的，由此增加的费用和（或）延误的工期由发包人承担。

6.3.1.3 隐蔽工程检查

（1）承包人自检

承包人应当对工程隐蔽部位进行自检，并经自检确认是否具备覆盖条件。

（2）检查程序

除专用合同条款另有约定外，工程隐蔽部位经承包人自检确认具备覆盖条件的，承包人应在共同检查前48小时书面通知监理人检查，通知中应载明隐蔽检查的内容、时间和地点，并应附有自检记录和必要的检查资料。

监理人应按时到场并对隐蔽工程及其施工工艺、材料和工程设备进行检查。经监理人检查确认质量符合隐蔽要求，并在验收记录上签字后，承包人才能进行覆盖。经监理人检查质量不合格的，承包人应在监理人指示的时间内完成修复，并由监理人重新检查，由此增加的费用和（或）延误的工期由承包人承担。

除专用合同条款另有约定外，监理人不能按时进行检查的，应在检查前24小时向承包人提交书面延期要求，但延期不能超过48小时，由此导致工期延误的，工期应予以顺延。

监理人未按时进行检查，也未提出延期要求的，视为隐蔽工程检查合格，承包人可自行完成覆盖工作，并做相应记录报送监理人，监理人应签字确认。监理人事后对检查记录有疑问的，可按“重新检查”的约定重新检查。

（3）重新检查

承包人覆盖工程隐蔽部位后，发包人或监理人对质量有疑问的，可要求承包人对已覆盖的部位进行钻孔探测或揭开重新检查，承包人应遵照执行，并在检查后重新覆盖恢复原状。经检查证明工程质量符合合同要求的，由发包人承担由此增加的费用和（或）延误的工期，并支付承包人合理的利润；经检查证明工程质量不符合合同要求的，由此增加的费用和（或）延误的工期由承包人承担。

（4）承包人私自覆盖

承包人未通知监理人到场检查，私自将工程隐蔽部位覆盖的，监理人有权指示承包人钻孔探测或揭开检查，无论工程隐蔽部位质量是否合格，由此增加的费用和（或）延误的工期均由承包人承担。

6.3.1.4 不合格工程的处理

因承包人原因造成工程不合格的，发包人有权随时要求承包人采取补救措施，直至达到合同要求的质量标准，由此增加的费用和（或）延误的工期由承包人承担。无法补救的，按照“拒绝接收全部或部分工程”约定执行。

因发包人原因造成工程不合格的，由此增加的费用和（或）延误的工期由发包人承担，并支付承包人合理的利润。

6.3.1.5 质量争议检测

合同当事人对工程质量有争议的，由双方协商确定的工程质量检测机构鉴定，由此产生的费用及因此造成的损失，由责任方承担。

合同当事人均有责任的，由双方根据其责任分别承担。合同当事人无法达成一致的，按照“商定或确定”执行。

6.3.2 施工设备和临时设施

（1）承包人提供的施工设备和临时设施

承包人应按合同进度计划的要求，及时配置施工设备和修建临时设施。进入施工场地的承包人设备需经监理人核查后才能投入使用。承包人更换合同约定的承包人设备的，应报监理人批准。

除专用合同条款另有约定外，承包人应自行承担修建临时设施的费用，需要临时占地的，应由发包人办理申请手续并承担相应费用。

（2）发包人提供的施工设备和临时设施

发包人提供的施工设备或临时设施在专用合同条款中约定。

（3）要求承包人增加或更换施工设备

承包人使用的施工设备不能满足合同进度计划和（或）质量要求时，监理人有权要求承包人增加或更换施工设备，承包人应及时增加或更换，由此增加的费用和（或）延误的工期由承包人承担。

6.3.3 材料和设备

6.3.3.1 发包人供应材料与工程设备

发包人自行供应材料、工程设备的，应在签订合同时在专用合同条款的附件——发包人供应材料设备一览表中明确材料、工程设备的品种、规格、型号、数量、单价、质量等级和送达地点。

承包人应提前30天通过监理人以书面形式通知发包人供应材料与工程设备进场。承包人按照“施工进度计划的修订”约定修订施工进度计划时，需同时提交经修订后的发包人供应材料与工程设备的进场计划。

6.3.3.2 承包人采购材料与工程设备

承包人负责采购材料、工程设备的，应按照设计和有关标准要求采购，并提供产品合格证明及出厂证明，对材料、工程设备质量负责。合同约定由承包人采购的材料、工程设备，发包人不得指定生产厂家或供应商，发包人违反合同约定指定生产厂家或供应商的，承包人有权拒绝，并由发包人承担相应责任。

6.3.3.3 材料与工程设备的接收与拒收

发包人应按发包人供应材料设备一览表约定的内容提供材料和工程设备，并向承包人提供产品合格证明及出厂证明，对其质量负责。发包人应提前24小时以书面形式通知承包人、监理人材料和工程设备到货时间，承包人负责材料和工程设备的清点、检验和接收。

发包人提供的材料和工程设备的规格、数量或质量不符合合同约定的，或因发包人原因导致交货日期延误或交货地点变更等情况的，按照“发包人违约”约定办理。

承包人采购的材料和工程设备，应保证产品质量合格，承包人应在材料和工程设备到货前24小时通知监理人检验。承包人进行永久设备、材料的制造和生产的，应符合相关质量标准，并向监理人提交材料的样本以及有关资料，并应在使用该材料或工程设备之前获得监理人同意。

承包人采购的材料和工程设备不符合设计或有关标准要求时，承包人应在监理人要求的合理期限内将不符合设计或有关标准要求的材料、工程设备运出施工现场，并重新采购符合要求的材料、工程设备，由此增加的费用和（或）延误的工期，由承包人承担。

6.3.3.4 材料与工程设备的保管与使用

（1）发包人供应材料与工程设备的保管与使用

发包人供应的材料和工程设备，承包人清点后由承包人妥善保管，保管费用由发包人承担，但已标价工程量清单或预算书已经列支或专用合同条款另有约定除外。因承包人原因发生丢失毁损的，由承包人负责赔偿；监理人未通知承包人清点的，承包人不负责材料和工程设备的保管，由此导致丢失毁损的由发包人负责。

发包人供应的材料和工程设备使用前，由承包人负责检验，检验费用由发包人承担，不合格的不得使用。

（2）承包人采购材料与工程设备的保管与使用

承包人采购的材料和工程设备由承包人妥善保管，保管费用由承包人承担。法律规定材料和工程设备使用前必须进行检验或试验的，承包人应按监理人的要求进行检验或试验，检验或试验费用由承包人承担，不合格的不得使用。

发包人或监理人发现承包人使用不符合设计或有关标准要求的材料和工程设备时，有权要求承包人进行修复、拆除或重新采购，由此增加的费用和（或）延误的工期，由承包人承担。

6.3.3.5 禁止使用不合格的材料和工程设备

（1）监理人有权拒绝承包人提供的不合格材料或工程设备，并要求承包人立即进行更换。监理人应在更换后再次进行检查和检验，由此增加的费用和（或）延误的工期由承包人承担。

（2）监理人发现承包人使用了不合格的材料和工程设备，承包人应按照监理人的指示立即改正，并禁止在工程中继续使用不合格的材料和工程设备。

（3）发包人提供的材料或工程设备不符合合同要求的，承包人有权拒绝，并可要求发包人更换，由此增加的费用和（或）延误的工期由发包人承担，并支付承包人合理的利润。

6.3.3.6 样品

（1）样品的报送与封存

需要承包人报送样品的材料或工程设备，样品的种类、名称、规格、数量等要求均应在专用合同条款中约定。样品的报送程序如下：

① 承包人应在计划采购前 28 天向监理人报送样品。承包人报送的样品均应来自供应材料的实际生产地，且提供的样品的规格、数量足以表明材料或工程设备的质量、型号、颜色、表面处理、质地、误差和其他要求的特征。

② 承包人每次报送样品时应随附申报单，申报单应载明报送样品的相关数据和资料，并标明每件样品对应的图纸号，预留监理人批复意见栏。监理人应在收到承包人报送的样品后 7 天向承包人回复经发包人签认的样品审批意见。

③ 经发包人和监理人审批确认的样品应按约定的方法封样，封存的样品作为检验工程相关部分的标准之一。承包人在施工过程中不得使用与样品不符的材料或工程设备。

④ 发包人和监理人对样品的审批确认，仅为确认相关材料或工程设备的特征或用途，不得被理解为对合同的修改或改变，也并不减轻或免除承包人任何的责任和义务。如果封存的样品修改或改变了合同约定，合同当事人应当以书面协议予以确认。

（2）样品的保管

经批准的样品应由监理人负责封存于现场，承包人应在现场为保存样品提供适当和固定的场所并保持适当和良好的存储环境条件。

6.3.3.7 材料与工程设备的替代

（1）出现下列情况需要使用替代材料和工程设备的，承包人应按照约定的程序执行。

① 基准日期后生效的法律规定禁止使用的；

② 发包人要求使用替代品的；

③ 因其他原因必须使用替代品的。

（2）承包人应在使用替代材料和工程设备 28 天前书面通知监理人，并附下列文件。

① 被替代的材料和工程设备的名称、数量、规格、型号、品牌、性能、价格及其他相关资料；

② 替代品的名称、数量、规格、型号、品牌、性能、价格及其他相关资料；

③ 替代品与被替代产品之间的差异以及使用替代品可能对工程产生的影响；

④ 替代品与被替代产品的价格差异；

⑤ 使用替代品的理由和原因说明；

⑥ 监理人要求的其他文件。

监理人应在收到通知后14天内向承包人发出经发包人签认的书面指示；监理人逾期发出书面指示的，视为发包人和监理人同意使用替代品。

（3）发包人认可使用替代材料和工程设备的，替代材料和工程设备的价格，按照已标价工程量清单或预算书相同项目的价格认定；无相同项目的，参考相似项目价格认定；既无相同项目也无相似项目的，按照合理的成本与利润构成的原则，由合同当事人按照“商定或确定”确定价格。

6.3.3.8 材料与设备专用要求

承包人运入施工现场的材料、工程设备、施工设备以及在施工场地建设的临时设施，包括备品备件、安装工具与资料，必须专用于工程。未经发包人批准，承包人不得运出施工现场或挪作他用；经发包人批准，承包人可以根据施工进度计划撤走闲置的施工设备和其他物品。

6.3.4 试验与检验

（1）试验设备与试验人员

承包人根据合同约定或监理人指示进行的现场材料试验，应由承包人提供试验场所、试验人员、试验设备以及其他必要的试验条件。监理人在必要时可以使用承包人提供的试验场所、试验设备以及其他试验条件，进行以工程质量检查为目的的材料复核试验，承包人应予以协助。

承包人应按专用合同条款的约定提供试验设备、取样装置、试验场所和试验条件，并向监理人提交相应进场计划表。

承包人配置的试验设备要符合相应试验规程的要求并经过具有资质的检测单位检测，且在正式使用该试验设备前，需要经过监理人与承包人共同校定。

承包人应向监理人提交试验人员的名单及其岗位、资格等证明资料，试验人员必须能够熟练进行相应的检测试验，承包人对试验人员的试验程序和试验结果的正确性负责。

（2）取样

试验属于自检性质的，承包人可以单独取样。试验属于监理人抽检性质的，可由监理人取样，也可由承包人的试验人员在监理人的监督下取样。

（3）材料、工程设备及工程的试验和检验

① 承包人应按合同约定进行材料、工程设备及工程的试验和检验，并为监理人对上述材料、工程设备和工程的质量检查提供必要的试验资料和原始记录。按合同约定应由监理人与承包人共同进行试验和检验的，由承包人负责提供必要的试验资料和原始记录。

② 试验属于自检性质的，承包人可以单独进行试验。试验属于监理人抽检性质的，监理人可以单独进行试验，也可由承包人与监理人共同进行。承包人对由监理人单独进行的试验结果有异议的，可以申请重新共同进行试验。约定共同进行试验的，监理人未按照约定参加试验的，承包人可自行试验，并将试验结果报送监理人，监理人应承认该试验结果。

③ 监理人对承包人的试验和检验结果有异议的，或为查清承包人试验和检验成果的可靠性要求承包人重新试验和检验的，可由监理人与承包人共同进行。重新试验和检验的结果证明该项材料、工程设备或工程的质量不符合合同要求的，由此增加的费用和（或）延误的工期由承包人承担；重新试验和检验结果证明该项材料、工程设备和工程符合合同要求的，由此增加的费用和（或）延误的工期由发包人承担。

（4）现场工艺试验

承包人应按合同约定或监理人指示进行现场工艺试验。对大型的现场工艺试验，监理人认为必要时，承包人应根据监理人提出的工艺试验要求，编制工艺试验措施计划，报送监理人审查。

6.3.5 安全文明施工与职业健康

6.3.5.1 安全文明施工

（1）安全生产要求

合同履行期间，合同当事人均应当遵守国家和工程所在地有关安全生产的要求，合同当事人有特别要求的，应在专用合同条款中明确施工项目安全生产标准化达标目标及相应事项。承包人有权拒绝发包人及监理人强令承包人违章作业、冒险施工的任何指示。

在施工过程中，如遇到突发的地质变动、事先未知的地下施工障碍等影响施工安全的紧急情况，承包人应及时报告监理人和发包人，发包人应当及时下令停工并报政府有关行政管理部门采取应急措施。

因安全生产需要暂停施工的，按照“暂停施工”的约定执行。

（2）安全生产保证措施

承包人应当按照有关规定编制安全技术措施或者专项施工方案，建立安全生产责任制度、治安保卫制度及安全生产教育培训制度，并按安全生产法律规定及合同约定履行安全职责，如实编制工程安全生产的有关记录，接受发包人、监理人及政府安全监督部门的检查与监督。

（3）特别安全生产事项

承包人应按照法律规定进行施工，开工前做好安全技术交底工作，施工过程中做好各项安全防护措施。承包人为实施合同而雇用的特殊工种的人员应受过专门的培训并已取得政府有关管理机构颁发的上岗证书。

承包人在动力设备、输电线路、地下管道、密封防震车间、易燃易爆地段以及临街交通要道附近施工时，施工开始前应向发包人和监理人提出安全防护措施，经发包人认可后实施。

实施爆破作业，在放射、毒害性环境中施工（含储存、运输、使用）及使用毒害性、腐蚀性物品施工时，承包人应在施工前7天书面通知发包人和监理人，并报送相应的安全防护措施，经发包人认可后实施。

需单独编制危险性较大分部分项专项工程施工方案的，以及要求进行专家论证的超过一定规模的危险性较大的分部分项工程，承包人应及时编制和组织论证。

（4）治安保卫

除专用合同条款另有约定外，发包人应与当地公安部门协商，在现场建立治安管理机构或联防组织，统一管理施工场地的治安保卫事项，履行合同工程的治安保卫职责。

发包人和承包人除应协助现场治安管理机构或联防组织维护施工场地的社会治安外，还应做好包括生活区在内的各自管辖区的治安保卫工作。

除专用合同条款另有约定外，发包人和承包人应在工程开工后7天内共同编制施工场地治安管理计划，并制订应对突发治安事件的紧急预案。

（5）文明施工

承包人在工程施工期间，应当采取措施保持施工现场平整，物料堆放整齐。工程所在地有关政府行政管理部门有特殊要求的，按照其要求执行。合同当事人对文明施工有其他要求的，可以在专用合同条款中明确。

在工程移交之前，承包人应当从施工现场清除承包人的全部工程设备、多余材料、垃圾和各种临时工程，并保持施工现场清洁整齐。经发包人书面同意，承包人可在发包人指定的地点保留承包人履行保修期内的各项义务所需要的材料、施工设备和临时工程。

（6）安全文明施工费

安全文明施工费由发包人承担，发包人不得以任何形式扣减该部分费用。因基准日期后合同所适用的法律或政府有关规定发生变化，增加的安全文明施工费由发包人承担。

承包人经发包人同意采取合同约定以外的安全措施所产生的费用，由发包人承担。未经发包人同意的，如果该措施避免了发包人的损失，则发包人在避免损失的额度内承担该措施费。如果该措施避免了承包人的损失，由承包人承担该措施费。

除专用合同条款另有约定外，发包人应在开工后28天内预付安全文明施工费总额的50%，其余部分与进度款同期支付。发包人逾期支付安全文明施工费超过7天的，承包人有权向发包人发出要求预付的催告通知，发包人收到通知后7天内仍未支付的，承包人有权暂停施工，并按“发包人违约的情形”执行。

承包人对安全文明施工费应专款专用，承包人应在财务账目中单独列项备查，不得挪作他用，否则发包人有权责令其限期改正；逾期未改正的，可以责令其暂停施工，由此增加的费用和（或）延误的工期由承包人承担。

（7）紧急情况处理

在工程实施期间或缺陷责任期内发生危及工程安全的事件，监理人通知承包人进行抢救，承包人声明无能力或不愿立即执行的，发包人有权雇佣其他人员进行抢救。此类抢救按合同约定属于承包人义务的，由此增加的费用和（或）延误的工期由承包人承担。

（8）事故处理

工程施工过程中发生事故的，承包人应立即通知监理人，监理人应立即通知发包人。发包人和承包人应立即组织人员和设备进行紧急抢救和抢修，减少人员伤亡和财产损失，防止事故扩大，并保护事故现场。需要移动现场物品时，应做出标记和书面记录，妥善保管有关证据。发包人和承包人应按国家有关规定，及时如实地向有关部门报告事故发生的情况，以及正在采取的紧急措施等。

（9）安全生产责任

① 发包人的安全责任。发包人应负责赔偿以下各种情况造成的损失：

a. 工程或工程的任何部分对土地的占用所造成的第三者财产损失；

b. 由于发包人原因在施工场地及其毗邻地带造成的第三者人身伤亡和财产损失；

c. 由于发包人原因对承包人、监理人造成的人员人身伤亡和财产损失；

d. 由于发包人原因造成的发包人自身人员的人身伤害以及财产损失。

② 承包人的安全责任。由于承包人原因在施工场地内及其毗邻地带造成的发包人、监理人以及第三者人员伤亡和财产损失，由承包人负责赔偿。

6.3.5.2 职业健康

（1）劳动保护

承包人应按照法律规定安排现场施工人员的劳动和休息时间，保障劳动者的休息时间，并支付合理的报酬和费用。承包人应依法为其履行合同所雇用的人员办理必要的证件、许可、保险和注册等，承包人应督促其分包人为分包人所雇用的人员办理必要的证件、许可、保险和注册等。

承包人应按照法律规定保障现场施工人员的劳动安全，并提供劳动保护，并应按国家有关劳动保护的规定，采取有效的防止粉尘、降低噪声、控制有害气体和保障高温、高寒、高空作业安全等劳动保护措施。承包人雇用的人员在施工中受到伤害的，承包人应立即采取有效措施进行抢救和治疗。

承包人应按法律规定安排工作时间，保证其雇用的人员享有休息和休假的权利。因工程施工的特殊需要占用休假日或延长工作时间的，应不超过法律规定的限度，并按法律规定给予补休或付酬。

（2）生活条件

承包人应为其履行合同所雇用的人员提供必要的膳宿条件和生活环境；承包人应采取有效措施预防传染病，保证施工人员的健康，并定期对施工现场、施工人员生活基地和工程进行防疫和卫生的专业检查和处理，在远离城镇的施工场地，还应配备必要的伤病防治和急救的医务人员与医疗设施。

（3）环境保护

承包人应在施工组织设计中列明环境保护的具体措施。在合同履行期间，承包人应采取合理措施保护施工现场环境。对施工作业过程中可能引起的大气、水、噪声以及固体废物污染采取具体可行的防范措施。

承包人应当承担因其原因引起的环境污染侵权损害赔偿责任，因上述环境污染引起纠纷而导致暂停施工的，由此增加的费用和（或）延误的工期由承包人承担。

6.3.6 验收与工程试车

6.3.6.1 分部分项工程验收

分部分项工程质量应符合国家有关工程施工验收规范、标准及合同约定，承包人应按照施工组织设计的要求完成分部分项工程施工。

除专用合同条款另有约定外，分部分项工程经承包人自检合格并具备验收条件的，承包人应提前48小时通知监理人进行验收。监理人不能按时进行验收的，应在验收前24小时向承包人提交书面延期要求，但延期不能超过48小时。监理人未按时进行验收，也未提出延期要求的，承包人有权自行验收，监理人应认可验收结果。分部分项工程未经验收的，不得进入下一道工序施工。

分部分项工程的验收资料应当作为竣工资料的组成部分。

6.3.6.2 竣工验收

（1）竣工验收条件

工程具备以下条件的，承包人可以申请竣工验收：

① 除发包人同意的甩项工作和缺陷修补工作外，合同范围内的全部工程以及有关工作，包括合同要求的试验、试运行以及检验均已完成，并符合合同要求；

② 已按合同约定编制了甩项工作和缺陷修补工作清单以及相应的施工计划；

③ 已按合同约定的内容和份数备齐竣工资料。

（2）竣工验收程序

除专用合同条款另有约定外，承包人申请竣工验收的，应当按照以下程序进行：

① 承包人向监理人报送竣工验收申请报告，监理人应在收到竣工验收申请报告后14天内完成审查并报送发包人。监理人审查后认为尚不具备验收条件的，应通知承包人在竣工验收前承包人还需完成的工作内容，承包人应在完成监理人通知的全部工作内容后，再次提交竣工验收申请报告。

② 监理人审查后认为已具备竣工验收条件的，应将竣工验收申请报告提交发包人，发包人应在收到经监理人审核的竣工验收申请报告后28天内审批完毕并组织监理人、承包人、设计人等相关单位完成竣工验收。

③ 竣工验收合格的，发包人应在验收合格后14天内向承包人签发工程接收证书。发包人无正当理由逾期不颁发工程接收证书的，自验收合格后第15天起视为已颁发工程接收证书。

④ 竣工验收不合格的，监理人应按照验收意见发出指示，要求承包人对不合格工程返工、修复或采取其他补救措施，由此增加的费用和（或）延误的工期由承包人承担。承包人在完成不合格工程的返工、修复或采取其他补救措施后，应重新提交竣工验收申请报告，并按程序重新进行验收。

⑤ 工程未经验收或验收不合格，发包人擅自使用的，应在转移占有工程后7天内向承包人颁发工程接收证书；发包人无正当理由逾期不颁发工程接收证书的，自转移占有后第15天起视为已颁发工程接收证书。

除专用合同条款另有约定外，发包人不按照本项约定组织竣工验收、颁发工程接收证书的，每逾期一天，应以签约合同价为基数，按照中国人民银行发布的同期同类贷款基准利率支付违约金。

（3）竣工日期

工程经竣工验收合格的，以承包人提交竣工验收申请报告之日为实际竣工日期，并在工程接收证书中载明；因发包人原因，未在监理人收到承包人提交的竣工验收申请报告42天内完成竣工验收，或完成竣工验收不予签发工程接收证书的，以提交竣工验收申请报告的日期为实际竣工日期；工程未经竣工验收，发包人擅自使用的，以转移占有工程之日为实际竣工日期。

（4）拒绝接收全部或部分工程

对于竣工验收不合格的工程，承包人完成整改后，应当重新进行竣工验收，经重新组织验收仍不合格的且无法采取措施补救的，则发包人可以拒绝接收不合格工程，因不合格工程导致其他工程不能正常使用的，承包人应采取措施确保相关工程的正常使用，由此增加的费用和（或）延误的工期由承包人承担。

（5）移交、接收全部与部分工程

除专用合同条款另有约定外，合同当事人应当在颁发工程接收证书后7天内完成工程的移交。

发包人无正当理由不接收工程的，发包人自应当接收工程之日起，承担工程照管、成品保护、保管等与工程有关的各项费用，合同当事人可以在专用合同条款中另行约定发包人逾期接收工程的违约责任。

承包人无正当理由不移交工程的，承包人应承担工程照管、成品保护、保管等与工程有关的各项费用，合同当事人可以在专用合同条款中另行约定承包人无正当理由不移交工程的违约责任。

6.3.6.3 工程试车

（1）试车程序

工程需要试车的，除专用合同条款另有约定外，试车内容应与承包人承包范围相一致，试车费用由承包人承担。工程试车应按如下程序进行：

① 具备单机无负荷试车条件，承包人组织试车，并在试车前48小时书面通知监理人，通知中应载明试车内容、时间、地点。承包人准备试车记录，发包人根据承包人要求为试车提供必要条件。试车合格的，监理人在试车记录上签字。监理人在试车合格后不在试车记录上签字，自试车结束满24小时后视为监理人已经认可试车记录，承包人可继续施工或办理竣工验收手续。

监理人不能按时参加试车，应在试车前24小时以书面形式向承包人提出延期要求，但延期不能超过48小时，由此导致工期延误的，工期应予以顺延。监理人未能在前述期限内提出延期要求，又不参加试车的，视为认可试车记录。

② 具备无负荷联动试车条件，发包人组织试车，并在试车前48小时以书面形式通知承包人。通知中应载明试车内容、时间、地点和对承包人的要求，承包人按要求做好准备工作。试车合格，合同当事人在试车记录上签字。承包人无正当理由不参加试车的，视为认可试车记录。

（2）试车中的责任

因设计原因导致试车达不到验收要求，发包人应要求设计人修改设计，承包人按修改后的设计重新安装。发包人承担修改设计、拆除及重新安装的全部费用，工期相应顺延。因承包人原因导致试车达不到验收要求，承包人按监理人要求重新安装和试车，并承担重新安装和试车的费用，工期不予顺延。

因工程设备制造原因导致试车达不到验收要求的，由采购该工程设备的合同当事人负责重新购置或修理，承包人负责拆除和重新安装，由此增加的修理、重新购置、拆除及重新安装的费用及延误的工期由采购该工程设备的合同当事人承担。

（3）投料试车

如需进行投料试车的，发包人应在工程竣工验收后组织投料试车。发包人要求在工程竣工验收前进行或需要承包人配合时，应征得承包人同意，并在专用合同条款中约定有关事项。

投料试车合格的，费用由发包人承担；因承包人原因造成投料试车不合格的，承包人应按照发包人要求进行整改，由此产生的整改费用由承包人承担；非因承包人原因导致投料试车不合格的，如发包人要求承包人进行整改的，由此产生的费用由发包人承担。

6.3.6.4 提前交付单位工程的验收

发包人需要在工程竣工前使用单位工程的，或承包人提出提前交付已经竣工的单位工程且经发包人同意的，可进行单位工程验收，验收的程序按照“竣工验收”的约定进行。

验收合格后，由监理人向承包人出具经发包人签认的单位工程接收证书。已签发单位工程接收证书的单位工程由发包人负责照管。单位工程的验收成果和结论作为整体工程竣工验收申请报告的附件。

发包人要求在工程竣工前交付单位工程，由此导致承包人费用增加和（或）工期延误的，由发包人承担由此增加的费用和（或）延误的工期，并支付承包人合理的利润。

6.3.6.5 施工期运行

施工期运行是指合同工程尚未全部竣工，其中某项或某几项单位工程或工程设备安装已竣工，根据专用合同条款约定，需要投入施工期运行的，经发包人按“提前交付单位工程的验收”的约定验收合格，证明能确保安全后，才能在施工期投入运行。

在施工期运行中发现工程或工程设备损坏或存在缺陷的，由承包人按“缺陷责任期”约定进行修复。

6.3.6.6 竣工退场

（1）竣工退场

颁发工程接收证书后，承包人应按以下要求对施工现场进行清理：

① 施工现场内残留的垃圾已全部清除出场；

② 临时工程已拆除，场地已进行清理、平整或复原；

③ 按合同约定应撤离的人员、承包人施工设备和剩余的材料，包括废弃的施工设备和材料，已按计划撤离施工现场；

④ 施工现场周边及其附近道路、河道的施工堆积物，已全部清理；

⑤ 施工现场其他场地清理工作已全部完成。

施工现场的竣工退场费用由承包人承担。承包人应在专用合同条款约定的期限内完成竣工退场，逾期未完成的，发包人有权出售或另行处理承包人遗留的物品，由此支出的费用由承包人承担，发包人出售承包人遗留物品所得款项在扣除必要费用后应返还承包人。

（2）地表还原

承包人应按发包人要求恢复临时占地及清理场地，承包人未按发包人的要求恢复临时占地，或者场地清理未达到合同约定要求的，发包人有权委托其他人恢复或清理，所发生的费用由承包人承担。

6.3.7 缺陷责任与保修

6.3.7.1 工程保修的原则

在工程移交发包人后，因承包人原因产生的质量缺陷，承包人应承担质量缺陷责任和保修义务。缺陷责任期届满，承包人仍应按合同约定的工程各部位保修年限承担保修义务。

6.3.7.2 缺陷责任期

（1）缺陷责任期从工程通过竣工验收之日起计算，合同当事人应在专用合同条款约定缺陷责任期的具体期限，但该期限最长不超过 24 个月。

单位工程先于全部工程进行验收，经验收合格并交付使用的，该单位工程缺陷责任期自单位工程验收合格之日起算。因承包人原因导致工程无法按合同约定期限进行竣工验收的，缺陷责任期从实际通过竣工验收之日起计算。因发包人原因导致工程无法按合同约定期限进行竣工验收的，在承包人提交竣工验收报告 90 天后，工程自动进入缺陷责任期；发包人未经竣工验收擅自使用工程的，缺陷责任期自工程转移占有之日起开始计算。

（2）缺陷责任期内，由承包人原因造成的缺陷，承包人应负责维修，并承担鉴定及维修费用。如承包人不维修也不承担费用，发包人可按合同约定从保证金或银行保函中扣除，费用超出保证金额的，发包人可按合同约定向承包人进行索赔。承包人维修并承担相应费用后，不免除对工程的损失赔偿责任。发包人有权要求承包人延长缺陷责任期，并应在原缺陷责任期届满前发出延长通知。但缺陷责任期（含延长部分）最长不能超过24个月。

由他人原因造成的缺陷，发包人负责组织维修，承包人不承担费用，且发包人不得从保证金中扣除费用。

(3) 任何一项缺陷或损坏修复后，经检查证明其影响了工程或工程设备的使用性能，承包人应重新进行合同约定的试验和试运行，试验和试运行的全部费用应由责任方承担。

(4) 除专用合同条款另有约定外，承包人应于缺陷责任期届满后7天内向发包人发出缺陷责任期届满通知，发包人应在收到缺陷责任期届满通知后14天内核实承包人是否履行缺陷修复义务，承包人未能履行缺陷修复义务的，发包人有权扣除相应金额的维修费用。发包人应在收到缺陷责任期届满通知后14天内，向承包人颁发缺陷责任期终止证书。

6.3.7.3 质量保证金

经合同当事人协商一致扣留质量保证金的，应在专用合同条款中予以明确。在工程项目竣工前，承包人已经提供履约担保的，发包人不得同时预留工程质量保证金。

(1) 承包人提供质量保证金的方式

承包人提供质量保证金有以下三种方式：

① 质量保证金保函；

② 相应比例的工程款；

③ 双方约定的其他方式。

除专用合同条款另有约定外，质量保证金原则上采用上述第①种方式。

(2) 质量保证金的扣留

质量保证金的扣留有以下三种方式：

① 在支付工程进度款时逐次扣留，在此情形下，质量保证金的计算基数不包括预付款的支付、扣回以及价格调整的金额；

② 工程竣工结算时一次性扣留质量保证金；

③ 双方约定的其他扣留方式。

除专用合同条款另有约定外，质量保证金的扣留原则上采用上述第①种方式。

发包人累计扣留的质量保证金不得超过工程价款结算总额的3%。如承包人在发包人签发竣工付款证书后28天内提交质量保证金保函，发包人应同时退还扣留的质量保证金的作为工程价款；保函金额不得超过工程价款结算总额的3%。

发包人在退还质量保证金的同时按照中国人民银行发布的同期同类贷款基准利率支付利息。

(3) 质量保证金的退还

缺陷责任期内，承包人认真履行合同约定的责任，到期后，承包人可向发包人申请返还保证金。

发包人在接到承包人返还保证金申请后，应于14天内会同承包人按照合同约定的内容进行核实。如无异议，发包人应当按照约定将保证金返还给承包人。对返还期限没有约定或者约定不明确的，发包人应当在核实后14天内将保证金返还承包人，逾期未返还的，依法承担违约责任。发包人在接到承包人返还保证金申请后14天内不予答复，经催告后14天内仍不予答复，视同认可承包人的返还保证金申请。

发包人和承包人对保证金预留、返还以及工程维修质量、费用有争议的，按本合同相关约定的争议和纠纷解决程序处理。

6.3.7.4 保修

(1) 保修责任

工程保修期从工程竣工验收合格之日起算，具体分部分项工程的保修期由合同当事人在专用合同条款中约定，但不得低于法定最低保修年限。在工程保修期内，承包人应当根据有关法律规定以及合同约定承担保修责任。

发包人未经竣工验收擅自使用工程的，保修期自转移占有之日起算。

(2) 修复费用

保修期内，修复的费用按照以下约定处理：

① 保修期内，因承包人原因造成工程的缺陷、损坏，承包人应负责修复，并承担修复的费用以及因工程的缺陷、损坏造成的人身伤害和财产损失；

② 保修期内，因发包人使用不当造成工程的缺陷、损坏，可以委托承包人修复，但发包人应承担修复的费用，并支付承包人合理利润；

③ 因其他原因造成工程的缺陷、损坏，可以委托承包人修复，发包人应承担修复的费用，并支付承包人合理的利润，因工程的缺陷、损坏造成的人身伤害和财产损失由责任方承担。

(3) 修复通知

在保修期内，发包人在使用过程中，发现已接收的工程存在缺陷或损坏的，应书面通知承包人予以修复，但情况紧急必须立即修复缺陷或损坏的，发包人可以口头通知承包人并在口头通知后 48 小时内书面确认，承包人应在专用合同条款约定的合理期限内到达工程现场并修复缺陷或损坏。

(4) 未能修复

因承包人原因造成工程的缺陷或损坏，承包人拒绝维修或未能在合理期限内修复缺陷或损坏，且经发包人书面催告后仍未修复的，发包人有权自行修复或委托第三方修复，所需费用由承包人承担。但修复范围超出缺陷或损坏范围的，超出范围部分的修复费用由发包人承担。

(5) 承包人出入权

在保修期内，为了修复缺陷或损坏，承包人有权出入工程现场，除情况紧急必须立即修复缺陷或损坏外，承包人应提前 24 小时通知发包人进场修复的时间。承包人进入工程现场前应获得发包人同意，且不应影响发包人正常的生产经营，并应遵守发包人有关保安和保密等规定。

6.4 施工合同履行中的进度管理

6.4.1 工期和进度

(1) 施工组织设计

施工组织设计应包含以下内容：①施工方案；②施工现场平面布置图；③施工进度计

划和保证措施；④劳动力及材料供应计划；⑤施工机械设备的选用；⑥质量保证体系及措施；⑦安全生产、文明施工措施；⑧环境保护、成本控制措施；⑨合同当事人约定的其他内容。

（2）施工组织设计的提交和修改

除专用合同条款另有约定外，承包人应在合同签订后 14 天内，但至迟不得晚于“开工通知”载明的开工日期前 7 天，向监理人提交详细的施工组织设计，并由监理人报送发包人。除专用合同条款另有约定外，发包人和监理人应在监理人收到施工组织设计后 7 天内确认或提出修改意见。对发包人和监理人提出的合理意见和要求，承包人应自费修改完善。根据工程实际情况需要修改施工组织设计的，承包人应向发包人和监理人提交修改后的施工组织设计。

施工进度计划的编制和修改按照“施工进度计划”执行。

6.4.2 施工进度计划

（1）施工进度计划的编制

承包人应按照“施工组织设计”约定提交详细的施工进度计划，施工进度计划的编制应当符合国家法律规定和一般工程实践惯例，施工进度计划经发包人批准后实施。施工进度计划是控制工程进度的依据，发包人和监理人有权按照施工进度计划检查工程进度情况。

（2）施工进度计划的修订

施工进度计划不符合合同要求或与工程的实际进度不一致的，承包人应向监理人提交修订的施工进度计划，并附具有关措施和相关资料，由监理人报送发包人。除专用合同条款另有约定外，发包人和监理人应在收到修订的施工进度计划后 7 天内完成审核和批准或提出修改意见。发包人和监理人对承包人提交的施工进度计划的确认，不能减轻或免除承包人根据法律规定和合同约定应承担的任何责任或义务。

6.4.3 开工

（1）开工准备

除专用合同条款另有约定外，承包人应按照“施工组织设计”约定的期限，向监理人提交工程开工报审表，经监理人报发包人批准后执行。开工报审表应详细说明按施工进度计划正常施工所需的施工道路、临时设施、材料、工程设备、施工设备、施工人员等落实情况以及工程的进度安排。

除专用合同条款另有约定外，合同当事人应按约定完成开工准备工作。

（2）开工通知

发包人应按照法律规定获得工程施工所需的许可。经发包人同意后，监理人发出的开工通知应符合法律规定。监理人应在计划开工日期 7 天前向承包人发出开工通知，工期自开工通知中载明的开工日期起算。

除专用合同条款另有约定外，因发包人原因造成监理人未能在计划开工日期之日起 90 天内发出开工通知的，承包人有权提出价格调整要求，或者解除合同。发包人应当承担由此增加的费用和（或）延误的工期，并向承包人支付合理利润。

6.4.4 测量放线

除专用合同条款另有约定外，发包人应在至迟不得晚于“开工通知”载明的开工日期前7天通过监理人向承包人提供测量基准点、基准线和水准点及其书面资料。发包人应对其提供的测量基准点、基准线和水准点及其书面资料的真实性、准确性和完整性负责。

承包人发现发包人提供的测量基准点、基准线和水准点及其书面资料存在错误或疏漏的，应及时通知监理人。监理人应及时报告发包人，并会同发包人和承包人予以核实。发包人应就如何处理和是否继续施工做出决定，并通知监理人和承包人。

承包人负责施工过程中的全部施工测量放线工作，并配置具有相应资质的人员，合格的仪器、设备和其他物品。承包人应矫正工程的位置、标高、尺寸或准线中出现的任何差错，并对工程各部分的定位负责。

施工过程中对施工现场内水准点等测量标志物的保护工作由承包人负责。

6.4.5 工期延误

6.4.5.1 因发包人原因导致工期延误

在合同履行过程中，因下列情况导致工期延误和（或）费用增加的，由发包人承担由此延误的工期和（或）增加的费用，且发包人应支付承包人合理的利润：

(1) 发包人未能按合同约定提供图纸或所提供图纸不符合合同约定的；

(2) 发包人未能按合同约定提供施工现场、施工条件、基础资料、许可、批准等开工条件的；

(3) 发包人提供的测量基准点、基准线和水准点及其书面资料存在错误或疏漏的；

(4) 发包人未能在计划开工日期之日起7天内同意下达开工通知的；

(5) 发包人未能按合同约定日期支付工程预付款、进度款或竣工结算款的；

(6) 监理人未按合同约定发出指示、批准等文件的；

(7) 专用合同条款中约定的其他情形。

因发包人原因未按计划开工日期开工的，发包人应按实际开工日期顺延竣工日期，确保实际工期不低于合同约定的工期总日历天数。因发包人原因导致工期延误需要修订施工进度计划的，按照“施工进度计划的修订”执行。

6.4.5.2 因承包人原因导致工期延误

因承包人原因造成工期延误的，可以在专用合同条款中约定逾期竣工违约金的计算方法和逾期竣工违约金的上限。承包人支付逾期竣工违约金后，不免除承包人继续完成工程及修补缺陷的义务。

6.4.6 不利物质条件

不利物质条件是指有经验的承包人在施工现场遇到的不可预见的自然物质条件、非自然的物质障碍和污染物，包括地表以下物质条件和水文条件以及专用合同条款约定的其他情形，但不包括气候条件。

承包人遇到不利物质条件时，应采取克服不利物质条件的合理措施继续施工，并及时通知发包人和监理人。通知应载明不利物质条件的内容以及承包人认为不可预见的理由。监理人经发包人同意后应当及时发出指示，指示构成变更的，按“变更”约定执行。承包人因采取合理措施而增加的费用和（或）延误的工期由发包人承担。

6.4.7 异常恶劣的气候条件

异常恶劣的气候条件是指在施工过程中遇到的，有经验的承包人在签订合同时不可预见的，对合同履行造成实质性影响的，但尚未构成不可抗力事件的恶劣气候条件。合同当事人可以在专用合同条款中约定异常恶劣气候条件的具体情形。

承包人应采取克服异常恶劣气候条件的合理措施继续施工，并及时通知发包人和监理人。监理人经发包人同意后应当及时发出指示，指示构成变更的，按“变更”约定办理。承包人因采取合理措施而增加的费用和（或）延误的工期由发包人承担。

6.4.8 暂停施工

（1）发包人原因引起的暂停施工

因发包人原因引起暂停施工的，监理人经发包人同意后，应及时下达暂停施工指示。情况紧急且监理人未及时下达暂停施工指示的，按照“紧急情况下的暂停施工”执行。

因发包人原因引起的暂停施工，发包人应承担由此增加的费用和（或）延误的工期，并支付承包人合理的利润。

（2）承包人原因引起的暂停施工

因承包人原因引起的暂停施工，承包人应承担由此增加的费用和（或）延误的工期，且承包人在收到监理人复工指示后84天内仍未复工的，视为“承包人违约的情形”约定的承包人无法继续履行合同的情形。

（3）指示暂停施工

监理人认为有必要时，经发包人批准后，可向承包人做出暂停施工的指示，承包人应按监理人指示暂停施工。

（4）紧急情况下的暂停施工

因紧急情况需暂停施工，且监理人未及时下达暂停施工指示的，承包人可先暂停施工，并及时通知监理人。监理人应在接到通知后24小时内发出指示，逾期未发出指示，视为同意承包人暂停施工。监理人不同意承包人暂停施工的，应说明理由，承包人对监理人的答复有异议，按照“争议解决”约定处理。

（5）暂停施工后的复工

暂停施工后，发包人和承包人应采取有效措施积极消除暂停施工的影响。在工程复工前，监理人会同发包人和承包人确定因暂停施工造成的损失，并确定工程复工条件。当工程具备复工条件时，监理人应经发包人批准后向承包人发出复工通知，承包人应按照复工通知要求复工。

承包人无故拖延和拒绝复工的，承包人承担由此增加的费用和（或）延误的工期；因发包人原因无法按时复工的，按照“因发包人原因导致工期延误”约定办理。

（6）暂停施工持续56天以上

监理人发出暂停施工指示后56天内未向承包人发出复工通知，除该项停工属于“承包人原因引起的暂停施工”及“不可抗力”约定的情形外，承包人可向发包人提交书面通知，要求发包人在收到书面通知后28天内准许已暂停施工的部分或全部工程继续施工。发包人逾期不予批准的，则承包人可以通知发包人，将工程受影响的部分视为按“可变更的范围”取消工作。

暂停施工持续84天以上不复工的，且不属于“承包人原因引起的暂停施工”及“不可抗力”约定的情形，并影响到整个工程以及合同目的实现的，承包人有权提出价格调整要求或者解除合同。解除合同的，按照“因发包人违约解除合同”执行。

（7）暂停施工期间的工程照管

暂停施工期间，承包人应负责妥善照管工程并提供安全保障，由此增加的费用由责任方承担。

（8）暂停施工的措施

暂停施工期间，发包人和承包人均应采取必要的措施确保工程质量及安全，防止因暂停施工扩大损失。

6.4.9 提前竣工

（1）提前竣工提示

发包人要求承包人提前竣工的，发包人应通过监理人向承包人下达提前竣工指示，承包人应向发包人和监理人提交提前竣工建议书，提前竣工建议书应包括实施的方案、缩短的时间、增加的合同价格等内容。发包人接受该提前竣工建议书的，监理人应与发包人和承包人协商采取加快工程进度的措施，并修订施工进度计划，由此增加的费用由发包人承担。承包人认为提前竣工指示无法执行的，应向监理人和发包人提出书面异议，发包人和监理人应在收到异议后7天内予以答复。任何情况下，发包人不得压缩合理工期。

（2）提前竣工奖励

发包人要求承包人提前竣工，或承包人提出提前竣工的建议能够给发包人带来效益的，合同当事人可以在专用合同条款中约定提前竣工的奖励。

6.5 施工合同履行中的成本管理

6.5.1 合同价格、计量与支付

6.5.1.1 合同价格形式

发包人和承包人应在合同协议书中选择下列一种合同价格形式：

（1）单价合同

单价合同是指合同当事人约定以工程量清单及其综合单价进行合同价格计算、调整和确认的建设工程施工合同，在约定的范围内合同单价不作调整。合同当事人应在专用合同条款中约定综合单价包含的风险范围和风险费用的计算方法，并约定风险范围以外的合同价格的调整方法，其中因市场价格波动引起的调整按“市场价格波动引起的调整”约定执行。

（2）总价合同

合同当事人应在专用合同条款中约定总价包含的风险范围和风险费用的计算方法，并约定风险范围以外的合同价格的调整方法，其中因市场价格波动引起的调整按“市场价格波动引起的调整”、因法律变化引起的调整按“法律变化引起的调整”约定执行。

（3）其他价格形式

合同当事人可在专用合同条款中约定其他合同价格形式。

6.5.1.2 预付款

（1）预付款的支付

预付款的支付按照专用合同条款约定执行，但至迟应在开工通知载明的开工日期 7 天前支付。预付款应当用于材料、工程设备、施工设备的采购及修建临时工程、组织施工队伍进场等。

除专用合同条款另有约定外，预付款在进度付款中同比例扣回。在颁发工程接收证书前，提前解除合同的，尚未扣完的预付款应与合同价款一并结算。

发包人逾期支付预付款超过 7 天的，承包人有权向发包人发出要求预付的催告通知，发包人收到通知后 7 天内仍未支付的，承包人有权暂停施工，并按“发包人违约的情形”执行。

（2）预付款担保

发包人要求承包人提供预付款担保的，承包人应在发包人支付预付款 7 天前提供预付款担保，专用合同条款另有约定除外。预付款担保可采用银行保函、担保公司担保等形式，具体由合同当事人在专用合同条款中约定。在预付款完全扣回之前，承包人应保证预付款担保持续有效。

发包人在工程款中逐期扣回预付款后，预付款担保额度应相应减少，但剩余的预付款担保金额不得低于未被扣回的预付款金额。

6.5.1.3 计量

（1）计量原则

工程量计量按照合同约定的工程量计算规则、图纸及变更指示等进行计量。工程量计算规则应以相关的国家标准、行业标准等为依据，由合同当事人在专用合同条款中约定。

（2）计量周期

除专用合同条款另有约定外，工程量的计量按月进行。

（3）单价合同的计量

除专用合同条款另有约定外，单价合同的计量按照本项约定执行：

① 承包人应于每月 25 日向监理人报送上月 20 日至当月 19 日已完成的工程量报告，并附具进度付款申请单、已完成工程量报表和有关资料。

② 监理人应在收到承包人提交的工程量报告后 7 天内完成对承包人提交的工程量报表的审核并报送发包人，以确定当月实际完成的工程量。监理人对工程量有异议的，有权要求承包人进行共同复核或抽样复测。承包人应协助监理人进行复核或抽样复测，并按监理人要

求提供补充计量资料。承包人未按监理人要求参加复核或抽样复测的，监理人复核或修正的工程量视为承包人实际完成的工程量。

③ 监理人未在收到承包人提交的工程量报表后的 7 天内完成审核的，承包人报送的工程量报告中的工程量视为承包人实际完成的工程量，据此计算工程价款。

(4) 总价合同的计量

除专用合同条款另有约定外，按月计量支付的总价合同，按照本项约定执行：

① 承包人应于每月 25 日向监理人报送上月 20 日至当月 19 日已完成的工程量报告，并附具进度付款申请单、已完成工程量报表和有关资料。

② 监理人应在收到承包人提交的工程量报告后 7 天内完成对承包人提交的工程量报表的审核并报送发包人，以确定当月实际完成的工程量。监理人对工程量有异议的，有权要求承包人进行共同复核或抽样复测。承包人应协助监理人进行复核或抽样复测并按监理人要求提供补充计量资料。承包人未按监理人要求参加复核或抽样复测的，监理人审核或修正的工程量视为承包人实际完成的工程量。

③ 监理人未在收到承包人提交的工程量报表后的 7 天内完成复核的，承包人提交的工程量报告中的工程量视为承包人实际完成的工程量。

④ 总价合同采用支付分解表计量支付的，可以按照“总价合同的计量”约定进行计量，但合同价款按照支付分解表进行支付。

(5) 其他价格形式合同的计量

合同当事人可在专用合同条款中约定其他价格形式合同的计量方式和程序。

6.5.1.4 工程进度款支付

(1) 付款周期

除专用合同条款另有约定外，付款周期应按照“计量周期”的约定与计量周期保持一致。

(2) 进度付款申请单的编制

除专用合同条款另有约定外，进度付款申请单应包括下列内容：

① 截至本次付款周期已完成工作对应的金额；

② 根据“变更”应增加和扣减的变更金额；

③ 根据“预付款”约定应支付的预付款和扣减的返还预付款；

④ 根据“质量保证金”约定应扣减的质量保证金；

⑤ 根据“索赔”应增加和扣减的索赔金额；

⑥ 对已签发的进度款支付证书中出现错误的修正，应在本次进度付款中支付或扣除的金额；

⑦ 根据合同约定应增加和扣减的其他金额。

(3) 进度付款申请单的提交

① 单价合同进度付款申请单的提交。单价合同的进度付款申请单，按照“单价合同的计量”约定的时间按月向监理人提交，并附上已完成工程量报表和有关资料。单价合同中的总价项目按月进行支付分解，并汇总列入当期进度付款申请单。

② 总价合同进度付款申请单的提交。总价合同按月计量支付的，承包人按照“总价合同的计量”约定的时间按月向监理人提交进度付款申请单，并附上已完成工程量报表和有关资料。

总价合同按支付分解表支付的，承包人应按照“支付分解表”及“进度付款申请单的编制”的约定向监理人提交进度付款申请单。

③ 其他价格形式合同的进度付款申请单的提交。合同当事人可在专用合同条款中约定其他价格形式合同的进度付款申请单的编制和提交程序。

(4) 进度款审核和支付

① 除专用合同条款另有约定外，监理人应在收到承包人进度付款申请单以及相关资料后 7 天内完成审查并报送发包人，发包人应在收到后 7 天内完成审批并签发进度款支付证书。发包人逾期未完成审批且未提出异议的，视为已签发进度款支付证书。

发包人和监理人对承包人的进度付款申请单有异议的，有权要求承包人修正和提供补充资料，承包人应提交修正后的进度付款申请单。监理人应在收到承包人修正后的进度付款申请单及相关资料后 7 天内完成审查并报送发包人，发包人应在收到监理人报送的进度付款申请单及相关资料后 7 天内，向承包人签发无异议部分的临时进度款支付证书。存在争议的部分，按照“争议解决”的约定处理。

② 除专用合同条款另有约定外，发包人应在进度款支付证书或临时进度款支付证书签发后 14 天内完成支付，发包人逾期支付进度款的，应按照中国人民银行发布的同期同类贷款基准利率支付违约金。

③ 发包人签发进度款支付证书或临时进度款支付证书，不表明发包人已同意、批准或接受了承包人完成的相应部分的工作。

(5) 进度付款的修正

在对已签发的进度款支付证书进行阶段汇总和复核中发现错误、遗漏或重复的，发包人和承包人均有权提出修正申请。经发包人和承包人同意的修正，应在下期进度付款中支付或扣除。

(6) 支付分解表

① 支付分解表的编制要求。

a. 支付分解表中所列的每期付款金额，应为“进度付款申请单的编制”第 (1) 目的估算金额；

b. 实际进度与施工进度计划不一致的，合同当事人可按照“商定或确定”修改支付分解表；

c. 不采用支付分解表的，承包人应向发包人和监理人提交按季度编制的支付估算分解表，用于支付参考。

② 总价合同支付分解表的编制与审批。

a. 除专用合同条款另有约定外，承包人应根据“施工进度计划”约定的施工进度计划、签约合同价和工程量等因素对总价合同按月进行分解，编制支付分解表。承包人应当在收到监理人和发包人批准的施工进度计划后 7 天内，将支付分解表及编制支付分解表的支持性资料报送监理人。

b. 监理人应在收到支付分解表后 7 天内完成审核并报送发包人。发包人应在收到经监理人审核的支付分解表后 7 天内完成审批，经发包人批准的支付分解表为有约束力的支付分解表。

c. 发包人逾期未完成支付分解表审批的，也未及时要求承包人进行修正和提供补充资料的，则承包人提交的支付分解表视为已经获得发包人批准。

③ 单价合同的总价项目支付分解表的编制与审批。

除专用合同条款另有约定外，单价合同的总价项目，由承包人根据施工进度计划和总价项目的总价构成、费用性质、计划发生时间和相应工程量等因素按月进行分解，形成支付分解表，其编制与审批参照总价合同支付分解表的编制与审批执行。

6.5.1.5 支付账户

发包人应将合同价款支付至合同协议书中约定的承包人账户。

6.5.2 价格调整

6.5.2.1 市场价格波动引起的调整

除专用合同条款另有约定外，市场价格波动超过合同当事人约定的范围，合同价格应当调整。合同当事人可以在专用合同条款中约定选择以下一种方式对合同价格进行调整：

（1）第1种方式：采用价格指数进行价格调整

① 价格调整公式。因人工、材料和设备等价格波动影响合同价格时，根据专用合同条款中约定的数据，按以下公式计算差额并调整合同价格：

$$\Delta P=P_0\left[A+\left(B_1\times\frac{F_{t1}}{F_{01}}+B_2\times\frac{F_{t2}}{F_{02}}+B_3\times\frac{F_{t3}}{F_{03}}+\cdots+B_n\times\frac{F_{tn}}{F_{0n}}\right)-1\right]$$

式中 ΔP——需调整的价格差额；

P_0——约定的付款证书中承包人应得到的已完成工程量的金额，此项金额应不包括价格调整、不计质量保证金的扣留和支付、预付款的支付和扣回，约定的变更及其他金额已按现行价格计价的，也不计在内；

A——定值权重（即不调部分的权重）；

$B_1,B_2,B_3,\cdots,B_n$——各可调因子的变值权重（即可调部分的权重），为各可调因子在签约合同价中所占的比例；

$F_{t1},F_{t2},F_{t3},\cdots,F_{tn}$——各可调因子的现行价格指数，指约定的付款证书相关周期最后一天的前42天各可调因子的价格指数；

$F_{01},F_{02},F_3,\cdots,F_{0n}$——各可调因子的基本价格指数，指基准日期的各可调因子的价格指数。

以上价格调整公式中的各可调因子、定值和变值权重，以及基本价格指数及其来源在投标函附录价格指数和权重表中约定，非招标订立的合同，由合同当事人在专用合同条款中约定。价格指数应首先采用工程造价管理机构发布的价格指数，无前述价格指数时，可采用工程造价管理机构发布的价格代替。

② 暂时确定调整差额。在计算调整差额时无现行价格指数的，合同当事人同意暂用前次价格指数计算。实际价格指数有调整的，合同当事人进行相应调整。

③ 权重的调整。因变更导致合同约定的权重不合理时，按照"商定或确定"执行。

④ 因承包人原因工期延误后的价格调整。因承包人原因未按期竣工的，对合同约定的竣工日期后继续施工的工程，在使用价格调整公式时，应采用计划竣工日期与实际竣工日期的两个价格指数中较低的一个作为现行价格指数。

（2）第2种方式：采用造价信息进行价格调整

合同履行期间，因人工、材料、工程设备和机械台班价格波动影响合同价格时，人工、机械使用费按照国家或省、自治区、直辖市建设行政管理部门、行业建设管理部门或其授权的工程造价管理机构发布的人工、机械使用费系数进行调整；需要进行价格调整的材料，其单价和采购数量应由发包人审批，发包人确认需调整的材料单价及数量，作为调整合同价格的依据。

① 人工单价发生变化且符合省级或行业建设主管部门发布的人工费调整规定，合同当

事人应按省级或行业建设主管部门或其授权的工程造价管理机构发布的人工费等文件调整合同价格，但承包人对人工费或人工单价的报价高于发布价格的除外。

② 材料、工程设备价格变化的价款调整按照发包人提供的基准价格，按以下风险范围规定执行：

a. 承包人在已标价工程量清单或预算书中载明材料单价低于基准价格的：除专用合同条款另有约定外，合同履行期间材料单价涨幅以基准价格为基础超过5%时，或材料单价跌幅以在已标价工程量清单或预算书中载明材料单价为基础超过5%时，其超过部分据实调整。

b. 承包人在已标价工程量清单或预算书中载明材料单价高于基准价格的：除专用合同条款另有约定外，合同履行期间材料单价跌幅以基准价格为基础超过5%时，材料单价涨幅以在已标价工程量清单或预算书中载明材料单价为基础超过5%时，其超过部分据实调整。

c. 承包人在已标价工程量清单或预算书中载明材料单价等于基准价格的：除专用合同条款另有约定外，合同履行期间材料单价涨跌幅以基准价格为基础超过±5%时，其超过部分据实调整。

d. 承包人应在采购材料前将采购数量和新的材料单价报发包人核对，发包人确认用于工程时，发包人应确认采购材料的数量和单价。发包人在收到承包人报送的确认资料后5天内不予答复的视为认可，作为调整合同价格的依据。未经发包人事先核对，承包人自行采购材料的，发包人有权不予调整合同价格。发包人同意的，可以调整合同价格。

前述基准价格是指由发包人在招标文件或专用合同条款中给定的材料、工程设备的价格，该价格原则上应当按照省级或行业建设主管部门或其授权的工程造价管理机构发布的信息价编制。

③ 施工机械台班单价或施工机械使用费发生变化超过省级或行业建设主管部门或其授权的工程造价管理机构规定的范围时，按规定调整合同价格。

(3) 第3种方式：专用合同条款约定的其他方式

对于一些变化幅度太大或信息价与市场价格偏差过大的材料，合同也可能约定建设方认质认价程序，实报实销进行调差。

6.5.2.2 法律变化引起的调整

基准日期后，法律变化导致承包人在合同履行过程中所需要的费用发生除“市场价格波动引起的调整”约定以外的增加时，由发包人承担由此增加的费用；减少时，应从合同价格中予以扣减。基准日期后，因法律变化造成工期延误时，工期应予以顺延。

因法律变化引起的合同价格和工期调整，合同当事人无法达成一致的，由总监理工程师按“商定或确定”的约定处理。

因承包人原因造成工期延误，在工期延误期间出现法律变化的，由此增加的费用和(或)延误的工期由承包人承担。

6.5.3 竣工结算

6.5.3.1 竣工结算申请

除专用合同条款另有约定外，承包人应在工程竣工验收合格后28天内向发包人和监理人提交竣工结算申请单，并提交完整的结算资料，有关竣工结算申请单的资料清单和份数等要求由合同当事人在专用合同条款中约定。

除专用合同条款另有约定外，竣工结算申请单应包括以下内容：

（1）竣工结算合同价格；

（2）发包人已支付承包人的款项；

（3）应扣留的质量保证金，已缴纳履约保证金的或提供其他工程质量担保方式的除外；

（4）发包人应支付承包人的合同价款。

6.5.3.2 竣工结算审核

（1）除专用合同条款另有约定外，监理人应在收到竣工结算申请单后14天内完成核查并报送发包人。发包人应在收到监理人提交的经审核的竣工结算申请单后14天内完成审批，并由监理人向承包人签发经发包人签认的竣工付款证书。监理人或发包人对竣工结算申请单有异议的，有权要求承包人进行修正和提供补充资料，承包人应提交修正后的竣工结算申请单。

发包人在收到承包人提交竣工结算申请书后28天内未完成审批且未提出异议的，视为发包人认可承包人提交的竣工结算申请单，并自发包人收到承包人提交的竣工结算申请单后第29天起视为已签发竣工付款证书。

（2）除专用合同条款另有约定外，发包人应在签发竣工付款证书后的14天内，完成对承包人的竣工付款。发包人逾期支付的，按照中国人民银行发布的同期同类贷款基准利率支付违约金；逾期支付超过56天的，按照中国人民银行发布的同期同类贷款基准利率的两倍支付违约金。

（3）承包人对发包人签认的竣工付款证书有异议的，对于有异议部分应在收到发包人签认的竣工付款证书后7天内提出异议，并由合同当事人按照专用合同条款约定的方式和程序进行复核，或按照“争议解决”约定处理。对于无异议部分，发包人应签发临时竣工付款证书，并按第（2）项完成付款。承包人逾期未提出异议的，视为认可发包人的审批结果。

6.5.3.3 甩项竣工协议

发包人要求甩项竣工的，合同当事人应签订甩项竣工协议。在甩项竣工协议中应明确，合同当事人按照“竣工结算申请”及“竣工结算审核”的约定，对已完合格工程进行结算，并支付相应合同价款。

6.5.3.4 最终结清

（1）最终结清申请单

① 除专用合同条款另有约定外，承包人应在缺陷责任期终止证书颁发后7天内，按专用合同条款约定的份数向发包人提交最终结清申请单，并提供相关证明材料。

除专用合同条款另有约定外，最终结清申请单应列明质量保证金、应扣除的质量保证金、缺陷责任期内发生的增减费用。

② 发包人对最终结清申请单内容有异议的，有权要求承包人进行修正和提供补充资料，承包人应向发包人提交修正后的最终结清申请单。

（2）最终结清证书和支付

① 除专用合同条款另有约定外，发包人应在收到承包人提交的最终结清申请单后14天内完成审批并向承包人颁发最终结清证书。发包人逾期未完成审批，又未提出修改意见的，视为发包人同意承包人提交的最终结清申请单，且自发包人收到承包人提交的最终结清申请单后15天起视为已颁发最终结清证书。

② 除专用合同条款另有约定外，发包人应在颁发最终结清证书后7天内完成支付。发包人逾期支付的，按照中国人民银行发布的同期同类贷款基准利率支付违约金；逾期支付超

过 56 天的，按照中国人民银行发布的同期同类贷款基准利率的两倍支付违约金。

③ 承包人对发包人颁发的最终结清证书有异议的，按“争议解决”的约定办理。

6.6 施工合同的变更管理

(1) 变更的范围

除专用合同条款另有约定外，合同履行过程中发生以下情形的，应按照本条约定进行变更：

① 增加或减少合同中任何工作，或追加额外的工作；

② 取消合同中任何工作，但转由他人实施的工作除外；

③ 改变合同中任何工作的质量标准或其他特性；

④ 改变工程的基线、标高、位置和尺寸；

⑤ 改变工程的时间安排或实施顺序。

(2) 变更权

发包人和监理人均可以提出变更。变更指示均通过监理人发出，监理人发出变更指示前应征得发包人同意。承包人收到经发包人签认的变更指示后，方可实施变更。未经许可，承包人不得擅自对工程的任何部分进行变更。

涉及设计变更的，应由设计人提供变更后的图纸和说明。如变更超过原设计标准或批准的建设规模时，发包人应及时办理规划、设计变更等审批手续。

承包人只能提合理化建议。

6.6.1 工程变更的原因

引起工程变更的原因主要有以下几个方面：

(1) 业主新的变更指令，对建筑的新要求。

(2) 由于设计人员、监理方人员、承包人事先没有很好地理解业主的意图或设计的错误，导致图样修改。

(3) 由于工程环境的变化，预定的工程条件不准确，要求实施方案或实施计划变更。

(4) 由于产生新技术和新知识，有必要改变原设计、原实施方案或实施计划等。

(5) 政府部门对工程提出新的要求，如国家计划变化、环境保护要求、城市规划变动等。

(6) 由于合同实施出现问题，必须调整合同目标或修改合同条款。

6.6.2 工程变更的程序

(1) 发包人提出变更

发包人提出变更的，应通过监理人向承包人发出变更指示，变更指示应说明计划变更的工程范围和变更的内容。

(2) 监理人提出变更建议

监理人提出变更建议的，需要向发包人以书面形式提出变更计划，说明计划变更工程范围和变更的内容、理由，以及实施该变更对合同价格和工期的影响。发包人同意变更的，由监理人向承包人发出变更指示。发包人不同意变更的，监理人无权擅自发出变更指示。

（3）变更执行

承包人收到监理人下达的变更指示后，认为不能执行，应立即提出不能执行该变更指示的理由。承包人认为可以执行变更的，应当书面说明实施该变更指示对合同价格和工期的影响，且合同当事人应当按照“变更估价”约定确定变更估价。

6.6.3 变更估价及相关调整

6.6.3.1 变更估价原则

除专用合同条款另有约定外，变更估价按照本款约定处理：

（1）已标价工程量清单或预算书有相同项目的，按照相同项目单价认定；

（2）已标价工程量清单或预算书中无相同项目，但有类似项目的，参照类似项目的单价认定；

（3）变更导致实际完成的变更工程量与已标价工程量清单或预算书中列明的该项目工程量的变化幅度超过15%的，或已标价工程量清单或预算书中无相同项目及类似项目单价的，按照合理的成本与利润构成的原则，由合同当事人按照“商定或确定”确定变更工作的单价。

6.6.3.2 变更估价程序

承包人应在收到变更指示后14天内，向监理人提交变更估价申请。监理人应在收到承包人提交的变更估价申请后7天内审查完毕并报送发包人，监理人对变更估价申请有异议，通知承包人修改后重新提交。发包人应在承包人提交变更估价申请后14天内审批完毕。发包人逾期未完成审批或未提出异议的，视为认可承包人提交的变更估价申请。

因变更引起的价格调整应计入最近一期的进度款中支付。

6.6.3.3 承包人的合理化建议

承包人提出合理化建议的，应向监理人提交合理化建议说明，说明建议的内容和理由，以及实施该建议对合同价格和工期的影响。

除专用合同条款另有约定外，监理人应在收到承包人提交的合理化建议后7天内审查完毕并报送发包人，发现其中存在技术上的缺陷，应通知承包人修改。发包人应在收到监理人报送的合理化建议后7天内审批完毕。合理化建议经发包人批准的，监理人应及时发出变更指示，由此引起的合同价格调整按照“变更估价”约定执行。发包人不同意变更的，监理人应书面通知承包人。

合理化建议降低了合同价格或者提高了工程经济效益的，发包人可对承包人给予奖励，奖励的方法和金额在专用合同条款中约定。

6.6.3.4 变更引起的工期调整

因变更引起工期变化的，合同当事人均可要求调整合同工期，由合同当事人按照“商定或确定”并参考工程所在地的工期定额标准确定增减工期天数。

6.6.3.5 暂估价

暂估价专业分包工程、服务、材料和工程设备的明细由合同当事人在专用合同条款中约定。

（1）依法必须招标的暂估价项目

对于依法必须招标的暂估价项目，采取以下第1种方式确定。合同当事人也可以在专用合同条款中选择其他招标方式。

① 第1种方式。对于依法必须招标的暂估价项目，由承包人招标，对该暂估价项目的确认和批准按照以下约定执行：

a. 承包人应当根据施工进度计划，在招标工作启动前14天将招标方案通过监理人报送发包人审查，发包人应当在收到承包人报送的招标方案后7天内批准或提出修改意见。承包人应当按照经过发包人批准的招标方案开展招标工作。

b. 承包人应当根据施工进度计划，提前14天将招标文件通过监理人报送发包人审批，发包人应当在收到承包人报送的相关文件后7天内完成审批或提出修改意见；发包人有权确定招标控制价并按照法律规定参加评标。

c. 承包人与供应商、分包人在签订暂估价合同前，应当提前7天将确定的中标候选供应商或中标候选分包人的资料报送发包人，发包人应在收到资料后3天内与承包人共同确定中标人；承包人应当在签订合同后7天内，将暂估价合同副本报送发包人留存。

② 第2种方式。对于依法必须招标的暂估价项目，由发包人和承包人共同招标确定暂估价供应商或分包人的，承包人应按照施工进度计划，在招标工作启动前14天通知发包人，并提交暂估价招标方案和工作分工，发包人应在收到后7天内确认。确定中标人后，由发包人、承包人与中标人共同签订暂估价合同。

（2）不属于依法必须招标的暂估价项目

除专用合同条款另有约定外，对于不属于依法必须招标的暂估价项目，采取以下第1种方式确定：

① 第1种方式。对于不属于依法必须招标的暂估价项目，按本项约定确认和批准。

a. 承包人应根据施工进度计划，在签订暂估价项目的采购合同、分包合同前28天向监理人提出书面申请。监理人应当在收到申请后3天内报送发包人，发包人应当在收到申请后14天内给予批准或提出修改意见，发包人逾期未予批准或提出修改意见的，视为该书面申请已获得同意。

b. 发包人认为承包人确定的供应商、分包人无法满足工程质量或合同要求的，发包人可以要求承包人重新确定暂估价项目的供应商、分包人。

c. 承包人应当在签订暂估价合同后7天内，将暂估价合同副本报送发包人留存。

② 第2种方式。承包人按照“依法必须招标的暂估价项目”约定的第1种方式确定暂估价项目。

③ 第3种方式。承包人直接实施的暂估价项目，承包人具备实施暂估价项目的资格和条件的，经发包人和承包人协商一致后，可由承包人自行实施暂估价项目，合同当事人可以在专用合同条款约定具体事项。

（3）因发包人原因导致暂估价合同订立和履行迟延的，由此增加的费用和（或）延误的工期由发包人承担，并支付承包人合理的利润。因承包人原因导致暂估价合同订立和履行迟延的，由此增加的费用和（或）延误的工期由承包人承担。

6.6.3.6 暂列金额

暂列金额应按照发包人的要求使用，发包人的要求应通过监理人发出。合同当事人可以在专用合同条款中协商确定有关事项。

6.6.3.7 计日工

需要采用计日工方式的，经发包人同意后，由监理人通知承包人以计日工计价方式实施相应的工作，其价款按列入已标价工程量清单或预算书中的计日工计价项目及其单价进行计算；已标价工程量清单或预算书中无相应的计日工单价的，按照合理的成本与利润构成的原则，由合同当事人按照“商定或确定”确定计日工的单价。

采用计日工计价的任何一项工作，承包人应在该项工作实施过程中，每天提交以下报表和有关凭证报送监理人审查：

（1）工作名称、内容和数量；

（2）投入该工作的所有人员的姓名、专业、工种、级别和耗用工时；

（3）投入该工作的材料类别和数量；

（4）投入该工作的施工设备型号、台数和耗用台时；

（5）其他有关资料和凭证。

计日工由承包人汇总后，列入最近一期进度付款申请单，由监理人审查并经发包人批准后列入进度付款。

6.7 施工合同的索赔管理

6.7.1 承包人的索赔

6.7.1.1 承包人的索赔程序

根据合同约定，承包人认为有权得到追加付款和（或）延长工期的，应按以下程序向发包人提出索赔：

（1）承包人应在知道或应当知道索赔事件发生后28天内，向监理人递交索赔意向通知书，并说明发生索赔事件的事由；承包人未在前述28天内发出索赔意向通知书的，丧失要求追加付款和（或）延长工期的权利。

（2）承包人应在发出索赔意向通知书后28天内，向监理人正式递交索赔报告；索赔报告应详细说明索赔理由以及要求追加的付款金额和（或）延长的工期，并附必要的记录和证明材料。

（3）索赔事件具有持续影响的，承包人应按合理时间间隔继续递交延续索赔通知，说明持续影响的实际情况和记录，列出累计的追加付款金额和（或）工期延长天数。

（4）在索赔事件影响结束后28天内，承包人应向监理人递交最终索赔报告，说明最终要求索赔的追加付款金额和（或）延长的工期，并附必要的记录和证明材料。

6.7.1.2 对承包人索赔的处理

（1）监理人应在收到索赔报告后14天内完成审查并报送发包人。监理人对索赔报告存在异议的，有权要求承包人提交全部原始记录副本。

（2）发包人应在监理人收到索赔报告或有关索赔的进一步证明材料后的28天内，由监理人向承包人出具经发包人签认的索赔处理结果。发包人逾期答复的，则视为认可承包人的索赔要求。

（3）承包人接受索赔处理结果的，索赔款项在当期进度款中进行支付；承包人不接受索赔处理结果的，按照“争议解决”约定处理。

6.7.2 发包人的索赔

6.7.2.1 发包人的索赔程序

根据合同约定，发包人认为有权得到赔付金额和（或）延长缺陷责任期的，监理人应向承包人发出通知并附有详细的证明。

发包人应在知道或应当知道索赔事件发生后28天内通过监理人向承包人提出索赔意向通知书，发包人未在前述28天内发出索赔意向通知书的，丧失要求赔付金额和（或）延长缺陷责任期的权利。发包人应在发出索赔意向通知书后28天内，通过监理人向承包人正式递交索赔报告。

6.7.2.2 对发包人索赔的处理

（1）承包人收到发包人提交的索赔报告后，应及时审查索赔报告的内容、查验发包人证明材料。

（2）承包人应在收到索赔报告或有关索赔的进一步证明材料后28天内，将索赔处理结果答复发包人。如果承包人未在上述期限内做出答复的，则视为对发包人索赔要求的认可。

（3）承包人接受索赔处理结果的，发包人可从应支付给承包人的合同价款中扣除赔付的金额或延长缺陷责任期；发包人不接受索赔处理结果的，按“争议解决”约定处理。

6.7.2.3 提出索赔的期限

（1）承包人按“竣工结算审核”约定接收竣工付款证书后，应被视为已无权再提出在工程接收证书颁发前所发生的任何索赔。

（2）承包人按“最终结清”提交的最终结清申请单中，只限于提出工程接收证书颁发后发生的索赔。提出索赔的期限自接收最终结清证书时终止。

6.8 施工合同的风险管理

6.8.1 不可抗力

6.8.1.1 不可抗力的确认

不可抗力是指合同当事人在签订合同时不可预见，在合同履行过程中不可避免且不能克服的自然灾害和社会性突发事件，如地震、海啸、瘟疫、骚乱、戒严、暴动、战争和专用合同条款中约定的其他情形。

不可抗力发生后，发包人和承包人应收集证明不可抗力发生及不可抗力造成损失的证据，并及时认真统计所造成的损失。合同当事人对是否属于不可抗力或其损失的意见不一致的，由监理人按“商定或确定”的约定处理。发生争议时，按“争议解决”的约定处理。

6.8.1.2 不可抗力的通知

合同一方当事人遇到不可抗力事件，使其履行合同义务受到阻碍时，应立即通知合同另一方当事人和监理人，书面说明不可抗力和受阻碍的详细情况，并提供必要的证明。

不可抗力持续发生的，合同一方当事人应及时向合同另一方当事人和监理人提交中间报告，说明不可抗力和履行合同受阻的情况，并于不可抗力事件结束后28天内提交最终报告及有关资料。

6.8.1.3 不可抗力后果的承担

不可抗力引起的后果及造成的损失由合同当事人按照法律规定及合同约定各自承担。不可抗力发生前已完成的工程应当按照合同约定进行计量支付。

不可抗力导致的人员伤亡、财产损失、费用增加和（或）工期延误等后果，由合同当事人按以下原则承担：

（1）永久工程、已运至施工现场的材料和工程设备的损坏，以及因工程损坏造成的第三人人员伤亡和财产损失由发包人承担；

（2）承包人施工设备的损坏由承包人承担；

（3）发包人和承包人承担各自人员伤亡和财产的损失；

（4）因不可抗力影响承包人履行合同约定的义务，已经引起或将引起工期延误的，应当顺延工期，由此导致承包人停工的费用损失由发包人和承包人合理分担，停工期间必须支付的工人工资由发包人承担；

（5）因不可抗力引起或将引起工期延误，发包人要求赶工的，由此增加的赶工费用由发包人承担；

（6）承包人在停工期间按照发包人要求照管、清理和修复工程的费用由发包人承担。

不可抗力发生后，合同当事人均应采取措施尽量避免和减少损失的扩大，任何一方当事人没有采取有效措施导致损失扩大的，应对扩大的损失承担责任。

因合同一方迟延履行合同义务，在迟延履行期间遭遇不可抗力的，不免除其违约责任。

6.8.1.4 因不可抗力解除合同

因不可抗力导致合同无法履行连续超过84天或累计超过140天的，发包人和承包人均有权解除合同。合同解除后，由双方当事人按照“商定或确定”条款商定或确定发包人应支付的款项，该款项包括：

（1）合同解除前承包人已完成工作的价款；

（2）承包人为工程订购的并已交付给承包人或承包人有责任接收交付的材料、工程设备和其他物品的价款；

(3) 发包人要求承包人退货或解除订货合同而产生的费用，或因不能退货或解除合同而产生的损失；

(4) 承包人撤离施工现场以及遣散承包人人员的费用；

(5) 按照合同约定在合同解除前应支付给承包人的其他款项；

(6) 扣减承包人按照合同约定应向发包人支付的款项；

(7) 双方商定或确定的其他款项。

除专用合同条款另有约定外，合同解除后，发包人应在商定或确定上述款项后28天内完成上述款项的支付。

6.8.2 保险

(1) 工程保险

除专用合同条款另有约定外，发包人应投保建筑工程一切险或安装工程一切险；发包人委托承包人投保的，因投保产生的保险费和其他相关费用由发包人承担。

(2) 工伤保险

发包人应依照法律规定参加工伤保险，并为在施工现场的全部员工办理工伤保险，缴纳工伤保险费，并要求监理人及由发包人为履行合同聘请的第三方依法参加工伤保险。

承包人应依照法律规定参加工伤保险，并为其履行合同的全部员工办理工伤保险，缴纳工伤保险费，并要求分包人及由承包人为履行合同聘请的第三方依法参加工伤保险。

(3) 其他保险

发包人和承包人可以为其施工现场的全部人员办理意外伤害保险并支付保险费，包括其员工及为履行合同聘请的第三方的人员，具体事项由合同当事人在专用合同条款约定。

除专用合同条款另有约定外，承包人应为其施工设备等办理财产保险。

(4) 持续保险

合同当事人应与保险人保持联系，使保险人能够随时了解工程实施中的变动，并确保按保险合同条款要求持续保险。

(5) 保险凭证

合同当事人应及时向另一方当事人提交其已投保的各项保险的凭证和保险单复印件。

(6) 未按约定投保的补救

① 发包人未按合同约定办理保险，或未能使保险持续有效的，则承包人可代为办理，所需费用由发包人承担。发包人未按合同约定办理保险，导致未能得到足额赔偿的，由发包人负责补足。

② 承包人未按合同约定办理保险，或未能使保险持续有效的，则发包人可代为办理，所需费用由承包人承担。承包人未按合同约定办理保险，导致未能得到足额赔偿的，由承包人负责补足。

(7) 通知义务

除专用合同条款另有约定外，发包人变更除工伤保险之外的保险合同时，应事先征得承包人同意，并通知监理人；承包人变更除工伤保险之外的保险合同时，应事先征得发包人同意，并通知监理人。

保险事故发生时，投保人应按照保险合同规定的条件和期限及时向保险人报告。发包人和承包人应当在知道保险事故发生后及时通知对方。

6.9 施工合同争议的解决

（1）和解

合同当事人可以就争议自行和解，自行和解达成协议的经双方签字并盖章后作为合同补充文件，双方均应遵照执行。

（2）调解

合同当事人可以就争议请求建设行政主管部门、行业协会或其他第三方进行调解，调解达成协议的，经双方签字并盖章后作为合同补充文件，双方均应遵照执行。

（3）争议评审

合同当事人在专用合同条款中约定采取争议评审方式解决争议以及评审规则，并按下列约定执行：

① 争议评审小组的确定。合同当事人可以共同选择一名或三名争议评审员，组成争议评审小组。除专用合同条款另有约定外，合同当事人应当自合同签订后 28 天内，或者争议发生后 14 天内，选定争议评审员。

选择一名争议评审员的，由合同当事人共同确定；选择三名争议评审员的，各自选定一名，第三名成员为首席争议评审员。第三名首席争议评审员由合同当事人共同确定或由合同当事人委托已选定的争议评审员共同确定，或由专用合同条款约定的评审机构指定。

除专用合同条款另有约定外，评审员报酬由发包人和承包人各承担一半。

② 争议评审小组的决定。合同当事人可在任何时间将与合同有关的任何争议共同提请争议评审小组进行评审。争议评审小组应秉持客观、公正原则，充分听取合同当事人的意见，依据相关法律、规范、标准、案例经验及商业惯例等，自收到争议评审申请报告后 14 天内作出书面决定，并说明理由。合同当事人可以在专用合同条款中对本项事项另行约定。

③ 争议评审小组决定的效力。争议评审小组作出的书面决定经合同当事人签字确认后，对双方具有约束力，双方应遵照执行。

任何一方当事人不接受争议评审小组决定或不履行争议评审小组决定的，双方可选择采用其他争议解决方式。

（4）仲裁或诉讼

因合同及合同有关事项产生的争议，合同当事人可以在专用合同条款中约定以下一种方式解决争议：①向约定的仲裁委员会申请仲裁；②向有管辖权的人民法院起诉。

（5）争议解决条款效力

合同有关争议解决的条款独立存在，合同的变更、解除、终止、无效或者被撤销均不影响其效力。

6.10 施工合同违约责任

通用条款对发包人和承包人违约的情况及处理分别做了明确的规定。

6.10.1 承包人的违约

（1）违约情况

① 承包人违反合同约定进行转包成为违法分包的。

② 承包人违反合同约定采购和使用不合格的材料及工程设备的。

③ 因承包人原因导致工程质量不符合合同要求的。

④ 未经批准，私自将已按照合同约定进入施工现场的材料或设备撤离施工现场的。

⑤ 承包人未能按施工进度计划及时完成合同约定的工作，造成工期延误的。

⑥ 承包人在缺陷责任期及保修期内，未能在合理期限对工程缺陷进行修复，或拒绝按发包人要求进行修复的。

⑦ 承包人明确表示或者以其行为表明不履行合同主要义务的。

⑧ 承包人未能按照合同约定履行其他义务的。

（2）承包人违约的处理

当发生承包人不履行或无力履行合同义务的情况时，发包人可通知承包人立即解除合同。

对于承包人违反合同规定的情况，监理人发出整改通知后，承包人在指定的合理期限内仍不纠正违约行为并致使合同目的不能实现的，发包人有权解除合同。承包人应承担因其违约行为而增加的费用和（或）延误的工期。

（3）因承包人违约解除合同

① 发包人进驻施工现场。合同解除后，发包人可派人员进驻施工场地，另行组织人员或委托其他承包人施工。发包人因继续完成工程的需要，有权使用承包人在施工现场的材料、设备、临时工程、承包人文件和由承包人或以其名义编制的其他文件。发包人继续使用的行为不免除或减轻承包人应承担的违约责任。

② 合同解除后的结算。

a. 合同解除后，按合同约定来商定或确定承包人实际完成工作对应的合同价款，以及承包人已提供的材料、工程设备、施工设备和临时工程等的价值。

b. 合同解除后，承包人应支付的违约金。

c. 合同解除后，因解除合同给发包人造成的损失。

d. 合同解除后，承包人应按照发包人的要求和监理人的指示完成现场的清理与撤离。

e. 发包人和承包人应在合同解除后进行清算，出具最终结清付款证书，结清全部款项。

因承包人违约解除合同的，发包人有权暂停对承包人的付款，查清各项付款和已扣款项。发包人和承包人未能就合同解除后的清算和款项支付达成一致的，应按照合同约定相关条款处理。

③ 采购合同权益转让。因承包人违约解除合同的，发包人有权要求承包人将其为实施合同而签订的材料和设备的采购合同的权益转让给发包人。承包人应在收到解除合同通知后14天内，协助发包人与采购合同的供应商达成相关的转让协议。

6.10.2 发包人的违约

（1）违约情况

① 因发包人原因未能在计划开工日期前7天内下达开工通知的；

② 因发包人原因未能按合同约定支付合同价款的；

③ 发包人自行实施被取消的工作或转由他人实施的；

④ 发包人提供的材料，工程设备的规格、数量或质量不符合合同约定，或因发包人原因导致交货日期延误或交货地点变更等情况的；

⑤ 因发包人违反合同约定造成暂停施工的；

⑥ 发包人无正当理由没有在约定期限内发出复工指示，导致承包人无法复工的；

⑦ 发包人明确表示或者以其行为表明不履行合同主要义务的；

⑧ 发包人未能按照合同约定履行其他义务的。

（2）发包人违约的处理

① 承包人有权暂停施工。除发包人明确表示或者以其行为表明不履行合同主要义务的情况外，承包人可向发包人发出通知，要求发包人采取有效措施纠正违约行为。发包人收到承包人通知后28天内仍不纠正违约行为的，承包人有权暂停相应部位工程施工，并通知监理人。发包人应承担因其违约给承包人增加的费用和（或）延误的工期，并支付承包人合理的利润。

承包人暂停施工28天后，发包人仍不纠正其违约行为并致使合同目的不能实现的，承包人有权解除合同，发包人应承担由此增加的费用，并支付承包人合理的利润。

② 违约解除合同。属于发包人不履行或无力履行义务的情况，承包人可书面通知发包人解除合同。

③ 因发包人违约解除合同。

（3）解除合同后的结算

发包人应在解除合同后的28天内向承包人支付下列金额：

① 合同解除前所完成工作的价款。

② 承包人为工程施工订购并已付款的材料、工程设备和其他物品的价款。

③ 承包人撤离施工现场以及遣散承包人人员的款项。

④ 按照合同约定在合同解除前应支付的违约费。

⑤ 按照合同约定应当支付给承包人的其他款项。

⑥ 按照合同约定应退还的质量保证金。

⑦ 因解除合同给承包人造成的损失。

承包人撤离施工现场。因发包人违约而解除合同后，承包人应尽快完成施工现场的清理工作，妥善做好已完工程和与工程有关的已购材料、工程设备的保护和移交工作，并将施工设备和人员撤出施工现场，发包人应为承包人撤出提供必要的条件。

案例分析

【案例分析一】

某新建工程采用公开招标的方式，确定某施工单位中标。双方按《建设工程施工合同（示范文本）》（GF－2017－0201）签订了施工总承包合同。合同约定总造价24250万元，预付备料款4800万元，每月月底按月支付施工进度款。竣工结算时，结算价款按调值公式进行调整。在招标和施工过程中，发生了如下事件：

事件一：建设单位自行组织招标。招标文件规定，合格投标人为本省企业，自招标文件发出之日起15天后投标截止；招标人对投标人提出的疑问分别以书面形式回复给相应提出疑问的投标人。建设行政主管部门评审招标文件时，认为个别条款不符合相关规定，要求整改后再进行招标。

事件二：屋面隐藏工程通过监理工程师验收后开始附图施工，建设单位对隐藏工程质量提出异议，要求复验，施工单位不同意。经监理工程师协调后，三方现场复验，经检验质量满足要求。施工单位要求补偿由此增加的费用，建设单位予以拒绝。

问题：（1）请分析事件一中，招标文件的规定有哪些不妥之处？（2）请分析事件二中，施工单位和建设单位做法的不正确之处？并阐述理由。

分析要点：

（1）招标文件规定的不妥之处及理由如下：

合格投标人为本省企业不妥。理由：限制了其他的潜在投标人。

自招标文件发出之日起15天后投标截止不妥。理由：自招标文件发出之日起至投标截止的时间至少20天。

招标人对投标人提出的疑问分别以书面形式回复给相应的提出疑问的投标人不妥。理由：对于投标人提出的疑问，招标人应以书面形式发送给所有的购买招标文件的投标人。

（2）施工单位和建设单位做法的不正确之处及理由如下：

建设单位对隐蔽工程有异议，要求复验，施工单位不予同意，施工单位的做法不正确。理由：建设单位对隐蔽工程有异议的，有权要求复验。

经现场复验后检验质量满足要求，施工单位要求补偿由此增加的费用，建设单位予以拒绝，建设单位的做法不正确。理由：经现场复验后检验质量满足要求，复验增加的费用由建设单位承担。

【案例分析二】

某工程项目，业主与监理单位签订了施工阶段监理合同，与承包人签订了工程施工合同。施工合同规定：设备由业主供应，其他建筑材料由承包人采购。

施工过程中，承包人未经监理工程师事先同意，订购了一批钢材，钢材运抵施工现场后，监理工程师进行了检验。检验中，监理工程师发现该批材料承包人未能提交产品合格证、质量保证书和材质化验单，且这批材料的外观质量不好。

业主经与设计单位商定，对主要装饰石料指定了材质、颜色和样品，并向承包人推荐了厂家。承包人与生产厂家签订了购货合同，厂家将石料按合同采购量送达现场，进场时经检查，该批材料的颜色有部分不符合要求，监理工程师通知承包人该批材料不得使用。承包人要求厂家将不符合要求的石料退换，厂家要求承包人支付退货运费，承包人不同意支付，厂家要求业主在应付承包人工程款中扣除上述费用。

问题：对上述钢材质量问题，监理工程师应如何处理？业主指定石料材质、颜色和样品并推荐厂家是否合理？监理工程师进行现场检查，对不符合要求的石料通知不许使用是否合理？石料退货的经济损失应由谁负担？

分析要点：

对于有质量问题的钢材，监理工程师应责令不许进入工地。业主指定石料材质、颜色和样品并推荐厂家是可以的，其指定及推荐是为了明确表达石材的档次和想要的效果，只要不是指定厂家就是合理的。监理工程师有权对进场材料进行检查。石料退货的原因是石材的质量问题（石材的颜色有部分不符合要求），故退货的经济损失应由厂家负担，或者按订货合同规定执行。

【案例分析三】

工程招标时，发包人规定投标人对标书（包括图样、说明）不得做任何改动、补充或注释。招标图中沉井结构图标明井壁用C25混凝土浇筑，无配筋图和施工详图，合同技术规范也无相应说明，工作量表中也未提供钢筋参考用量。故建筑公司按C25素混凝土报价，未含钢筋用量。该工程签订的是固定总价合同，约定：承包人在报价前应已充分理解图纸和文件，并应对其报价的充分性和完整性负责。

施工过程中，发包人补充提供了施工详图，详图中标明井壁为C25钢筋混凝土，并有配筋详图。建筑公司按照施工详图进行了施工。之后，承包人要求追加该部分钢筋工程的价款，发包人不予认可，认为是其报价失误。双方多次协商未果后，提起仲裁。

问题：(1) 招标图样虽有遗漏，但有经验的承包人应能合理预见井壁结构需配钢筋，故不应追加价款。(2) 发包人应承担招标图纸错误及遗漏的主要责任，故应追加价款。哪一个观点正确呢？

分析要点：

其一，发包人没有要求承包人投标时对图纸进行细化设计并据以报价，承包人按发包人提供的施工图报价没有过错。按照惯例，设计图纸错误、遗漏的风险应由发包人承担。

其二，作为有经验的承包人，发现图纸有错误、遗漏，在施工中应提醒发包人，以避免出现质量问题，但在投标报价时，承包人并无该义务。

因此，第二个观点更为合理。当然，基于上述两点分析，可适当折中，如发包人补偿承包人钢筋价款的70%，剩余的30%损失由承包人自行承担。

<<<< 思考题 >>>>

1. 简述订立建设工程施工合同的基本条件。
2. 《建设工程施工合同（示范文本）》的内容组成有哪些？
3. 施工合同履行过程中，如何进行质量、进度、成本管理？
4. 简述工程变更的程序。
5. 索赔事件的分类。
6. 简述施工索赔的程序。
7. 工期、费用索赔的计算方法有哪些？
8. 施工合同争议的解决方式有哪些？

建设工程监理合同管理

学习目标

掌握建设工程监理范围、工作内容、权利和义务、监理合同的主要条款等内容。熟悉建设工程监理合同的履行期限、酬金、违约责任和监理合同争议解决方式。

【本章知识体系】

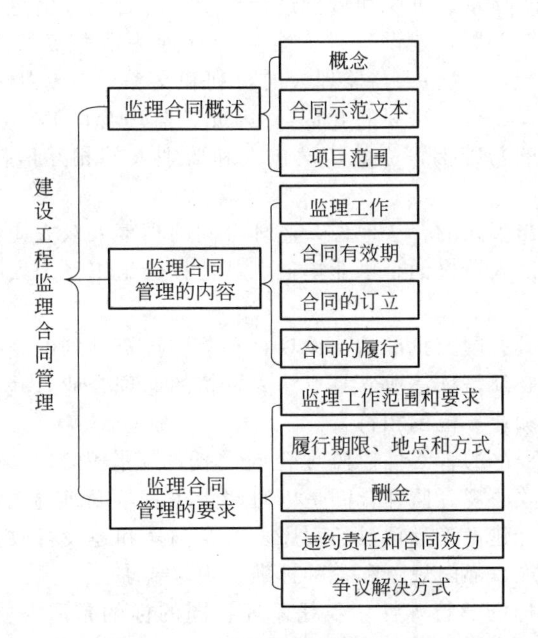

7.1 建设工程监理合同概述

7.1.1 建设工程监理合同的概念及特征

7.1.1.1 建设工程监理合同概念

建设工程监理合同简称监理合同，是指委托人与监理人就委托的工程项目管理内容签订的，为委托监理单位承担监理业务而明确双方权利、义务关系的协议。建设单位称委托人，监理单位称受托人。即工程发包人将项目建设过程中的第三方所签订的合同履行管理任务，以监理合同的方式委托给事业化的监理公司，由监理公司负责监督、协调和管理工作。

建设工程监理是指具有相应资质的工程监理企业，接受建设单位的委托，承担其项目管理工作，依据法律法规、工程建设标准、勘察设计文件及合同，在施工阶段对建设工程质量、造价、进度进行控制，对合同、信息进行管理，对工程建设相关方的关系进行协调，并代表建设单位对承建单位的建设行为进行监控的专业化服务活动，其特性主要表现为监理的服务性、科学性、独立性和公正性。

FIDIC 是“国际咨询工程师联合会”的法文缩写。我们通常所说的 FIDIC 条款，就是指 FIDIC 施工合同条件。根据 FIDIC 条款的有关定义，工程监理是咨询工程师的一项重要业务工作。咨询工程师（或公司）受委托人委托作为监理工程师负责项目实施阶段的合同管理，负责对工程质量、工程费用和工程进度进行协调和控制。

7.1.1.2 建设工程监理合同的特征

(1) 监理合同属于委托合同，监理工作是监理人接受发包人的委托，凭借其专业知识、经验、技能，对建设工程质量、进度和造价进行控制，对合同、信息进行管理，对工程建设相关方的关系进行协调，并履行建设工程安全生产管理法定职责的服务活动。根据《民法典》第七百九十六条规定，“发包人与监理人的权利和义务以及法律责任，应当依照本编委托合同以及其他有关法律、行政法规的规定”。因此，监理合同属于委托合同，是建立在委托人与受托人相互信任的基础上订立的，发包人和监理人的相互信任也是订立监理合同的基础。

(2) 监理合同双方当事人的合法地位。监理合同的当事人双方应当是具有民事权利能力和民事行为能力、取得法人资格的企事业单位、其他社会组织。个人在法律允许的范围内也可以成为合同当事人。

作为委托人必须是具有国家批准的建设项目和落实投资计划的企事业单位、其他社会组织及个人。作为受托人必须是依法成立具有法人资格的监理企业，并且其所承担的工程监理业务应与企业资质等级和业务范围相符合。

(3) 监理合同签订程序的合法性。监理合同委托的工作内容必须符合工程项目建设程序，遵守有关法律、行政法规。监理合同是以对建设工程项目实施控制和管理为主要内容，因此，监理合同必须符合建设工程项目的程序，符合国家和建设行政主管部门颁发的有关建设工程的法律、行政法规、部门规章和各种标准、规范要求。

(4) 委托监理合同标的的特殊性。委托监理合同的标的是服务。建设工程实施阶段所签订的其他合同，如勘察设计合同、施工承包合同、物资采购合同、加工承揽合同的标的是产生新的物质成果或信息成果，而监理合同的标的是服务，即监理工程师凭据自己的知识、经验、技能受业主委托为其签订其他合同的履行实施监督和管理。因此，《中华人民共和国民法典》将监理合同划入委托合同的范畴。《中华人民共和国民法典》第七百九十六条规定：“建设工程实行监理的，发包人应当与监理人采用书面形式订立委托监理合同。

7.1.2 建设工程监理合同示范文本

《建设工程监理合同（示范文本）》（GF—2012—0202）（以下简称《监理合同》）由“协

议书”、“通用条件”和“专用条件”组成，并附有两个附件，即“附录A相关服务的范围和内容”和“附录B委托人派遣的人员和提供的房屋、资料、设备”。

(1) 协议书

“协议书”是一个总的协议，是纲领性的法律文件，虽然其文字量并不大，但它规定了合同当事人双方主要的权利义务，规定了组成合同的相关合同当事人对履行合同义务的承诺，合同当事人要在这份文档上签字盖章。因此，其具有很强的法律效力。“协议书”的内容包括工程概况，词语限定，组成本合同的文件，合同签订、生效和完成的时间，委托人向监理人支付报酬的期限和方式，双方愿意履行约定的各项义务的承诺等。

(2) 通用条件

建设工程监理合同通用条件，其内容涵盖了合同中所用定义与解释、监理人的义务、委托人的义务、违约责任、支付、合同生效、变更、暂停、解除与终止、争议解决以及其他一些需要明确的内容。其适用于各类建设工程项目监理，各个委托人、监理人都应遵守。

(3) 专用条件

由于通用条件适用于各种行业和专业项目的建设工程监理，因此其中的某些条款规定得比较笼统，需要在签订具体工程项目监理合同时，结合地域特点、专业特点和委托监理项目的工程特点，对通用条件中的某些条款进行补充、修正。

所谓“补充”，是指通用条件中的条款明确规定，在该条款确定的原则下，专用条件的条款中进一步明确具体内容，使两个条件中相同序号的条款共同组成一条内容完备的条款。

所谓“修正”，是指通用条件中规定的程序方面的内容，如果双方认为不合适，可以协议修正。

(4) 附录

附录A为相关服务的范围和内容，根据通用条件中“监理”的定义，如无特殊说明，“监理”是施工阶段的服务，当委托人与监理人将工程勘察、设计、保修等其他阶段的监理服务一并委托时，称为相关服务，需要各方在附录A具体约定；附录B为委托人派遣的人员和提供的房屋、资料、设备。为细化双方权利义务并参照国际惯例，委托人为监理人开展工作无偿提供的人员、房屋、资料和设备，应在附录B中予以明确。

对于《建设工程监理合同（示范文本）》，其组成包括如下各项：

① 协议书；

② 中标通知书（适用于招标工程）或委托书（适用于非招标工程）；

③ 投标文件（适用于招标工程）或监理与相关服务建议书（适用于非招标工程）；

④ 专用条件；

⑤ 通用条件；

⑥ 附录，包括，附录A相关服务的范围和内容；附录B委托人派遣的人员和提供的房屋、资料、设备。

委托监理合同签订后，双方依法签订的补充协议也是合同文件的组成部分。

7.1.3 实施强制性监理的项目

监理是指监理人受委托人的委托，依照法律法规、工程建设标准、勘察设计文件及合同，在施工阶段对建设工程质量、进度、造价进行控制，对合同、信息进行管理，对工程建设相关方的关系进行协调，并履行建设工程安全生产管理法定职责的服务活动。工程监理制度是我国基本建设领域的一项重要制度。

实行监理的建设工程，建设单位应当委托具有相应资质等级的工程监理单位进行监理，也可以委托具有工程监理相应资质等级并与被监理的施工承包没有隶属关系或者其他利害关系的该工程的设计单位进行监理。根据《建设工程监理范围和规模标准规定》，下列建设工程必须实施监理：

(1) 国家重点建设工程。根据《建设工程监理范围和规模标准规定》，国家重点建设工程是指依据《国家重点建设项目管理办法》所确定的对国民经济和社会发展有重大影响的骨干项目。

(2) 大中型公用事业项目。根据《建设工程监理范围和规模标准规定》，大中型公用事业工程是指项目总投资额在3000万元以上的下列工程项目：

① 供水、供电、供气和供热等市政工程项目；

② 科技、教育和文化等项目；

③ 体育、旅游和商业等项目；

④ 卫生、社会福利等项目；

⑤ 其他公用事业项目。

(3) 成片开发建设的住宅小区工程。根据《建设工程监理范围和规模标准规定》，成片开发建设的住宅小区工程，建筑面积在5万平方米以上的住宅建设工程必须实行监理；5万平方米以下的住宅建设工程，可以实行监理，具体范围和规模标准，由省、自治区、直辖市人民政府建设行政主管部门规定。为了保证住宅质量，对高层住宅及地基、结构复杂的多层住宅应当实行监理。

(4) 利用外国政府或者国际组织贷款、援助资金的工程。根据《建设工程监理范围和规模标准规定》，利用外国政府或者国际组织贷款、援助资金的工程范围包括：

① 使用世界银行、亚洲开发银行等国际组织贷款资金的项目；

② 使用国外政府及其机构贷款资金的项目；

③ 使用国际组织或者国外政府援助资金的项目。

(5) 国家规定必须实施监理的其他工程。根据《建设工程监理范围和规模标准规定》，国家规定必须实施监理的其他工程是指以下项目：

① 项目总投资额在3000万元以上关系社会公共利益、公共安全的基础设施项目，如：石油、天然气、铁路、管道、通信、灌溉、环境保护等项目。

② 学校、体育场馆、影剧院等。

7.2 建设工程监理合同管理内容

建设监理合同的订立只是监理工作的开端，合同双方，特别是受托人一方必须实施有效管理，监理合同才能得以顺利进行，在监理合同履行过程中应注意以下几个方面。

7.2.1 监理人应完成的监理工作

虽然监理合同的专用条款注明了委托监理工作的范围和内容，但从工作性质而言属于正常的监理工作。作为监理人必须履行的合同义务，除正常监理工作外，还应包括附加监理工作。附加监理工作属于订立合同时未能或不能合理预见，而合同履行过程中发生需要监理人完成的工作。

（1）“正常工作”是指本合同订立时通用条件和专用条件中约定的监理人的工作。

（2）“附加工作”是在完成正常工作之外，因工作时间延长或工作范围改变而多完成的工作。附加工作可能包括以下内容：

① 由于委托人、第三方原因，使监理工作受到阻碍或延误，以致增加了工作量或延续时间。

② 增加监理工作的范围和内容等。如由于委托人或承包人的原因，承包合同不能按期竣工而必须延长的监理工作时间；又如委托人要求监理人就施工中采用新工艺施工部分，编制质量检测合格标准等都属于附加监理工作。

③ 合同生效后，如果实际情况发生变化使得监理人不能完成全部或部分工作时，监理人应立即通知委托人。除不可抗力外，其善后工作以及恢复服务的准备工作应为附加工作，附加工作酬金的确定方法在专用条件中约定。监理人用于恢复服务的准备时间不应超过28天。

（3）“额外工作”是指正常工作和附加工作以外或发生意外的非监理单位原因导致的暂停或终止监理业务时，监理单位所做的善后或恢复准备工作。

例如，在合同履行过程中，承包人由于严重违约导致委托人单方终止施工合同时，监理单位应确认违约承包人已完成合格工程的工程价值，协助委托人选择新的承包人，在重新开始施工前做必要的监理准备工作。另外，因不可抗力导致施工被迫中断时，监理单位应完成确认灾害发生前承包人已完工程的合格和不合格部分，以及灾害后恢复施工前必要的监理准备工作等。

《建设工程监理合同（示范文本）》规定，如果在监理合同签订后，出现不应由监理单位负责的情况，导致监理单位不能全部或部分执行监理任务时，监理单位应立即通知委托人。在这种情况下，如果不得不暂停执行某些监理任务，则该项服务的完成期限应予延长，直到这种情况不再持续。当恢复监理工作时，还应增加不超过42天的合理时间用于恢复执行监理业务，并按双方约定的数量支付监理酬金。

7.2.2 合同有效期

尽管双方签订《建设工程监理合同》中注明监理期限（自××年××月××日始，至××年××月××日止。），但此期限仅指完成监理工作预定的时间，并不一定是监理合同的有效期。监理合同的有效期即监理人的责任期，不是用约定的日历天数为准，而是以监理人是否完成包括附加和额外工作的义务来判定。

通用条款规定，监理合同的有效期为双方签订合同后，工程准备工作开始，到监理人向委托人办理完竣工验收或工程移交手续，承包人和委托人已签订工程保修责任书，监理收到监理报酬尾款，监理合同才终止。如果保修期间仍需监理人执行相应的监理工作，双方应在专用条款中另行约定。

合同生效后，如果实际情况发生变化使得监理人不能完成全部或部分工作时，监理人应立即通知委托人。除不可抗力外，其善后工作以及恢复服务的准备工作应为附加工作，附加工作酬金的确定方法在专用条件中约定。监理人用于恢复服务的准备时间不应超过28天。

在合同有效期内，因非监理人的原因导致工程施工全部或部分暂停，委托人可通知监理人要求暂停全部或部分工作。监理人应立即安排停止工作，并将开支减至最小。除不可抗力外，由此导致监理人遭受的损失应由委托人予以补偿。

7.2.3 监理合同的订立

7.2.3.1 监理合同订立的原则

监理合同的订立应遵守国家相关的法律法规，遵循平等互利、协商一致的原则。签订合同的当事人双方都具有平等的法律地位，任何一方都不得强迫对方接受不平等的合同条件。监理合同的签订意味着委托关系的形成，委托人与被委托人的关系都将受到合同的约束，因而签订合同必须是双方的法定代表人或经法定代表人授权的代表签署并监督执行。

7.2.3.2 监理合同委托工作的范围

监理合同委托工作的范围是监理工程师为委托人提供服务的范围和工作量。委托人委托监理业务的范围可以非常广泛。从工程建设各阶段来说，可以包括项目决策阶段、设计阶段、施工阶段以及竣工验收和保修阶段的全部监理工作或某一阶段的监理工作。在每一阶段内，又可以进行成本、质量、进度的三大控制和信息、合同两项管理。

7.2.3.3 监理合同的形式

由于委托人委托的监理任务有繁有简，监理工作的特点各异，因此，监理合同的形式和内容也不尽相同。有以下几种合同形式：

(1) 标准化的《建设工程委托监理合同》。为了使委托监理的行为规范化，减少合同履行过程中的争议和纠纷，政府部门和行业组织制定出标准化的《建设工程委托监理合同（示范文本)》，可供委托监理任务时作为合同文件采用。标准化合同具有通用性强的特点，采用规范的合同格式，条款内容覆盖面广，双方只要就达成一致的内容写入相应的具体条款中即可。

(2) 双方协商签订合同。监理合同以法律法规的要求作为基础，双方根据委托监理工作的内容和特点，通过友好协商订立有关条款，达成一致后签字盖章生效。合同的格式和内容不受任何限制，双方就权利和义务所关注的问题以条款形式具体约定。

(3) 信件式合同。通常由监理人编制有关内容，由委托人签署批准意见，并留一份备案后退给监理人执行。这种合同形式适用于建立任务比较少或简单的小型工程。

(4) 委托通知单。原定监理合同履行过程中，委托人以通知单形式，把监理人在争取委托合同时所提建议中的工作内容委托给监理人。这种委托只是在原定工作范围之外增加少量工作任务，一般情况下原订合同中的权利义务不变。如果监理人不表示异议，委托通知单就成为监理人所接受的协议。

7.2.4 监理合同的履行

从监理的定义可以看出，监理人受委托人委托对建设工程质量、进度、造价进行控制，对合同、信息、安全进行管理，对工程建设相关方的关系进行组织与协调，并履行建设工程安全生产管理的法定职责。监理的职责是控制、管理、协调，其工作的意义在于发现和处理问题。当监理人违反或没有履行合同约定的义务时，应当承担违约责任，违约金的确定方法在专用条件中约定。

当委托人没有完全履行合同中约定的义务，给监理人造成损失的，同样应给监理人补偿损失。除此之外，当监理人处理委托业务时因非监理人原因的事由受到损失的，可以向委托人要求补偿损失。因为这种损失的风险本应是委托人承担的，只不过监理人代替委托人承担，理应受到补偿。从监理酬金的角度来分析，监理酬金也未包括这种风险。

委托人与监理人签订合同，其根本目的是为实现合同标的，明确双方的权利和义务。在合同中的每一条款中，都反映了这种关系。

7.2.4.1 监理人的义务

(1) 关于监理的范围和工作内容方面

① 本着守法、公正、诚信、科学的原则，按专用合同条款约定的监理服务内容为委托人提供优质服务。

② 在专用合同条款约定的时间内组建监理机构，并进驻现场。及时将监理规划及其主要人员名单提交委托人，将监理机构人员名单、监理工程师和监理员的授权范围通知承包人，实施期间有变化的，应当及时通知承包人。更换总监理工程师和其他监理人员应征得委托人同意。

③ 完成监理合同专用条件中约定的监理工程范围内的监理服务。不得转让委托监理合同的权利和义务。

④ 发现设计文件不符合有关规定或合同约定时，应向委托人报告。

⑤ 检验建筑材料、建筑构配件和设备质量，检查、检验并确认工程的施工质量，检查施工安全生产情况。发现存在质量、安全事故隐患，或发生质量、安全事故，应按有关规定及时采取相应的监理措施。

⑥ 按照委托人签订的工程险合同，做好施工现场工程险合同的管理，协助委托人向保险公司及时提供一切必要的材料和证据。

⑦ 按照施工作业程序，采取旁站、巡视、跟踪检测和平行检测等方法实施监理。需要旁站的重要部位和关键工序在专用合同条款中约定。

⑧ 及时做好工程施工过程各种监理信息的收集、整理和归档，并保证现场记录、试验、检验、检查等资料的完整和真实。

⑨ 编制监理日志，并向委托人提供月报、监理专题报告、监理工作报告和监理工作总结报告。

⑩ 按有关规定参加工程验收，做好相关配合工作。委托人委托监理人主持的分部工程验收由专用条款约定。

⑪ 妥善做好委托人所提供的工程建设文件资料的保存、回收及保密工作。在本合同期限内或专用合同条款约定的合同终止后的一年期限内，未征得委托人同意，不得公开涉及委托人的专利、专有技术或其他保密的资料，不得泄露与本合同业务有关的技术、商务等秘密。

⑫ 在合同期内或合同终止后，未征得有关方同意，不得泄露与本工程、本合同业务活动相关的保密资料。

⑬ 建设监理合同中规定的其他义务。

(2) 关于项目监理机构和人员方面

① 监理人应组建满足工作需要的项目监理机构，配备必要的检测设备。项目监理机构的主要人员应具有相应的资格条件。

② 本合同履行过程中，总监理工程师及重要岗位监理人员应保持相对稳定，以保证监

理工作正常进行。

③ 监理人可根据工程进展和工作需要调整项目监理机构人员。监理人更换总监理工程师时，应提前7天向委托人书面报告，经委托人同意后方可更换，监理人更换项目监理机构其他监理人员，应以相当资格与能力的人员替换，并通知委托人。

④ 监理人应及时更换有下列情形之一的监理人员：a. 有严重过失行为的；b. 有违法行为不能履行职责的；c. 涉嫌犯罪的；d. 不能胜任岗位职责的；e. 严重违反职业道德的；f. 专用条件约定的其他情形。

⑤ 委托人可要求监理人更换不能胜任本职工作的项目监理机构人员。

（3）关于履行职责方面

监理人应遵循职业道德准则和行为规范，严格按照法律法规、工程建设有关标准及本合同履行职责。

① 遵守国家法律法规和政策。监理单位应在资质等级许可范围内承担监理业务；监理单位、承包人之间不能有隶属关系和其他利害关系；监理工程师也不能在承包人单位兼任职务、更不能从事损害委托人的经济活动。

② 全面履行监理职责，积极进行协调组织，加强建设目标控制，处理工程管理、工程质量及技术、合同管理以及工程款项等事务，努力实现项目建设意图，公正维护各方的合法权益。

③ 在监理与相关服务范围内，对委托人和承包人提出的意见和要求，监理人应及时提出处置意见。当委托人与承包人之间发生合同争议时，监理人应协助委托人、承包人协商解决。

④ 当委托人与承包人之间的合同争议提交仲裁机构仲裁或人民法院审理时，监理人应提供必要的证明资料。

⑤ 监理人应在专用条件约定的授权范围内，处理委托人与承包人所签订合同的变更事宜。如果变更超过授权范围，应以书面形式报委托人批准。在紧急情况下，为了保护财产和人身安全，监理人所发出的指令未能事先报委托人批准时，应在发出指令后的24小时内以书面形式报委托人。

⑥ 除专用条件另有约定外，监理人发现承包人的人员不能胜任本职工作的，有权要求承包人予以调换。

（4）关于提交报告方面

监理人应按专用条件约定的种类、时间和份数向委托人提交监理与相关服务的报告。

（5）关于文件资料方面

在本合同履行期内，监理人应在现场保留工作所用的图纸、报告及记录监理工作的相关文件。工程竣工后，其应当按照档案管理规定将监理有关文件归档。

（6）关于使用委托人的财产方面

监理人无偿使用《监理合同》附录B中由委托人派遣的人员和提供的房屋、资料、设备。除专用条件另有约定外，委托人提供的房屋、设备属于委托人的财产，监理人应妥善使用和保管。在本合同终止时其应将这些房屋、设备的清单提交委托人，并按专用条件约定的时间和方式移交。

7.2.4.2 委托人的义务

（1）关于告知方面

委托应在委托人与承包人签订的合同中明确监理人、总监理工程师和授予项目监理机构的权限。如有变更，其应及时通知承包人。

（2）关于提供资料方面

委托人应该按照《监理合同》附录B约定，无偿向监理人提供工程有关的资料。本合同委托人应及时向监理人提供最新的与工程有关的资料。

（3）关于提供工作条件方面

委托人应为监理人完成监理与相关服务提供必要的条件。

① 委托人应按照《监理合同》附录B约定，派遣相应的人员，提供房屋、设备，供监理人无偿使用。委托人要授权一位熟悉建设工程概况、能迅速作出决定的常驻代表，负责与监理人联系。更换此人要提前通知监理人。

② 委托人应负责协调工程建设中所有外部关系，为监理人履行本合同提供必要的外部条件。

③ 为监理人顺利履行合同义务，做好协助工作。协助工作包括以下几方面内容：

a. 将授予监理人的监理权利，以及监理人监理机构主要成员的职能分工、监理权限及时书面通知已选定的第三方，并在第三方签订的合同中予以明确。

b. 在双方议定的时间内，免费向监理人提供与工程有关的监理服务所需要的工程资料。

c. 为监理人驻工地监理机构开展正常工作提供协助服务。服务内容包括信息服务、物质服务和人员服务三个方面。

信息服务是指协助监理人获取工程使用的原材料、构配件、机构设备等生产厂家名录，以掌握产品质量信息，向监理人提供与本工程有关的协作单位、配合单位的名录，以方便监理工作的组织协调。

物质服务是指免费向监理人提供合同专用条件约定的设备、设施、生活条件等。这些属于委托人财产的设备和物品，在监理任务完成和终止时，监理人应将其交还委托人。如果双方议定某些本应由委托人提供的设备监理人自备，则应给监理人合理的经济补偿。对于这种情况，要在专用条件的相应条款内明确经济补偿的计算方法，通常如下：

补偿金额＝设施在工程使用时间占折旧年限的比例×设施原值＋管理费

人员服务是指如果双方议定，委托人应免费向监理人提供职员和服务人员，也应在专用条件中写明提供的人数和服务时间。当涉及监理服务工作时，委托人所提供的职员只应从监理工程师处接受指示。监理人应与这些提供服务人员密切合作，但不对他们的失职行为负责。例如，委托人选定某一科研机构的实验室负责对材料和工艺质量的检测试验，并与其签订委托合同，试验机构的人员应接受监理工程师的指示完成相应的试验工作，但监理人既不对检测试验数据的错误负责，也不对由此而导致的判断失误负责。

（4）关于委托人代表方面

委托人应授权一名熟悉工程情况的代表，负责与监理人联系。委托人应在双方签订本合同后7天内，持委托人代表的姓名和职责书面告知监理人。当委托人更换委托人代表时，应提前7天通知监理人。

（5）关于委托人意见或要求方面

在本合同约定的监理与相关服务工作范围内，委托人对承包人的任何意见或要求应通知监理人，由监理人向承包人发出相应指令。

（6）关于答复方面

委托人应在专用条件约定的时间内，对监理人以书面形式提交并要求作出决定的事宜，给予书面答复。逾期未答复的，视为委托人认可。

（7）关于支付方面

委托人应按本合同约定，向监理人支付酬金。

7.2.4.3 委托人权利

(1) 授予监理人权限的权利

① 在监理合同内除需明确委托的监理任务外，还应规定监理人的权限。在委托人授权范围内，监理人可对所监理的合同自主地采取各种措施进行监督、管理和协调，超越权限时，应首先征得委托人同意后方可发布有关指令。

② 委托人授予监理人权限的大小，要根据自身的管理能力、建设工程项目的特点及需要等因素考虑。

③ 监理合同内授予监理人的权限，在执行过程中可随时通过书面附件协议予以扩大或减少。

(2) 对其他合同承包人的选定权

① 委托人是建设资金的持有者和建筑产品的所有人，因此，对设计合同、施工合同、加工制造合同等的承包单位有选定权和订立合同的签字权。

② 监理人在选定其他合同承包人过程中仅有建议权而无决定权。监理人协助委托人选择承包人的工作可能包括：邀请招标时提供有资格和能力的承包人名录，帮助起草招标文件；组织现场考察；参与评标，以及接受委托代理招标等。

③ 通用条件中规定，监理人对设计和施工等总承包单位所选定的分包单位，仍有批准权或否决权。

(3) 委托监理工程重大事项的决定权

委托人有对工程规模、规划设计、生产工艺设计标准和使用功能等要求的认定权，工程设计变更审批权。

(4) 对监理人履行合同的监督控制权

委托人对监理人履行合同的监督权利体现在以下三个方面：

① 对监理合同转让和分包的监督。除监理费用支付款的转让外，监理人不得将所涉及的利益或规定义务转让给第三方。监理人所选择的监理工作分包单位必须事先征得委托人的认可。在没有取得委托人的书面同意前，监理人不得开始实行、更改或终止全部或部分服务的任何分包合同。

② 对监理人员的控制监督。合同专用条款或监理人的投标书内，应明确总监理工程师人选，监理机构派驻人员计划。合同开始履行时，监理人应向委托人报送委派的总监理工程师及其监理机构主要成员名单，以保证完成监理合同专用条件中约定监理工作范围的任务。当监理人调换总监理工程师时，须经委托人同意。

③ 对合同履行的监督权。监理人有义务按期提交月、季、年度的监理报告，委托人也可以随时要求其对重大问题提交专项报告，这些内容应在专用条款中明确约定。委托人按照合同约定检查监理工作的执行情况，如果发现监理人员不按监理合同履行职责或与承包人串通，给委托人或工程造成损失，有权要求更换监理人员，直至合同终止，并承担相应赔偿责任。

7.2.4.4 监理人权利

监理合同中涉及监理人权利的条款可分为两大类，一类是监理人在委托合同中应享有的权利；另一类是监理人履行委托人与第三方签订的承包合同的监理任务时可行使的权利。

(1) 委托监理合同中赋予监理人的权利

① 完成监理任务后获得酬金的权利。监理人不仅可获得完成合同内规定的正常监理任务酬金，如果合同履行过程中因主、客观条件的变化，完成附加工作和额外工作后，也有权

按照专用条件中约定的计算方法，得到额外工作的酬金。正常酬金的支付程序和金额，以及附加与额外工作酬金的计算办法，应在专用条款内写明。

② 获得奖励的权利。监理人在工作过程中作出了显著成绩，如由于监理人提出的合理化建议，使委托人获得实际经济利益，则应按照合同中规定的奖励办法，得到委托人给予的适当物质奖励。奖励办法通常参照国家颁布的合理化建议奖励办法，写明在专用条件相应的条款内。

③ 终止合同的权利。如果由于委托人违约严重拖欠应付监理人的酬金，或由于非监理人责任而使监理暂停的期限超过半年，监理人可按照终止合同规定程序，单方面提出终止合同，以保护自己的合法权益。

(2) 监理人执行监理业务可以行使的权力。按照范本通用条件的规定，监理委托人和第三方签订承包合同时可行使的权利包括：

① 建设工程有关事项和工程设计的建议权，建设工程有关事项包括工程规模、设计标准、规划设计、生产工艺设计和使用功能要求。

在设计标准和使用功能等方面，监理人可向委托人和设计单位行使建议权，工程设计是按照安全和优化方面的要求，就某些技术问题自主向建设单位提出建议，但如果由于监理人提出的建议提高了工程造价并延长工期，应事先征得委托人的同意。如果发现工程设计不符合建筑工程质量标准或约定的要求，应当报告委托人要求设计单位更改，并向委托人提出书面报告。

② 对实施项目的质量、工期和费用的监督控制权。其主要表现为：对承包人报的工程施工组织设计和技术方案，按照保质量、保工期和降低成本要求，自主进行审批和向承包人提出建议；征得委托人同意，发布开工令、停工令、复工令，对工程上使用的材料和施工质量进行检验；对施工进度进行检查、监督，未经监理工程师签字，建筑材料、建筑构配件和设备不得在工地上使用，施工单位不得进行下一道工序的施工；工程实施竣工日期提前或延误期限的鉴定；在工程承包合同方规定的工程范围内，工程款支付的审核和签认权，以及结算工程款的复核与否定权。未经监理人签字确认，委托人不支付工程款，不进行竣工验收。

③ 工程建设有关协作单位组织协调的主持权。

④ 在业务紧急情况下，为了工程和人身安全，尽管变更指令已超越了委托人授权而又不能事先得到批准时，也有权发布变更指令，但应尽快通知委托人。

⑤ 审核承包人索赔的权利。

7.3 建设工程监理合同管理要求

7.3.1 委托的监理工作范围和要求

7.3.1.1 监理工作范围

监理合同的范围是监理工程师为委托人提供服务的范围和工作量。实施建设工程监理前，建设单位必须委托具有相应资质的工程监理单位，并以书面形式与工程监理单位订立建设工程监理合同。合同中应包括监理工作的范围、内容、服务期限和酬金，以及双方的义务、违约责任等相关条款。

委托人委托监理业务的范围可以非常广泛。从工程建设各阶段来说，可以包括项目前期立项咨询、设计阶段、施工阶段、保修阶段的全部监理工作或某一阶段的监理工作。在每一阶段内，又可以进行投资、质量、进度的三大控制，以及信息、合同、安全3项管理。施工阶段是工程项目建设过程中最为重要、持续时间最长的一个阶段，因此主要介绍施工阶段的监理业务。施工阶段监理工作可包括以下几项：

（1）协助委托人选择承包人，组织设计、施工、设备采购等招标。

（2）技术监督和检查。检查工程设计、材料和设备质量，对操作或施工质量的监理和检查。

（3）施工管理。包括质量控制、成本控制、计划和进度控制等。通常，施工监理合同中“监理工作范围”条款，一般应与工程项目中概算、单位工程概算所涵盖的工程范围相一致，或与工程总承包合同、单项工程承包合同所涵盖的范围相一致。

7.3.1.2 监理工作要求

在监理合同中明确约定的监理人执行监理工作的要求，应当符合《建设工程监理规范》（GB/T 50319）的规定。例如，针对工程项目的实际情况派出监理工作需要的监理机构及人员，编制监理规划和监理实施细则，采取实现监理工作目标相应的监理措施，从而保证监理合同得到真正地履行。

针对具体的建设工程项目，委托人可以委托建设工程监理人对建设工程的可行性研究阶段、勘察设计阶段、施工阶段以及竣工后的保修阶段等全程进行监督和管理。建设工程监理的主要工作内容是“三控三管一协调”。“三控”指建设工程监理对建设工程的质量控制、进度控制和投资控制；“三管”指建设工程监理要对参与工程建设的各方进行合同管理、信息管理、安全管理；“一协调”是指建设工程监理要组织、协调好参与工程建设的各方工作关系。建设工程监理必须凭借自己的知识、经验、技能，依据法律法规和技术标准、工程具体数据实现对工程质量、工程工期和工程投资的有效管理和控制。

委托人与监理单位签订的监理合同中，会对监理人员数量、素质、服务范围、服务费用、服务时间以及权利等各个方面进行详细规定。不同的委托人委托监理单位监理的内容会有所差异。同样，不同的委托人对建设工程监理给予的权利也会有所区别。因此，监理单位必须依照委托合同中规定的工作任务和授权范围履行职责。

7.3.2 监理合同的履行期限、地点和方式

订立监理合同时，约定的履行期限、地点和方式是指合同中规定的当事人履行自己的义务，完成工作的时间、地点以及结算酬金。在签订《建设工程监理合同》时双方必须商定监理期限，标明何时开始、何时完成。合同中注明的监理工作开始实施和完成日期是根据工程情况估算的时间，合同约定的监理酬金是根据这个时间估算的。如果委托人根据实际需要增加委托工作范围或内容，导致需要延长合同期限，双方可以通过协商，另行签订补充协议。

监理合同的有效期即为监理人的责任期，不是以合同中约定的日历天数为准，而是由监理单位是否完成包括正常、附加和额外工作在内的义务来判定的。监理合同的有效期为双方签订合同后，从工程准备工作开始，到监理单位向委托人办理完竣工验收或工程移交手续，

承包人和委托人已签订工程保修责任书，监理收到监理报酬尾款，监理合同才终止。如果保修期间仍需要监理单位执行相应的监理工作，双方应在专用条款中另行约定。

7.3.3 监理合同的酬金

《建设工程监理合同（示范文本）》细化了酬金计取的方式。签约酬金包括监理酬金与相关服务酬金。相关服务酬金包括：勘察阶段服务酬金、设计阶段服务酬金、保修阶段服务酬金、其他相关服务酬金。监理酬金通常包括正常工作酬金、附加工作酬金两部分。正常工作酬金是指监理人完成正常工作委托人应给付监理人并在协议书中载明的签约酬金额。附加工作酬金是指监理人完成附加工作，委托人应给付监理人的金额。

监理合同以竣工结算价格作为监理报酬的取费基础。为鼓励监理人高水平地工作、降低工程造价和节省投资，委托人给予监理人适当的奖励是合理的。《建设工程监理合同（示范文本)》的通用条件明确支付的酬金包括正常工作酬金、附加工作酬金、合理化建议奖励金额及费用，专用条件中约定正常工作酬金、附加工作酬金、奖励金额的计算方法。相反，如果由于监理人在工作中失职造成委托人的损失，监理人也应按赔偿金的计算方法给予委托人赔偿。

监理酬金支付方式必须明确首期支付金额、支付方式为每月等额支付还是根据工程形象进度支付、支付货币的币种等。

① 支付货币。除专用条件另行约定外，酬金均以人民币支付。涉及外币支付的，所采用的货币种类、比例和汇率在专用条件中约定。

② 支付申请。监理人应在本合同约定的每次应付款时间的 7 天前，向委托人提交支付申请书，支付申请书应当说明当期应付款总额，并列出当期应支付的款项及其金额。

③ 支付酬金。支付的酬金包括正常工作酬金、附加工作酬金、合理化建议奖励金额及费用。

④ 有争议部分的付款。无异议部分的款项应按期支付，有异议部分的款项按“争议解决”中相应条款约定办理。委托人对监理人提交的支付申请书有异议时，应当在收到监理人提交的支付申请书后 7 天内，以书面形式向监理人发出异议通知。

7.3.4 监理合同违约责任

监理合同在履行的过程中，任何一方因自身过错而给对方造成损失，导致合同不能履行或不能完全履行时，有过错的一方应承担违约责任；如属于双方过错，根据实际情况，由双方各自承担应负的违约责任。为保证监理合同规定的各项权利和义务顺利实施，通用条款中规定：合同责任期内，如果监理人员未按合同中要求的职责服务，或者委托人违背对监理人员的责任时，均应向对方承担赔偿责任。监理单位的赔偿金额最高不超过监理酬金总额（除税金）。

监理单位在责任期内，也就是监理合同的有效期内，如果因过失而造成经济损失的，要承担监理失职责任。在监理过程中，如果全部商定的监理任务因工程进展的推迟或延误而超过商定的完成日期，双方应进一步商定相应延长的责任期。监理单位不对责任期以外发生的任何事件所引起的损失或损害承担责任，也不对第三方违反合同规定的质量要求和完工期限承担责任。

(1) 监理人的违约责任

① 因监理人违反本合同约定给委托人造成损失的，监理人应当赔偿委托人损失。赔偿金额的确定方法在专用条件中约定。监理人承担部分赔偿责任的，其承担赔偿金额由双方协商确定。

② 监理人向委托人的索赔不成立时，监理人应赔偿委托人由此发生的费用。

(2) 委托人的违约责任

① 委托人违反本合同约定造成监理人损失的，委托人应予以赔偿。

② 委托人向监理人的索赔不成立时，应赔偿监理人由此产生的费用。

③ 委托人超过 28 天未能按期支付酬金，应按专用条件约定支付逾期付款利息。

(3) 除外责任

在因非监理人的原因且监理人无过错的情况下，对发生工程质量事故、安全事故、工期延误等造成的损失，监理人不承担赔偿责任。

因不可抗力导致本合同全部或部分不能履行时，双方各自承担其因此而造成的损失、损害。

7.3.5 监理合同效力

7.3.5.1 生效

承诺生效合同成立，是以承诺生效地点为合同成立地点为基本原则。但是如果法律规定或者当事人双方约定采用特定形式成立合同的，特定形式完成地点为合同成立的地点。如当事人双方在合同成立前要求采用确认书、合同书等书面形式的，确认书从签订生效时合同成立，合同成立时的地点为合同成立的地点。合同书从签字或者盖章时成立，签字或者盖章的地点为合同成立的地点。

除法律另有规定或者专用条件另有约定外，委托人和监理人的法定代表人或其授权代理人在协议书上签字并盖单位章后本合同生效。

7.3.5.2 变更

任何一方提出变更请求时，双方经协商一致后可进行变更。

除不可抗力外，因非监理人原因导致监理人履行合同期限延长、内容增加时，监理人应当将此情况与可能产生的影响及时通知委托人。增加的监理工作时间、工作内容应视为附加工作。附加工作酬金的确定方法在专用条件中约定。

合同生效后，如果实际情况发生变化使得监理人不能完成全部或部分工作时，监理人应立即通知委托人。除不可抗力外，其善后工作以及恢复服务的准备工作应为附加工作，附加工作酬金的确定方法在专用条件中约定。监理人用于恢复服务的准备时间不应超过 28 天。

合同签订后，遇有与工程相关的法律法规、标准颁布或修订的，双方应遵照执行。由此引起监理与相关服务的范围、时间、酬金变化的，双方应通过协商进行相应调整。

因非监理人原因导致工程概算投资额或建筑安装工程费增加时，正常工作酬金应作相应调整。调整方法在专用条件中约定。

因工程规模、监理范围的变化导致监理人的正常工作量减少时，正常工作酬金应作相应调整。调整方法在专用条件中约定。

7.3.5.3 暂停与解除

除双方协商一致可以解除本合同外，当一方无正当理由未履行本合同约定的义务时另一方可以根据本合同约定，暂停履行本合同，直至解除本合同。

(1) 在本合同有效期内，因双方无法预见和控制的原因导致本合同全部或部分无法继续履行或继续履行已无意义，经双方协商一致，可以解除本合同或监理人的部分义务。在解除之前，监理人应作出合理安排，使开支减至最小。

因解除本合同或解除监理人的部分义务导致监理人遭受的损失，除依法可以免除责任的情况外，应由委托人予以补偿，补偿金额由双方协商确定。

解除本合同的协议必须采取书面形式，协议未达成之前，本合同仍然有效。

(2) 在本合同有效期内，因非监理人的原因导致工程施工全部或部分暂停，委托人可通知监理人要求暂停全部或部分工作。监理人应立即安排停止工作，并将开支减至最小。除不可抗力，由此导致监理人遭受的损失应由委托人予以补偿。

暂停部分监理与相关服务时间超过182天，监理人可发出解除本合同约定的该部分义务的通知；暂停全部工作时间超过182天，监理人可发出解除本合同的通知，本合同自通知到达委托人时解除。委托人应将监理与相关服务的酬金支付至本合同解除日，且应承担合同约定的责任。

(3) 当监理人无正当理由未履行本合同约定的义务时，委托人应通知监理人限期改正。若委托人在监理人接到通知后的7天内未收到监理人书面形式的合理解释，则可在7天内发出解除本合同的通知，自通知到达监理人对本合同解除。委托人应将监理与相关服务的酬金支付至限期改正通知到达监理人之日，但监理人应承担合同约定的责任。

(4) 监理人在专用条件中约定的支付之日起28天后仍未收到委托人按本合同约定应付的款项，可向委托人发出偿付通知。委托人接到通知14天后仍未支付或未提出监理人可以接受的延期支付安排，监理人可向委托人发出暂停工作的通知并可自行暂停全部或部分工作。暂停工作后14天内监理人仍未获得委托人应付酬金或委托人的合理答复，监理人可向委托人发出解除本合同的通知，自通知到达委托人时本合同解除。委托人应承担合同约定的责任。

(5) 因不可抗力致使本合同部分或全部不能履行时，一方应立即通知另一方，可暂停或解除本合同。

(6) 本合同解除后，本合同约定的有关结算、清理、争议解决方式的条件仍然有效。

7.3.5.4 终止

满足以下全部条件时，本合同即告终止：

(1) 监理人完成本合同约定的全部工作。

(2) 委托人与监理人结清全部酬金。

7.3.6 监理合同争议解决方式

(1) 协商。双方应本着诚信原则协商解决彼此间的争议。

(2) 调解。如果双方不能在14天内或双方商定的其他时间内解决本合同争议，可以将其提交给专用条件约定的或事后达成协议的调解人进行调解。

(3) 仲裁或诉讼。双方均有权不经调解直接向专用条件约定的仲裁机构申请仲裁，或向有管辖权的人民法院提起诉讼。

案例分析

【案例分析一】

某房地产开发企业投资开发建设某住宅小区，与某工程咨询监理公司签订委托监理合同。在监理职责条款中，合同约定乙方（监理单位）负责甲方（房地产开发企业）小区工程设计阶段和施工阶段的监理业务。房地产开发企业应于监理业务结束之日起5日内支付最后20%的监理费。小区工程竣工一周后，监理公司要求房地产开发企业支付剩余20%的监理费，房地产开发企业以双方口头约定，监理公司的监理职责应履行至工程保修期满为由，拒绝支付。

问题：请分析有哪些不妥之处？并阐述理由。

分析要点：

此案争议的焦点在于确定监理公司的监理义务范围。依书面合同约定，监理范围包括工程设计和施工阶段，并未包括工程的保修阶段；房地产开发企业所称“双方口头约定”不构成委托监理合同的内容。房地产开发企业到期未支付最后一笔监理费，构成违约，应承担违约责任，支付监理公司剩余20%的监理费及延期付款利息。

【案例分析二】

某工程项目，建设单位通过招标选择了一家具有相应资质的监理单位承担施工招标代理和施工阶段监理工作。监理单位选定一个标价比较低、施工经验也比较丰富的承包人，但忽视了在财务方面的调查。这家承包人在财务上已经发生了严重的问题，合同签订后不久，它就宣告破产，招标工作不得不重新进行。

问题：请分析有哪些不妥之处？并阐述理由。

分析要点：

监理单位的工作未能达到合理的细心和基本的技能要求，因此，监理单位应负担重新招标所发生的全部额外费用。

【案例分析三】

某城市建设项目，建设单位委托监理单位承担施工阶段的监理任务，并通过公开招标选定甲方施工单位作为施工总承包单位。工程实施中发生了下列事件：

事件1：桩基工程开始后，专业监理工程师发现，甲方施工单位未经建设单位同意将桩基工程分包给乙方施工单位，为此，项目监理机构要求暂停桩基施工。征得建设单位同意分包后，甲方施工单位将乙方施工单位的相关材料报请项目监理机构审查，经审查乙方施工单位的资质条件符合要求，可进行桩基施工。

事件2：桩基施工过程中，出现断桩事故。经调查分析，此次断桩事故是因为乙方施工单位抢进度，擅自改变施工方案引起。对此，原设计单位提供的事故处理方案为：断桩清除，原位重新施工。乙方施工单位按处理方案实施。

事件3：为进一步加强施工过程质量控制，总监理工程师代表指派专业监理工程师对原监理实施细则中的质量控制措施进行修改，修改后的监理实施细则经监理人代表审查批准后实施。

事件4：工程进入竣工验收阶段，建设单位发文要求监理单位和甲方施工单位各自邀请城建档案管理部门进行工程档案的验收并直接办理档案移交事宜，同时要求监理单位对施工单位的工程档案质量进行检查。甲方施工单位收到建设单位发文后将该文转发给乙方施工单位。

事件5：项目监理机构在检查甲方施工单位的工程档案时发现，缺失乙方施工单位的工程档案，甲方施工单位的解释是：按建设单位要求，乙方施工单位自行办理工程档案的验收及移交；在检查乙方施工单位的工程档案时发现，缺少断桩处理的相关资料，乙方施工单位的解释是：断桩清除后原位重新施工，不需列入这部分资料。

问题：

（1）事件1中，项目监理机构对乙方施工单位资质审查的程序和内容是什么？

（2）项目监理机构应如何处理事件2中的断桩事故？

（3）事件3中，总监理工程师代表的做法是否正确？说明理由。

（4）指出事件4中建设单位做法的不妥之处，说明正确做法。

（5）分别说明事件5中甲方施工单位和乙方施工单位的解释有何不妥？对甲方施工单位和乙方施工单位工程档案中存在的问题，项目监理机构应如何处理？

分析要点：

（1）①审查甲方施工单位报送的分包单位资格报审表，符合相关规定后，由总监理工程师予以签认。

②对乙方施工单位审核以下资格：

a. 营业执照、企业资质等级证书；

b. 公司业绩；

c. 乙方施工单位承担的桩基工程范围；

d. 专职管理人员和特种作业人员的资格证、上岗证。

（2）①及时下达工程暂停令；

②责令甲方施工单位报送断桩事故调查报告；

③审查甲方施工单位报送断桩处理方案、措施；

④审查同意后签发工程复工令；

⑤对事故的处理和处理结果进行跟踪检查和验收；

⑥及时向建设单位提交有关事故的书面报告，并应将完整的质量事故处理记录整理归档。

（3）①指派专业监理工程师修改监理实施细则做法正确。总监理工程师代表可以行使总监理工程师的这一职责。

②审批监理实施细则的做法不妥。应由总监理工程师审批。

（4）要求监理单位和甲方施工单位各自对工程档案进行验收并移交的做法不妥。应由建设单位组织建设工程档案的（预）验收，并在工程竣工验收后统一向城市档案管理部门办理工程档案移交。

（5）①甲方施工单位应汇总乙方施工单位形成的工程档案（或乙方施工单位不能自行办理工程档案的验收与移交）；乙方施工单位应将工程质量事故处理记录列入工程档案。

②与建设单位沟通后，项目监理机构应向甲方施工单位签发《监理工程师通知单》，要求尽快整改。

【案例分析四】

某工程，建设单位与甲方施工单位按照《建设工程施工合同（示范文本）》签订了施工合同，甲方施工单位选择了乙方施工单位作为分包单位。在合同履行中，发生了如下事件。

事件1：在合同约定的工程开工日前，建设单位收到甲方施工单位报送的《工程开工报审表》后给出处理——考虑到施工许可证已获政府主管部门批准且甲方施工单位的施工机具和施工人员已经进场，便审核签认了《工程开工报审表》并通知了项目监理机构。

事件2：在施工过程中，甲方施工单位的资金出现困难，无法按分包合同约定支付乙方施工单位的工程款。乙方施工单位向项目监理机构提出了支付申请。项目监理机构受理并征得建设单位同意后，即向乙方施工单位签发了付款凭证。

事件3：专业监理工程师在巡视中发现，乙方施工单位施工的某部位存在质量隐患，专业监理工程师随即向甲方施工单位签发了整改通知。甲方施工单位回函称，建设单位已直接向乙方施工单位付款，因而本单位对乙方施工单位施工的工程质量不承担责任。

事件4：甲方施工单位向建设单位提交了工程竣工验收报告后，建设单位于2019年9月20日组织勘察、设计、施工、监理等单位竣工验收，工程竣工验收通过，各单位分别签署了质量合格文件。建设单位于2020年3月办理了工程竣工备案。因使用需要，建设单位于2019年10月初要求乙方施工单位按其示意图在已验收合格的承重墙上开车库门洞，并于2019年10月底正式将该工程投入使用。2021年2月该工程给排水管道大量漏水，经监理单位组织检查，确认是因开车库门洞施工时破坏了承重结构所致。建设单位认为工程还在保修期，要求甲方施工单位无偿进行修理。建设行政主管部门对责任单位进行了处罚。

问题：

(1) 指出事件1中建设单位做法不妥之处，说明理由。

(2) 指出事件2中项目监理机构做法的不妥之处，说明理由。

(3) 在事件3中甲方施工单位的说法是否正确？为什么？

(4) 根据《建设工程质量管理条例》，指出事件4中建设单位做法的不妥之处，说明理由。

(5) 根据《建设工程质量管理条例》，建设行政主管部门是否应该对建设单位、监理单位、甲方施工单位和乙方施工单位进行处罚？并说明理由。

分析要点：

(1) 不妥之处：建设单位接受并签发甲方施工单位报送的开工报审表。理由：开工报审表应报项目监理机构，由总监理工程师签发，并报建设单位。

(2) 不妥之处：项目监理机构受理乙方施工单位的支付申请，并签发付款凭证。理由：乙方施工单位和建设单位没有合同关系。

(3) 不正确，分包单位的任何违约行为或疏忽影响了工程质量，总承包单位承担连带责任。

(4) ①不妥之处：未按时限备案。理由：应在验收合格后15日内备案。

②不妥之处：要求乙方施工单位在承重墙上按示意图开车库门洞。理由：开车库门洞应经原设计单位或具有相应资质等级的设计单位提出设计方案。

(5) ①对建设单位应予处罚；理由：未按时备案，擅自在承重墙上开车库门洞。

②对监理单位不应处罚；理由：监理单位无过错。

③对甲方施工单位不应处罚；理由：甲方施工单位无过错。

④对乙方施工单位应予处罚；理由：无设计方案施工。

【案例分析五】

某工程，建设单位通过公开招标与甲方施工单位签订了施工总承包合同，依据合同，甲方施工单位通过招标将钢结构工程分包给乙方施工单位。施工过程中发生了下列事件：

事件1：甲方施工单位项目经理安排技术员兼作施工现场安全员，并安排其负责编制深基坑支护与降水工程专项施工方案。项目经理对该施工方案进行安全验算后，即组织现场施工，并将施工方案及验算结果报送项目监理机构。

事件2：乙方施工单位采购的特殊规格钢板，因供应商未能提供出厂合格证明，乙方施工单位按规定进行了检验，检验合格后向项目监理机构报验。为不影响工程进度，总监理工程师要求甲方施工单位在监理人员的见证下取样复验，复验结果合格后，同意该批钢板进场使用。

事件3：为满足钢结构吊装施工的需要，甲方施工单位向设备租赁公司租用了一台大型起重塔吊，委托一家有相应资质的安装单位进行塔吊安装。安装完成后，由甲、乙方施工单位对该塔吊共同进行验收，验收合格后投入使用，并到有关部门办理了登记。

事件4：钢结构工程施工中，专业监理工程师在施工现场发现乙方施工单位使用的高强螺栓未经报验，存在严重的质量隐患，即向乙方施工单位签发了工程暂停令，并报告了总监理工程师。甲方施工单位得知后也要求乙方施工单位立刻停工整改。乙方施工单位为赶工期，边施工边报验，项目监理机构及时报告了有关主管部门。报告发出的当天，发生了因高强螺栓不符合质量标准导致的钢梁高空坠落事故，造成一人重伤，直接经济损失4.6万。

问题：

（1）指出事件1中甲方施工单位项目经理做法的不妥之处，写出正确做法。

（2）指出事件2中总监理工程师的处理是否妥当？说明理由。

（3）指出事件3中塔吊验收中的不妥之处。

（4）指出事件4中专业监理工程师做法的不妥之处，说明理由。

（5）事件4中的质量事故，甲方施工单位和乙方施工单位各承担什么责任？说明理由。监理单位是否有责任？说明理由。该事故属于哪一类工程质量事故？处理此事故的依据是什么？

分析要点：

（1）①不妥之处：安排技术员兼施工现场安全员。正确做法：应配备专职安全生产管理人员。

②不妥之处：对该施工方案进行安全验算后即组织现场施工。正确做法：安全验算合格后应组织专家进行论证、审查，并经施工单位技术负责人签字，报总监理工程师签字后才能安排现场施工。

（2）不妥，理由：没有出厂合格证明的原材料不得进场使用。

（3）只有甲、乙方施工单位参加了验收，出租单位和安装单位未参加验收。

（4）不妥之处：向乙方施工单位签发工程暂停令。理由：工程暂停令应由总监理工程师向甲方施工单位签发。

（5）①甲方施工单位承担连带责任，因甲方施工单位是总承包单位；乙方施工单位承担主要责任。因质量事故是由于乙方施工单位自身原因造成的（或因质量事故是由于乙方施工单位不服从甲方施工单位管理造成的）。

②监理单位没有责任。项目监理机构已履行了监理职责（或项目监理机构已及时向有关主管部门报告）。

③事故属于严重质量事故。处理依据：质量事故的实况资料；有关合同文件；有关的技术文件和档案；相关的建设法规。

<<<< 思考题 >>>>

1. 什么是建设工程监理合同？
2. 建设工程监理的范围是什么？
3. 建设工程监理合同中，双方的权利和义务有哪些？
4. 建设工程监理对违约责任是怎样划分的？
5. 建设工程监理合同在什么情况下可以暂停或解除？

建设工程相关合同管理

学习目标

熟悉建设工程物资采购合同、工程分包合同、加工合同、运输合同的概念、分类、订立、履行和合同的管理等，掌握上述各类相关合同的订立和履行。

【本章知识体系】

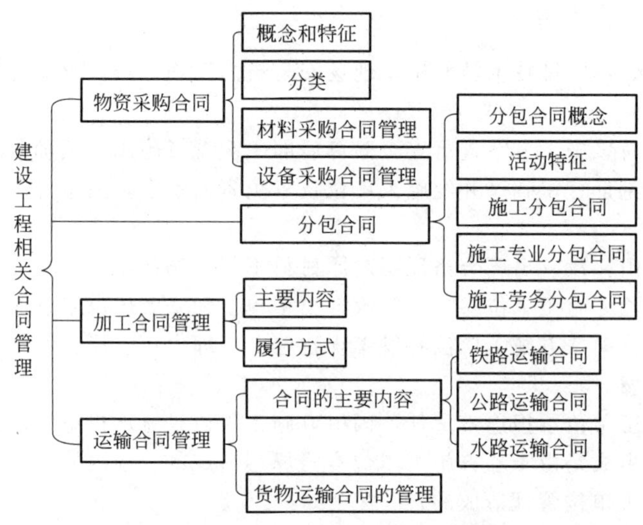

建设工程中还涉及一些与工程密切相关的其他合同，如建设工程物资采购合同、加工合同、运输合同、技术合同、保险合同等。本章主要讲述建设工程物资采购合同、分包合同、加工合同和运输合同。按照《民法典》规定，建设工程物资采购合同属于买卖合同，是指平等主体的自然人、法人、其他组织之间为实现建设工程物资买卖而设立、变更、终止相互权利义务的协议，具有一般买卖合同的特点。

8.1 建设工程物资采购合同

8.1.1 建设工程物资采购合同的概念和特征

建设工程物资采购合同，是指具有平等民事主体的法人进行建设物资买卖，明确相互权利义务关系的协议。依照协议，卖方将建设物资交付给买方，买方接受该项建设物资并支付价款。

建设工程物资采购合同属于购销合同，具有购销合同的一般特点，又具有独立的特征。

(1) 当事人双方订立的物资采购合同，以转移财产所有权为目的。

(2) 采购人取得合同约定的建筑材料和设备，必须支付相应的价款。

(3) 物资采购合同是双务合同、有偿合同。双方互负一定义务，供货人应当保质、保量、按期交付合同订购的物资、设备，采购人应当按合同约定的条件接收货物并及时支付货款。

(4) 买卖合同是诺成合同。除了法律有特殊规定的情况外，当事人在合同上签字盖章合同即成立，并不以实物的交付为合同成立的条件。

8.1.2 建设工程物资采购合同的分类

(1) 根据建设物资采购合同的标的物的不同，可分为材料采购合同和设备采购合同两种。

(2) 根据建设工程物资采购是国内卖方还是国外卖方的不同，可将建设工程物资采购合同分为国内采购合同和国际采购合同两种。

(3) 根据建设工程物资采购合同的订立是否纳入国家计划为标准，可将建设工程物资采购合同划分为计划供应合同和市场采购合同两种。

8.1.3 材料采购合同管理

材料采购合同是指以工程项目所需材料为标的，以材料买卖为目的，明确当事人双方权利义务关系的协议。

8.1.3.1 材料采购合同的订立方式及合同主要内容

(1) 材料采购合同的订立方式。

① 招标投标方式。适用于大宗物资和重要设备的采购。

② 询价、报价签订合同方式。买方向卖方发出询价函，要求在规定的期限内做出报价，在收到卖方的报价后，经过比较选定报价合理的卖方，双方签订采购合同。

③ 直接定购。由买方直接向卖方提出报价及交货期限，卖方接受报价，双方签订合同。

(2) 材料采购合同的主要内容。

① 双方当事人的名称、地址、法定代表人的姓名等。委托代理的，应有授权委托书，并注明委托代理人的姓名、职务、地址等。

② 合同的标的。这是采购合同的主要条款，应标明采购材料的名称、商标、型号、规格、等级、生产厂家等。

③ 技术标准和质量要求。应注明各类材料的技术要求、试验项目、试验方法、试验频率及国家法律规定的国家强制性标准和行业强制性标准。

④ 材料数量（重量）及计量方法。材料数量（重量）由买方确定，以材料清单为依据，并规定交货数量的正负尾差、合理质量差、运输过程中的自然减（增）量和计量方法。计量单位应采用法定的计量单位，计量方法按照国家有关规定执行，无相应规定的可由双方协商

确定。

⑤ 材料的包装。包装质量应按国家和有关部门规定标准、要求确定，买方有特殊要求的，可由双方协商确定。材料的包装应适合材料的运输方式，并根据材料特点采取防潮、防水、防锈、防震、防腐蚀等保护措施。对于可再利用或能回收利用的包装材料，合同应规定其归属方。一般情况下，包装材料应由建筑材料的卖方提供。

⑥ 材料的交付方式。材料的交付可以采取送货、自提和代运三种方式。由于建设工程用料数量大、体积大、种类多、时间性强等特点，合同双方应协商确定合理的交付方式、明确交货地点，以保证及时、准确、安全、经济地履行合同。合同双方在合同条款中应明确所采用的货物交付方式、交货地点、发货方和接货方的名称等。

⑦ 材料的交付期限。买方根据工程建设进度确定，卖方应当予以保证。

⑧ 材料的价款与结算方式。在合同中应明确材料的价格和总价款，产品价格可由双方协商确定，或按照政府部门的指定价、指导价。我国现行的结算方式有现金结算和转账结算两种，由双方协商选用。

⑨ 材料价款的支付方式和支付时间。材料价款的支付方式有一次性支付、分期分批支付等方式，合同双方协商确定并在合同中明确规定材料价款支付的具体方式和支付的时间要求。

⑩ 特殊条款。如果双方对一些特殊条件或要求达成一致意见，也可以在合同中明确规定，成为合同的条款。

买卖双方对以上条款达成一致意见并形成书面协议后，经双方当事人签字盖章后生效，即发生法律效力。若合同当事人要求鉴证或公证的，则经鉴证机关鉴证或公证机关公证后方可生效。

8.1.3.2 材料采购合同的履行

材料采购合同订立后，合同双方应严格按照《民法典》的规定履行合同。

(1) 合同标的的履行

卖方交付的材料必须与合同规定的名称、品种、规格、型号等完全一致，除非买方同意，不得以其他材料代替合同标的，也不允许以支付违约金或赔偿金的方式代替履行合同。

① 交货期限。货物的交付期限是指货物交接的具体时间要求，合同中应予以写明，以便明确责任。卖方交付货物的日期应在合同规定的交付期限内。一般卖方交付货物的时间会发生三种情况：早于、符合或迟于合同规定的期限，根据合同约定，若发生延迟交货或提前交货，有关方将承担相应的违约责任。

② 交货地点。货物交付的地点应是合同指定的地点。

③ 交付货物的数量（重量）检验。卖方交付的货物数量（重量）需与合同规定的数量（重量）一致，经买方当场检验、清点确认后，由双方当事人签字确认。如卖方交付的货物数量（重量）与合同规定数量（重量）不一致时，根据合同的约定，违约方应负相应的违约责任。

④ 交付货物的质量检验与验收。对交付货物质量的检验、验收，是买方的权利和义务，买方在收到货物时，应在约定的时间内完成检验、验收，若买方在规定的期限内未提出货物质量上的异议，视为货物质量符合要求，卖方将不再负责。

(2) 合同的变更与解除

材料采购合同履行过程中，双方如果要变更合同或解除合同，必须按照《民法典》的有关规定执行。一方当事人要求变更或解除合同时，在未达成新的协议之前，原合同仍然有效。要求变更或解除合同的一方应及时通知对方，对方在接到书面通知后的 15 天或合同约定的时间内予以答复，逾期不答复则视为默认。

材料采购合同变更的内容可能涉及定购数量（重量）的变化、包装材料标准的变化、交货时间和地点的变化等方面。一般情况下，买方对合同约定的定购货物数量（重量）不应减少，否则将承担中途退货的责任。只有当卖方不能按时交付货物或交付的货物存在严重质量问题而影响工程的使用时，买方认为继续履行合同已无必要，才可以拒收货物，甚至解除合同关系。如果买方要求变更交货地点或接货人，应在合同规定的交货期限前40天通知卖方，以便卖方修改运输计划。迟于上述规定期限，双方应立即协商处理。如果已不可能变更或变更后会发生额外费用支出，其后果均由买方负责。

（3）违约责任

合同当事人不能履行合同时，应当承担违约责任，通常以违约金的形式承担违约赔偿责任。双方在订立合同时，应协商确定违约金的具体比例或数额。

① 卖方的违约责任。

a. 卖方不能全部或部分交货，应按合同规定的违约金比例乘以不能交货部分货款来进行赔偿。若违约金不足以赔偿买方所受到的损失时，可以修改违约金的计算方法，使实际受到的损失得到合理的赔偿。

b. 卖方逾期交货时，按合同约定依据逾期交货部分货款总价计算赔偿。发生逾期交货事件后，卖方应在发货前与买方就发货有关事宜进行协商，买方仍需要时，可以继续发货补齐，并承担逾期交货责任；如买方不再需要，买方则有权在接到卖方发货协商通知后15天内，通知卖方办理解除合同手续，买方逾期不答复则视为同意。

c. 如果卖方提前交货，买方可以拒收，或仍按合同约定时间付款。

d. 卖方所交付货物数量（重量）多于合同约定，且买方不予接受时，买方可以拒付多余部分的货款。

e. 卖方交付的货物在品种、型号、规格、花色、质量等方面不符合合同规定要求。如果买方同意接受，应按实际货物协商更改货款；如果买方不同意接受，应根据情况由卖方负责包换、包退或保修，发生的费用由卖方负责，且卖方应赔偿由此而造成的买方损失。

② 买方的违约责任。

a. 不按合同约定接受货物。在合同履行中，买方要求中途退货时，应向卖方支付按退货部分货款总额计算的违约金；逾期接受货物，除双方另有协商外，应由买方负责由于逾期接受货物而发生的费用。

b. 买方逾期付款，应按照合同约定的计算方法支付逾期付款利息，或按合同约定向卖方支付逾期付款违约金。

c. 由于买方原因造成交货地点错误时，所产生的后果和发生的费用均由买方负责。

（4）委托监理方对材料采购合同的管理

根据买方与监理单位签订的委托监理合同的有关条款，监理单位负责材料采购合同的管理工作。

① 对材料采购合同及时进行统一管理。

② 监督材料采购合同的订立。监理工程师虽然不参与材料采购合同的订立，但应根据施工合同中的有关要求，监督材料采购按照施工合同中的材料质量等级及技术要求订立合同，并对合同的履行期限进行控制。

③ 检查材料采购合同的履行。监理工程师应对进场材料进行全面检验，如果认为材料不符合合同要求，可责成买方拒收。同时也可以建议用合适的材料取代原来的材料。

④ 分析合同的执行。从投资控制、质量控制、进度控制的角度对执行中可能出现的问题和风险进行全面分析，防止由于材料采购合同的执行原因而造成施工合同不能全面履行。

8.1.4 设备采购合同管理

设备采购合同指以工程项目所需设备为标的物，以设备的买卖为目的，明确双方权利义务关系的协议。买方通常为建设单位或承包人，卖方通常为生产厂家或供货商。

8.1.4.1 设备采购合同的订立

(1) 建设工程中设备的供应方式

① 委托承包。由生产厂家或供应商根据发包人的要求进行承包供应，并收取一定的业务费。

② 按设备包干。根据发包人提出的设备要求及双方核定的设备预算总价，由生产厂家或供货商承包供应。

③ 招标投标。发包人对所需设备进行招标，生产厂家或供货商参加投标，按中标价格签订合同。

(2) 设备采购合同的主要条款

① 技术规范与设备专利权。合同中应明确设备的技术性能指标、规范要求；如果合同的设备涉及专利权问题，卖方需保证买方在使用该设备时不受第三方提出侵犯其专利权、商标权、工业设计权的起诉。

② 设备包装、装运条件及装运通知。卖方需确保设备在运输、装卸、仓储时的安全，同时在包装箱内附装箱单和质量合格证，包装箱外表应有醒目标识；卖方应在合同约定的交货期限前30日内通知买方有关的合同号、货物名称、数量、包装箱号、总重量、总体积、交货日期等信息；卖方在货物装箱完毕24小时内通知买方。

③ 设备保险。根据合同约定，由合同一方办理保险业务。一般地，根据设备购买价格不同确定办理保险的责任人：若按出厂价购买，由买方负责办理保险；按目的地交货价格购买，则由卖方办理保险。

④ 设备交付、设备价格与货款支付。合同中应明确卖方交付设备的期限、地点、方式；设备的价格、技术资料、技术服务等的费用；买方支付货款的时间、金额、方式。

⑤ 设备质量检验。卖方需保证设备的质量符合合同约定的要求。合同中应规定设备的检验方法和买方验收后不符合合同要求时的处理方法。如设备的包修、包退、包换等。

⑥ 不可抗力。双方应规定发生不可抗力事件的处理办法及责任划定。

⑦ 履约保证金。卖方应在收到中标通知书30日内，通知银行向买方提供合同总造价某一比例的履约保证金，其有效期到货物保证期满为止。其比例数目可由双方协商。

8.1.4.2 设备采购合同的履行

设备采购合同订立后，合同双方应严格履行。

(1) 合同标的的履行

① 设备交付。卖方应按照合同约定期限按时、保质、保量履行供货义务，并做好现场服务工作，及时解决有关设备的技术质量、技术服务工作。

② 设备的验收。买方对交付的设备及时进行检验、验收，若发现设备不符合合同约定要求，应及时通知卖方，卖方根据合同规定进行处理。

③ 货款支付与结算。买方对交付的货物无异议时，应按照合同约定的日期向卖方支付货款。支付方式可以采取现金支付、银行转账等方式。

（2）违约责任

合同双方应积极履行合同内容，任何一方都不能无故违反合同的规定，否则将承担相应的违约责任。合同中需明确双方的违约金比例数目。

① 卖方的违约责任，主要有：

a. 延误违约责任。例如未能按合同规定时间交付设备，或因技术服务的延误、疏忽或错误导致工程延误，卖方承担违约责任。

b. 设备质量、数据违约。卖方交付的设备质量达不到合同约定要求，或数量与合同规定不符，卖方承担违约责任。

c. 由于卖方中途解除合同，买方自行采取合理的补救措施，卖方应负责赔偿由此而造成的买方的损失。

d. 由于卖方责任而造成买方的返工、误工时，卖方应承担因此所发生的合理费用的赔偿责任。

e. 因卖方原因不能交货时，卖方按照不能交货部分设备约定价格的某一百分比计算违约金。

② 买方的违约责任。主要有：

a. 买方在验收货物后如无异议，则应按约定要求支付货款，无故逾期支付，则应按合同约定的违约金计算办法或按合同中的约定支付违约金。

b. 买方中途退货，卖方可采取合理的补救措施，买方将负责赔偿由此而造成的卖方的损失。

（3）委托监理方对设备采购合同的管理

根据买方与监理单位签订的委托监理合同的有关条款，监理单位在授权范围内对设备采购合同进行管理。

① 对设备采购合同及时编号，统一管理。

② 参与设备采购合同的订立。监理工程师可参与设备采购合同招标投标工作，提出对设备的技术要求及交货期限要求。

③ 监督设备采购合同的履行，监理工程师可以参与对用于设备制造的材料、制造工艺及制造进度的检查和检验。如果监理工程师认为设备制造的检查或检验结果不符合合同规定时，可拒收该类设备，并就此通知施工承包人。任何工程设备必须得到监理工程师的书面认可后方可运送到现场。

8.2 建设工程分包合同

8.2.1 建设工程分包合同概念

工程分包合同是指承包人为将工程承包合同中某些专业工程施工交由另一承包人（分包商）完成而与其签订的合同。建筑工程总承包单位可以将承包工程中的部分工程发包给具有相应资质条件的分包单位。

分包、转包的相关规定：

（1）经发包人同意，总承包人可以将自己承包的“部分工作”交由第三人完成；第三人就其完成的工作成果与总承包人向发包人承担“连带责任”。

（2）建设工程主体结构的施工必须由总承包人自行完成。

（3）总承包人不得将其承包的建设工程“全部”转包给第三人或者将其承包的全部建设工程肢解后以分包的名义分别转包给第三人。

（4）禁止分包人将其承包的工程再分包。

在分包活动中，作为发包人的建筑施工企业是分发包人，作为承包一方的建筑施工企业是分承包人。根据交易对象的不同，建筑工程分包包括专业工程分包和劳务作业分包两类。专业工程分包，是指施工总承包企业将其所承包工程中的专业工程发包给具有相应资质的其他建筑业企业完成的活动。劳务作业分包，是指施工总承包企业或者专业承包企业将其承包工程中的劳务作业发包给劳务分包企业完成的活动。

8.2.2 建筑工程分包活动特征

（1）主体是特定的。一般的，分发包人是直接从建设单位承接工程任务的建筑业企业，分承包人是从分发包人那里承接工程任务的专业承包企业或者劳务分包企业，两者在市场中的地位是平等的。建设单位不是分包市场的主体，建设行政主管部门或工商行政管理机关等部门也不是分包市场的主体，它们是建筑市场管理的主体，它们与市场主体之间的关系是建筑市场管理活动的纵向的行政关系。

（2）客体是特定的。分包交易的客体是承、发包双方的权利义务共同指向的对象，包括承、发包范围内的专业性建筑产品或建筑劳务。交易客体必须是建筑工程中由法律、法规或规章规定允许分包的部分，或者从反面理解，交易客体不得是法律、法规或规章禁止分包的部分。

（3）主体之间的关系是横向的平等的财产关系。它根源于承发包双方之间的地位平等。但不平等的情况现实存在，不过这也恰说明，需要发展分包市场并对其引导、管理和监督。

8.2.3 建设工程施工分包合同

《建筑法》《建设工程质量管理条例》等相关法规中，对工程分包活动都有明确的规定。为了规范建设工程施工分包活动，维护建筑市场秩序，保证工程质量和施工安全，实施对工程施工分包活动的监督管理，建设部颁布了《房屋建筑和市政基础设施工程施工分包管理办法》，并于2004年4月1日起实施。

8.2.3.1 分包资质管理

分包工程承包人必须具有相应的资质，并在其资质等级许可的范围内承揽业务。禁止承包人将工程分包给不具备相应资质条件的单位，这是维护建筑市场秩序和保证建设工程质量的需要。

（1）专业承包资质。专业承包序列企业资质设2～3个等级，60个资质类别。

（2）劳务分包资质。劳务分包序列企业资质设1～2个等级，13个资质类别。

国家鼓励发展专业承包企业和劳务分包企业，提倡分包活动进入有形建筑市场公开交易，完善有形建筑市场的分包工程交易功能。

8.2.3.2 总、分包的责任

专业工程分包除在施工总承包合同中有约定外，必须经建设单位认可。专业分包工程承包人必须自行完成所承包的工程。劳务作业分包由劳务作业发包人与劳务作业承包人通过劳务合同约定。劳务作业承包人必须自行完成所承包的任务。

建设单位不得直接指定分包工程承包人。任何单位和个人不得对依法实施的分包活动进行干预。法律规定严禁个人承揽分包工程业务。

建筑工程总承包单位按照总承包合同的约定对建设单位负责，分包单位按照分包合同的约定对总承包单位负责。总承包单位和分包单位就分包工程对建设单位承担连带责任。

8.2.3.3 关于分包的法律禁止性规定

施工分包活动必须依法进行。施工单位不得转包或违法分包工程。

(1) 违法分包。根据《建设工程质量管理条例》的规定，违法分包指下列行为：

① 分包工程发包人将专业工程或者劳务作业分包给不具备相应资质条件的分包工程承包人的，包括不具备资质条件和超越自身资质等级承揽业务两类情况。

② 施工总承包合同中未有约定，又未经建设单位认可，分包工程发包人将承包工程中的部分专业工程分包给他人的。

③ 施工总承包单位将建设工程主体结构的施工分包给其他单位的。

④ 分包单位将其承包的建设工程再分包的。

(2) 转包。不履行合同约定，将其承包的全部工程发包给他人，或者将其承包的全部工程肢解后以分包的名义分别发包给他人的，属于转包行为。

分包工程发包人将工程分包后，未在施工现场设立项目管理机构和派驻相应人员，并未对该工程的施工活动进行组织管理的，视同转包行为。

(3) 挂靠。挂靠是与违法分包和转包密切相关的另一种违法行为。

① 转让、出借企业资质证书或者以其他方式允许他人以本企业名义承揽工程的。

② 项目管理机构的项目经理、技术负责人、项目核算负责人、质量管理人员、安全管理人员等不是本单位人员，与本单位无合法的人事或者劳动合同、工资福利以及社会保险关系的。

③ 建设单位的工程款直接进入项目管理机构财务的。

8.2.4 建设工程施工专业分包合同

8.2.4.1 组成合同的文件及解释顺序

(1) 双方签署的分包合同协议书。

(2) 承包人发出的分包中标书。

(3) 分包人的报价书。

(4) 除总承包合同工程价款之外的总承包合同文件。

(5) 本分包合同专用条款。

(6) 分包合同通用条款。

(7) 标准规范，图纸，列有标价的工程量清单。

(8) 报价单或施工图预算书。

当合同文件出现不一致时，上面的顺序就是合同的优先解释顺序。合同履行过程中，承包人和分包人协商一致的其他书面文件也是分包合同的组成部分。这些变更的协议或文件的效力高于其他合同文件，并且签署在后的协议或文件的效力高于签署在先的协议或文件。

8.2.4.2 建设工程施工专业分包合同的主要内容

建设部和国家工商行政管理总局于2003年发布了《建设工程施工专业分包合同（示范文本）》（GF—2003—0213），其规范了专业分包合同的主要内容。该示范文本由“协议书”“通用条款”“专用条款”三部分组成。

（1）“协议书”内容

① 分包工程概况：分包工程名称；分包工程地点；分包工程承包范围。

② 分包工程价款。

③ 工期：开工日期；竣工日期；合同工期总日历天数。

④ 工程质量标准。

⑤ 组成合同的文件包括：本合同协议书；中标通知书（如有时）；分包人的报价书；除总承包合同工程价款之外的总承包合同文件；本合同专用条款；本合同通用条款；本合同工程建设标准、图纸及有关技术文件；合同履行过程中，承包人和分包人协商一致的其他书面文件。

⑥ 本协议书中有关词语含义与本合同第二部分“通用条款”中分别赋予它们的定义相同。

⑦ 分包人向承包人承诺，按照合同约定的工期和质量标准，完成本协议书第一条约定的工程，并在质量保修期内承担保修责任。

⑧ 承包人向分包人承诺，按照合同约定的期限和方式，支付本协议书第二条约定的合同价款及其他应当支付的款项。

⑨ 分包人向承包人承诺，履行总承包合同中与分包工程有关的承包人的所有义务，并与承包人承担履行分包工程合同以及确保分包工程质量的连带责任。

⑩ 合同的生效。

（2）“通用条款”内容

① 词语定义及合同文件，包括词语定义，合同文件及解释顺序，语言文字和适用法律、行政法规及工程建设标准，图纸。

② 双方一般权利和义务，包括承包人的工作和分包人的工作。

③ 工期。

④ 质量与安全。

⑤ 合同价款与支付。

⑥ 工程变更。

⑦ 竣工验收与结算。

⑧ 违约、索赔及争议。

⑨ 保障、保险及担保。

⑩ 其他，包括材料供应、文件、不可抗力、分包合同解除、合同生效与终止、合同份数和补充条款等规定。

（3）“专用条款”内容

“专用条款”的条目、内容与“通用条款”是相对应的，“专用条款”具体内容是承包人与分包人协商将工程的具体要求填写在合同文本中，建设工程专业分包合同“专用条款”的解释优于“通用条款”。

8.2.4.3 建设工程施工专业分包合同的履行

(1) 分包人应按照分包合同的各项规定，实施和完成分包工程，修补其中的缺陷，提供所需的全部工程监督、劳务、材料、工程设备和其他物品，提供履约担保、进度计划，不得将分包工程进行转让或再分包。

(2) 承包人应提供总承包合同（工程量清单或费率所列承包人的价格细节除外）供分包人查阅。

(3) 分包人应当遵守分包合同规定的承包人的工作时间和规定的分包人的设备材料进出场的管理制度，承包人应为分包人提供施工现场及其通道；分包人应允许承包人和监理工程师等在工作时间内合理进入分包工程的现场，并提供方便，做好协助工作。

(4) 分包人延长竣工时间应根据下列条件：承包人根据总承包合同延长总承包合同竣工时间；承包人指示延长；承包人违约。分包人必须在延长开始 14 天内将延长情况通知承包人，同时提交一份证明或报告，否则分包人不能获得延期。

(5) 分包人应从承包人处接受指示，并应执行其指示。如果上述指示从总承包合同来分析是监理工程师失误所致，则分包人有权要求承包人补偿由此而导致的费用。

(6) 分包人应根据以下指示变更、增补或删除分包工程：监理工程师根据总承包合同作出的再由承包人作为指示通知分包人；承包人的指示。

8.2.5 建设工程施工劳务分包合同

2003 年建设部和国家工商行政管理总局发布了《建设工程施工劳务分包合同（示范文本）》(GF—2003—0214)，规范了劳务分包合同的主要内容。

8.2.5.1 劳务分包合同主要条款

劳务分包合同主要包括：劳务分包人资质情况；劳务分包工作对象及提供劳务内容；分包工作期限；质量标准；合同文件及解释顺序；标准规范；总（分）包合同；图纸；项目经理；工程承包人义务；劳务分包人义务；安全施工与检查；安全防护；事故处理；保险；材料、设备供应；劳务报酬；工程量的确认；劳务报酬的中间支付；施工机具、周转材料供应；施工变更；施工验收；施工配合；劳务报酬最终支付；违约责任；索赔；争议；禁止转包或再分包；不可抗力；文物和地下障碍物；合同解除；合同终止；合同份数；补充条款；合同生效。

8.2.5.2 工程承包人与劳务分包人的义务

(1) 工程承包人的义务

① 组建与工程相适应的项目管理班子，全面履行总（分）包合同组织实施施工管理的各项工作，对工程的工期和质量向发包人负责。

② 除非本合同另有约定，工程承包人完成劳务分包人施工前期的下列工作并承担相应费用：向劳务分包人交付具备本合同项下劳务作业开工条件的施工场地；完成水、电、热、通信等施工管线和施工道路，并满足完成本合同劳务作业所需的能源供应、通信及施工道路畅通的时间和质量要求；向劳务分包人提供相应的工程地质和地下管网线路资料；办理各种证件、批件、规费，但涉及劳务分包人自身的手续除外；向劳务分包人提供相应的水准点与坐标控制点位置；向劳务分包人提供生产、生活临时设施。

③ 负责编制施工组织设计，统一制订各项管理目标，组织编制年、季、月施工计划、物资需求计划表，实施对工程质量、工期、安全生产、文明施工、计量分析、试验化验的控制、监督、检查和验收。

④ 负责工程测量定位、沉降观测、技术交底，组织图纸会审，统一安排技术档案资料的收集整理及交工验收。

⑤ 统筹安排、协调解决非劳务分包人独立使用的生产、生活临时设施，工作用水、用电及施工场地。

⑥ 按时提供图纸，及时交付应供材料、设备，提供施工机械设备、周转材料、安全设施以保证施工需要。

⑦ 按本合同约定，向劳务分包人支付劳动报酬。

⑧ 负责与发包人、监理、设计及有关部门联系，协调现场工作关系。

(2) 劳务分包人的义务

① 对本合同劳务分包范围内的工程质量向工程承包人负责，组织具有相应资格证书的熟练工人投入工作；未经工程承包人授权或允许，不得擅自与发包人及有关部门建立工作联系；自觉遵守法律法规及有关规章制度。

② 劳务分包人根据施工组织设计总进度计划的要求按约定的日期（一般为每月底前若干天）提交下月施工计划，有阶段工期要求的提交阶段施工计划，必要时按工程承包人要求提交旬、周施工计划，以及与完成上述阶段、时段施工计划相应的劳动力安排计划，经工程承包人批准后严格实施。

③ 严格按照设计图纸、施工验收规范、有关技术要求及施工组织设计精心组织施工，确保工程质量达到约定的标准；科学安排作业计划，投入足够的人力、物力，保证工期；加强安全教育，认真执行安全技术规范，严格遵守安全制度，落实安全措施，确保施工安全；加强现场管理，严格执行建设主管部门及环保、消防、环卫等有关部门对施工现场的管理规定，做到文明施工；承担由于自身责任造成的质量修改、返工、工期拖延、安全事故、现场脏乱造成的损失及各种罚款。

④ 自觉接受工程承包人及有关部门的管理、监督和检查；接受工程承包人随时检查其设备、材料的保管、使用情况，及操作人员的有效证件、持证上岗情况；与现场其他单位协调配合，照顾全局。

⑤ 按工程承包人统一规划堆放材料、机具，按工程承包人标准化工地要求设置标牌，搞好生活区的管理，做好自身责任区的治安保卫工作。

⑥ 按时提交报表、完整的原始技术经济资料，配合工程承包人办理交工验收。

⑦ 做好施工场地周围建筑物、构筑物和地下管线及已完工程部分的成品保护工作，因劳务分包人责任发生损坏，劳务分包人自行承担由此引起的一切经济损失及各种罚款。

⑧ 妥善保管、合理使用工程承包人提供或租赁给劳务分包人使用的机具、周转材料及其他设施。

⑨ 劳务分包人须服从工程承包人转发的发包人及工程师的指令。

⑩ 除非本合同另有约定，劳务分包人应对其作业内容的实施、完工负责，劳务分包人应承担并履行总（分）包合同约定的、与劳务作业有关的所有义务及工作程序。

8.2.5.3 安全防护及保险

(1) 安全防护

① 劳务分包人在动力设备、输电线路、地下管道、密封防震车间、易燃易爆地段以及临街交通要道附近施工时，施工开始前应向工程承包人提出安全防护措施，经工程承包人认

可后实施，防护措施费用由工程承包人承担。

② 实施爆破作业，在放射、毒害性环境中工作（含储存、运输、使用）及使用毒害性、腐蚀性物品施工时，劳务分包人应在施工前10天以书面形式通知工程承包人，并提出相应的安全防护措施，经工程承包人认可后实施，由工程承包人承担安全防护施工费用。

③ 劳务分包人在施工现场内使用的安全保护用品（如安全帽、安全带及其他保护用品），由劳务分包人提供使用计划，经工程承包人批准后，由工程承包人负责供应。

（2）保险

① 劳务分包人施工开始前，工程承包人应获得发包人为施工场地内的自有人员及第三方人员生命财产办理的保险，且不需劳务分包人支付保险费用。

② 运至施工场地用于劳务施工的材料和待安装设备，由工程承包人办理或获得保险，且不需劳务分包人支付保险费用。

③ 工程承包人必须为租赁或提供给劳务分包人使用的施工机械设备办理保险，并支付保险费用。

④ 劳务分包人必须为从事危险作业的职工办理意外伤害保险，并为施工场地内自有人员生命财产和施工机械设备办理保险，支付保险费用。

⑤ 保险事故发生时，劳务分包人和工程承包人有责任采取必要的措施防止或减少损失。

8.2.5.4 劳务报酬

（1）劳务报酬的方式

① 固定劳务报酬（含管理费）。

② 约定不同工种劳务的计时单价（含管理费），按确认的工时计算。

③ 约定不同工作成果的计件单价（含管理费），按确认的工程量计算。

（2）劳务报酬最终支付

① 全部工作完成，经工程承包人认可后14天内，劳务分包人向工程承包人递交完整的结算资料，双方按照本合同约定的计价方式，进行劳务报酬的最终支付。

② 工程承包人收到劳务分包人递交的结算资料后14天内进行核实，给予确认或者提出修改意见。工程承包人确认结算资料后14天内向劳务分包人支付劳务报酬尾款。

③ 劳务分包人和工程承包人对劳务报酬结算价款发生争议时按本合同关于争议的约定处理。

8.2.5.5 违约责任

（1）当发生下列情况之一时，工程承包人应承担违约责任：

① 工程承包人违反合同的约定，不按时向劳务分包人支付劳务报酬。

② 工程承包人不履行或不按约定履行合同义务的其他情况。

（2）工程承包人不按约定核实劳务分包人完成的工程量或不按约定支付劳务报酬或劳务报酬尾款时，应按劳务分包人同期向银行贷款利率向劳务分包人支付拖欠劳务报酬的利息，并按拖欠金额向劳务分包人支付违约金。

（3）工程承包人不履行或不按约定履行合同的其他义务时，应向劳务分包人支付违约金，工程承包人尚应赔偿因其违约给劳务分包人造成的经济损失，顺延延误的劳务分包人工作时间。

（4）当发生下列情况之一时，劳务分包人应承担追约责任：

① 劳务分包人因自身原因延期交工的。

② 劳务分包人施工质量不符合合同约定的质量标准，但能够达到国家规定的最低标准的。

③ 劳务分包人不履行或不按约定履行合同的其他义务时，劳务分包人尚应赔偿因其违约给工程承包人造成的经济损失，延误的劳务分包人工作时间不予顺延。

(5) 一方违约后，另一方要求违约方继续履行合同时，违约方承担上述违约责任后仍应继续履行合同。

8.3 加工合同管理

加工合同是承揽合同中的一种，指定作方（采购方）与加工方（承揽方）为生产加工某一特定产品，明确双方权利和义务关系而签订的协议。

(1) 加工合同的主要内容

加工合同通常采用标准合同格式，可参照物资采购合同的格式订立。从加工合同的内容来看，很多条款与物资采购合同的条款相同，约定的原则也基本一致。

(2) 加工合同的履行

加工合同订立后，合同双方应严格按照合同的有关规定履行。

① 合同标的的履行

a. 产品的交付。加工方应按照合同约定期限按时、保质、保量履行供货义务，并做好现场服务工作，及时解决有关产品的技术质量、技术服务工作。

b. 产品的验收。定作方对交付的产品应及时组织检验、验收，若发现产品不符合合同约定要求，应及时通知加工方，加工方根据合同规定进行处理。

c. 货款支付与结算。定作方对交付的产品无异议时，应按照合同约定的日期向加工方支付货款。支付方式可以采取现金支付或银行转账方式。

② 违约责任

加工合同双方应积极履行合同内容，任何一方都不能无故违反合同约定要求，否则将承担相应的违约责任。合同中需明确约定的违约金的比例或数额。

8.4 运输合同管理

运输合同是承运方与托运方之间以完成某人或某货物的运输任务为目的，为明确双方权利和义务关系而签订的协议。一般根据标的不同分为客运和货运两种。在建设工程中只涉及货物运输合同。

(1) 货物运输合同的主要内容

因为货物运输合同有标准格式，托运方与承运方可参照运输合同示范文本的条款来签订合同。

① 铁路货物运输合同。铁路货物运输目前有大宗货运、零担货运、集装箱货运等方式。

a. 大宗货运合同。一般按年度、半年度、季度、月度签订铁路运输合同，主要内容包括：托运方和收货方的名称；货物的发站地点和到站地点；货物的名称、数量、重量等；车种和车数；运输费用；违约责任和双方约定的其他内容。

b. 零担货运、集装箱货运等运输合同。这类货运具有实践性特点，一般以货物运单作为合同，主要内容包括：托运方和收货方的名称和详细地址；货物的发站地点和到站地点及到站的主管铁路局；货物的名称、件数、重量（包括包装重量）等；货物的包装、标志；承运日期和货物到达期限；运输费用；货车型号和车号；双方的违约责任；双方约定的其他内容。

② 公路货物运输合同。公路货物运输有整批货物运输、零担货物运输等方式，主要内容包括：货物的名称、性质、体积、数量及包装标准；货物起运地点、到达地点、运距、收货方与发货方名称及地址；运输质量要求及安全要求；货物的装卸责任和装卸方法；货物的交接手续；批量货物的运输起止日期；年、季、月度合同的运输计划提送期限和运输计划的最大限量；运输费计算标准及结算方式；合同变更、解除的相关约定；双方的违约责任等。

③ 水路货物运输合同。水路运输的方式有船载和拖带两种。主要内容包括：货物名称；托运方与收货方名称；起运港与到达港，海、江、河联运的则应说明换装港；货物重量、体积；双方的违约责任等。

（2）货物运输合同的管理

在工程建设中，业主、承包人、物资供应方都有可能成为货物运输合同的托运方。合同的双方都应严格按照合同约定要求来履行，并做好合同的管理。受托的监理单位可以协助建设单位监督货物运输合同的履行。

① 做好物资供应计划的管理，并根据物资供应计划向运输部门申报货物运输计划。

② 做好货物的检查工作。在托运前、后对建设物资进行全面的检查。

③ 需要包装的货物，应按国家包装标准或行业包装标准进行包装。没有统一规定的，可以根据货物的性质特点，在保证货物运输安全的原则下进行包装。

④ 及时交付、领取货物。由于运输行业有较强的时间性，合同双方要按约定的期限交付货物和领取货物。

⑤ 对特种货物和危险货物的运输必须单独填写运单，如实写明运输货物的名称、性质等，并按有关部门的要求进行包装和附加明显标志。

⑥ 承运方出现违约责任时，应根据合同约定的处理方法解决或按国家关于货物运输的法律法规进行解决。

<<<< 思考题 >>>>

1. 材料采购合同有哪些条款？当事人双方应如何承担违约责任？
2. 设备采购合同有哪些条款？当事人双方应如何承担违约责任？
3. 加工合同的主要内容有哪些？
4. 运输合同的主要内容有哪些？
5. 简述建设工程施工专业分包合同中组成合同的文件及解释顺序。

工程索赔

学习目标

掌握索赔的概念与特征，熟悉费用、工期索赔的计算方法，具有初步编写索赔报告和正确处理索赔的能力。

【本章知识体系】

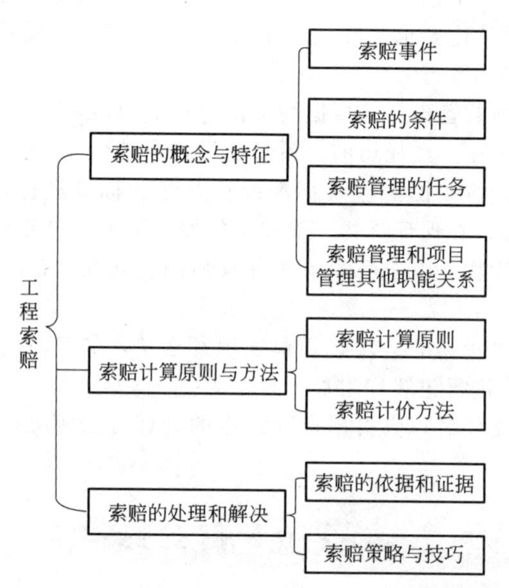

工程索赔是建设工程施工合同管理的核心内容，工程索赔的管理水平在一定程度上也体现出了合同管理的水平，索赔管理能够促使合同双方为了防止对方向自己提出索赔而不断提高合同管理水平，并且索赔管理工作的开展有益于建设工程施工合同的动态管理，使得合同管理工作贯穿于整个工程建设过程中，对于提高我国建筑业的合同管理水平有着积极的现实意义。

9.1 索赔的概念与特征

工程索赔是指在工程承包合同履行的过程中，合同一方当事人由于合同另一方当事人因未履行或不能正确完全履行合同所规定的义务，或者不能够实践承诺的合同条件实现而使自身的权益受损，向对方提出补偿的要求。

索赔的提出是向合同对方当事人提出补偿的要求，而并非一种惩罚的手段。索赔从本质上讲是合同双方当事人保护自己的合法权益、降低自身因风险发生而遭受损失的一种合法合理的权利主张，是在正确完全履行合同所规定义务的基础上为自身争取合理补偿的一种方式方法。并且，从索赔的概念中还可以看出，索赔是双向的，即发包人可以向承包人索赔，承包人也可以向发包人索赔。索赔具有以下作用：

① 索赔能够减少合同违约行为的发生，对合同双方当事人有法律约束的作用，当事人在违约前必须首先考虑违约后所要承担的后果，这对合同双方当事人都有一定的警告作用，促使合同当事人规范自身的行为，及时履行自身的合同义务。

② 索赔是合同双方当事人自身权益的保障手段与方法，也是合同风险的合理再分配，当自身的权益因对方不履约而遭受损失时，可以通过索赔来弥补。

③ 索赔能够保证合同的顺利实施，建设工程施工合同签订以后，明确了合同双方的权利、责任、义务，如果一方违约或不完全履约而不用承担任何后果的话，签订的合同也就毫无意义，那么建设工程项目也无法进行管理，因此，索赔是工程合同管理中不可缺少的一部分。

(1) 索赔的分类方式

① 按照干扰事件的性质划分。

a. 工期拖延索赔，发包人未能按照合同约定为承包人提供相应的施工条件，如拖延交付施工图纸、施工道路与场地不具备施工条件等。

b. 工程变更索赔，工程变更包括施工合同规定的工程数量的增减、工程量的变化超过一定幅度，承包人受到发包人或监理工程师的指令而更改施工图纸、施工方案等，造成发包人费用增加或工期延长。

c. 不可预见的干扰因素索赔，在工程项目施工过程中遇到了无法预见的干扰因素造成了发包人的损失而造成的索赔。如地下未勘探到的岩石、断层、地下水等。

d. 施工合同终止索赔，由于不确定因素，如不可抗力等导致发包人无法继续履行合同，致使工程无法继续实施，对承包人造成经济损失，承包人提出索赔。

e. 其他索赔，由于通货膨胀、国家的法令政策改变等原因引起的索赔。

② 按照索赔的目的划分。

a. 工期索赔，由于并非发包人自身的原因导致工期滞后而向承包人提出工期延长的索赔。

b. 费用索赔，即发包人要求承包人补偿自身的经济利益损失。

③ 按照索赔依据的理由划分。

a. 合同内索赔，索赔的依据在合同文本中能够找到相应的条款。

b. 合同外索赔，索赔的依据在合同中没有明确的规定，必须按照与合同相关的法律法规来解决索赔争议。

c. 道义索赔，索赔的要求没有合同依据，也无相关的法律法规支持，而是由于承包人自身的失误导致巨大的经济损失，其后果可能直接影响承包人对合同的履行能力，发包人从道义上给予承包人一定的经济补偿。

④ 按照索赔的处理方式划分。

a. 单项索赔，顾名思义就是对发生的索赔事件进行一项一项地索赔，针对某一项索赔事件发生的有效期限内，合同管理人员向监理工程师递送索赔通知意向书。其优点是处理容易，实施过程简便。

b. 总索赔，又称综合索赔，是指在工程竣工验收之前将工程建设过程中所有发生的未解决的索赔事件作为一个整体向发包人提出总索赔，由发包人和承包人在指定的时间内一块解决所有的索赔争议。总索赔在国际工程中经常被使用。

⑤ 按照索赔的起因划分。按照索赔的起因可以把索赔分为发包人违约索赔、合同错误索赔、合同变更索赔、工程环境变化索赔、不可抗力因素索赔。

（2）工程索赔的成因

由于建设工程项目自身的特点，在整个建设项目的实施过程中，索赔的起因有很多，主要有以下几个方面：

① 施工合同变更。施工合同变更的实质是在工程实施过程中更改了施工合同的内容，其中包括设计变更、施工方案变更、工期变更以及工程量的增减，这些都给承包人带来工程建设实施的困难，甚至是经济损失，承包人可以向发包人进行索赔。

② 施工合同缺陷或矛盾以及有歧义。在建设工程施工合同的具体实施过程中，由于合同内容及条款不全面、不严谨或是合同条款表述意思有歧义，都可能会造成承包人费用的增加以及施工工期的延长，从而引起索赔事件的发生。因为合同文本通常情况下是由承包人进行起草的，对于合同内容的缺陷或矛盾以及歧义的过失应该负责，除非其中有非常明显的遗漏或缺陷，依照常识可以推定承包人有义务在投标时发现并及时向业主报告。

③ 施工延期。施工延期的发生是比较常见的，具体是指由于气候、地质或其他的因素造成施工无法按照原计划进行施工，这些都是非承包人的原因造成的。施工延期一般都是无法预见的因素所造成，一旦发生必然会给承包人带来经济和工期上的损失。但由于造成施工延期的原因有时是多方因素共同造成的，所以在责任划分时合同双方容易出现分歧，很容易引起承包人向发包人进行索赔。

④ 现场施工条件变化。施工现场的施工条件变化是指在现场施工时，发现了无法预料的状况，如地下水、地下断层、地下隐藏障碍物、地下文物遗址等，另外由于未勘察到的地下管道、已有地下废弃混凝土建筑物等，都会使承包人花费更多的时间、人力、物力以及财力去解决相应的状况，容易引起索赔事件的发生。

⑤ 发包人违约。发包人违约，比如发包人未按合同规定的时间为承包人提供“三通一平”的施工条件，未能及时地支付建设工程项目的工程款，发包人指定的分包商出现违约现象等，这不仅损害到了承包人的权益，还会影响到整个建设工程项目预定目标的实现。

⑥ 监理工程师的不当指令。监理工程师受发包人的委托对工程建设进行管理监督，以确保合同的顺利履行。因此监理工程师有权对承包人发布书面或口头的指令，但是如果监理工程师要求承包人进行合同内容以外的工作，会对承包人造成额外的费用负担，在承包人按其指令完成工作后，有权向发包人进行索赔以弥补自身的损失。

⑦ 国家相关法律法规的变化。国家相关的法律法规是建筑工程施工合同签订的依据和准则，如果相关的法律法规发生了变化，如征收的税率变化，建筑材料的变更等，都会影响到建设工程项目的经济效益和总体造价，容易引起索赔。

（3）工程索赔的作用

① 索赔可以保证合同的顺利实施；

② 索赔是合同和法律赋予合同当事人的权利；

③ 合同是落实和调整当事人双方权利义务关系的有效手段；

④ 索赔是合同双方风险分担的合理再分配；

⑤ 索赔对提高企业和工程项目管理水平起着重要的促进作用；

⑥ 索赔有助于政府转变职能；

⑦ 索赔有助于承发包更快地熟悉国际惯例，有助于对外开放和对外承包工程的开展。

（4）工程索赔的程序

当合同当事人其中一方向另一方提出索赔时，要有正当的索赔理由，且有索赔事件发生时的有效证据。发包人未能按合同约定履行自己的各项义务或发生错误以及第三方原因，给承包人造成延期支付合同价款、延误工期或其他经济损失，包括不可抗力延误的工期，均属索赔理由。承包人未能按合同约定履行自己的各项义务和发生错误给发包人造成损失的，发包人可按工程索赔程序向承包人提出索赔。

① 发出索赔意向通知。索赔事件发生28天内，向监理工程师发出索赔意向通知。合同实施过程中，凡不属于承包人责任导致项目拖期和成本增加事件发生后的28天内，必须以正式函件通知工程师，声明对此事项要求索赔，同时仍须遵照工程师的指令继续施工。该意向通知是承包人就具体的索赔事件向工程师和发包人表示的索赔愿望和要求。如果超过这个期限，工程师和发包人有权拒绝承包人的索赔要求。索赔事件发生后，承包人有义务做好现场施工的同期记录，工程师有权随时检查和调阅，以判断索赔事件造成的实际损害。

② 递交索赔报告。发出索赔意向通知后28天内，向监理工程师提出补偿经济损失和（或）延长工期的索赔报告及有关资料。正式提出索赔申请后，承包人应抓紧准备索赔的证据资料，包括事件的原因、对其权益影响的证据资料、索赔的依据，以及其他计算出的该事件影响所要求的索赔额和申请展延工期天数，并在索赔申请发出的28天内报出，逾期的视同该索赔事件未引起工程款额的变化和工期的延误。

③ 监理工程师审核承包人的索赔申请。监理工程师在收到补充索赔理由和证据后，于28天内给予答复。接到承包人的索赔信件后，监理工程师应该立即建立自己的索赔档案，密切关注事件的影响，检查承包人的同期记录时，随时就记录内容提出他的不同意见或他希望应予以增加的记录项目。在接到正式索赔报告以后，认真研究承包人的索赔资料，在不确认责任属谁的情况下，依据自己的同期记录资料客观分析事故发生的原因，重温有关合同条款，研究承包人提出的索赔证据。必要时还可以要求承包人进一步提交补充资料，包括索赔的更详细说明材料或索赔计算的依据。如对承包人与发包人或监理工程师都负有一定责任的事件，更应划出各方应该承担合同责任补偿要求，剔除其中的不合理部分，拟定计算的合理索赔款额和工期顺延天数。监理工程师在28天内未予答复或未对承包人做进一步要求，视为该项索赔已经认可。

④ 当该索赔事件持续进行时，承包人应当阶段性向监理工程师发出索赔意向，在索赔事件终了后28天内，向监理工程师提供索赔的有关资料和最终索赔报告。

⑤ 监理工程师与承包人谈判，双方各自依据对这一事件的处理方案进行友好协商，若能通过谈判达成一致意见，则该事件较容易解决。如果双方对该事件的责任、索赔款额或工期展延天数分歧较大，通过谈判达不成共识的话，按照条款规定监理工程师有权确定一个他认为合理的单价或价格作为最终的处理意见报送业主并相应通知承包人。

⑥ 发包人审批监理工程师的索赔处理证明。发包人首先根据事件发生的原因、责任范围、合同条款审核承包人的索赔申请和监理工程师的处理报告，再根据项目的目的、投资控制、竣工验收要求，以及针对承包人在实施合同过程中的缺陷或不符合合同要求的地方提出反索赔方面的考虑，决定是否批准工程师的索赔处理证明。

⑦ 承包人是否接受最终的索赔决定。承包人同意最终的索赔决定，这一索赔事件即告结束。若承包人不接受监理工程师的单方面决定或业主删减的索赔或工期展延天数过大，也会导致合同纠纷。通过谈判和协调，双方达成互让的解决方案是处理纠纷的理想方式。如果

双方不能达成谅解就只能诉诸仲裁或诉讼。

索赔事件发生后，工程索赔程序如图 9.1 所示。

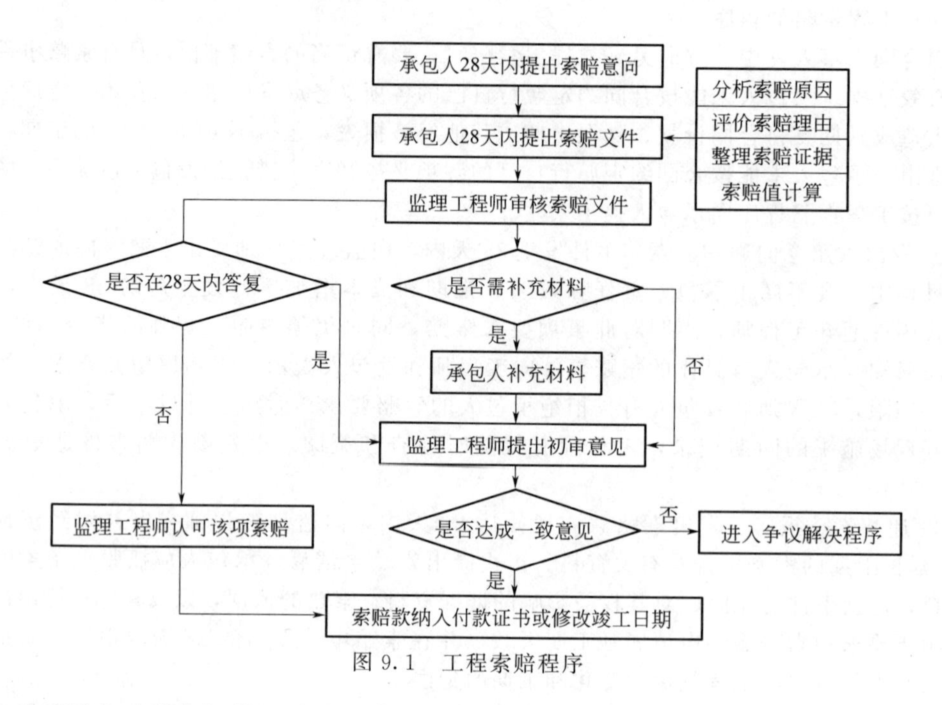

图 9.1　工程索赔程序

（5）索赔与违约责任的区别

① 索赔事件的发生，不一定在合同文件中有约定；而工程合同的违约责任，则必然是合同所约定的。

② 索赔事件的发生，可以是一定行为造成（包括作为和不作为），也可以是不可抗力事件引起的；而追究违约责任，必须要有合同不能履行或不能完全履行的违约事实存在，发生不可抗力可以免除追究当事人的违约责任。

③ 索赔事件的发生，可以是合同当事人一方引起的，也可以是任何第三人行为引起；而违反合同则是由于当事人一方或双方的过错造成的。

④ 一定要有造成损失的结果才能提出索赔，因此索赔具有补偿性；而合同违约不一定要造成损失结果，因为违约具有惩罚性。

⑤ 索赔的损失与被索赔人的行为不一定存在法律上的因果关系，如因业主指定分包商原因造成承包人损失的，承包人可以向业主索赔等；而违反合同的行为与违约事实之间存在因果关系。

9.1.1　索赔事件

索赔事件又称干扰事件，是指使实际情况与合同规定不符合，最终引起工期和费用变化的事件。

（1）承包人索赔事件

在工程实践中，承包人可以提出索赔的事件通常有如下几种。

① 业主未按合同规定的时间和数量交付设计图纸和资料，未按时交付合格的施工现场及行驶道路、接通水电等，造成工程拖延和费用增加。

② 工程实际地质条件与合同描述不一致。

③ 业主或工程师变更原合同规定的施工顺序，打乱了工程施工计划。

④ 设计变更、设计错误或业主、工程师错误的指令或提供错误的数据等造成工程修改、返工、停工或窝工。

⑤ 工程数量变更，使实际工程量与原定工程量不同。

⑥ 业主指令提高设计、施工、材料的质量标准。物价上涨，造成材料价格、工人工资上涨。

⑦ 业主或工程师指令增加额外工程。

⑧ 业主指令工程加速。不可抗力因素。

⑨ 业主未及时支付工程款。国家政策、法令修改，例如增加或提高新的税费、颁布新的外汇管理条例等。货币贬值，使承包人蒙受较大的汇率损失。

⑩ 合同缺陷，例如条款不全、错误或前后矛盾，双方就合同理解产生争议。

承包人能否将上述事件作为索赔事件来进行有效的索赔，还要看具体的工程和合同背景、合同条件，不可一概而论。

(2) 业主索赔事件

在工程实践中，业主可以提出的索赔事件通常有如下几种：

① 承包人所施工工程质量有缺陷。

② 承包人的不适当行为而扩大的损失。

③ 承包人原因造成工期延误。

④ 承包人不正当地放弃工程。

⑤ 合同规定的承包人应承包的风险事件。

9.1.2 索赔的条件

根据规定，合同其中一方向另一方提出索赔时，应有正当的索赔理由和有效证据，并应符合合同的相关约定。索赔的条件，即正当的索赔理由，有效的索赔证据，在合同约定的时间内提出。

索赔的目的在于保护索赔主体的经济利益。在合同履行期间，凡是由于非自身的过错而遭受了损失的，都可以向对方提出索赔。索赔成立的要件：一是己方遭受了实际损失，二是造成损失的原因不在己方。索赔能否成功，关键在于索赔的理由是否充分，依据是否可靠，是否客观、合理、合法地反映了索赔事件，其证据要真实、全面，并在规定时限内及时提交，具有法律证明效力，符合特定条件，并以书面文字或文件为依据。

(1) 索赔必须符合所签订的建设工程合同的有关条款和相关法律法规。因为依法签订的建设工程施工合同具有法律效力，所以它是鉴定索赔能否成功的主要依据之一。

(2) 索赔所反映的问题，必须客观实际，经得起双方的调查和质证。

(3) 索赔要有具体的事实依据，如索赔事件发生的时间、地点、原因、涉及人员，双方签字的原始记录，来往函件以及计算结果等。

(4) 索赔证据必须具备真实性、全面性。

(5) 索赔要在合同规定的时间内提出。

简而言之，依据可靠、证据充分、主张合理、时机得当是成功索赔的条件。

9.1.3 索赔管理的任务

9.1.3.1 工程师的索赔管理任务

索赔管理是工程师进行工程项目管理的主要任务之一，其索赔管理任务应包括如下几种。

（1）预测和分析导致索赔的原因和可能性

工程师在工作中应预测和分析导致索赔的原因和可能性，及早堵塞漏洞。工程师在起草文件、下达指令、作出决定、答复请示时应注意完备性和严密性；颁发图纸、作出计划和实施方案时应考虑其正确性和周密性。

（2）通过有效的合同管理减少索赔事件发生

工程师应对合同实施进行有力地控制，这是他的主要工作。通过对合同的监督和跟踪，不仅可以及早发现干扰事件，也可以及早采取措施降低干扰事件的影响，减少双方损失，还可以及早了解情况，为合理地解决索赔提供条件。在施工中，工程师作为双方的纽带，应做好协调、缓冲工作，为双方建立一个良好的合作气氛。通常合同实施越顺利，双方合作得越好，索赔事件越少，越易于解决。

（3）公平合理地处理和解决索赔

合理解决发包人和承包人之间的索赔纠纷，使双方对解决结果满意，有利于继续保持友好的合作关系，保证项目顺利实施。

9.1.3.2 承包人的索赔管理任务

（1）预测、寻找和发现索赔机会。在招标文件分析、合同谈判过程中，承包人应对工程实施可能的干扰事件有充分的考虑和防范，预测索赔的可能性，在合同实施过程中，通过对实施状况的跟踪、分析和诊断，寻找和发现索赔机会；

（2）收集索赔的证据、调查和分析干扰事件的影响；

（3）提出索赔意向；

（4）计算索赔值，起草索赔报告和递交索赔报告；

（5）索赔谈判。

9.1.4 索赔管理和项目管理其他职能的关系

（1）索赔管理与合同管理的关系

合同管理是项目管理的一项主要职能。合同是索赔的依据。承包人只有通过完善的合同管理，才能发现索赔机会和提高索赔成功率，而整个索赔处理过程又是执行合同的过程。

（2）索赔管理与施工计划管理的关系

索赔管理是施工计划管理的动力。施工计划管理一般是指项目实施方案、进度安排、施工顺序和所需劳动力、机械、材料的使用安排。在施工过程中，通过实际实施情况与原计划进行比较，一旦发生偏离就要分析其原因和责任，如果这种偏离使合同的一方受到损失，损失方就会向责任方提出索赔。因此加强施工计划管理，可及早发现索赔机会，避免经济损失。

(3) 索赔管理与工程成本管理的关系

在合同实施过程中，承包人可以通过对工程成本的控制，发现实际成本与计划成本的差异，如果实际工程成本增加不是承包人自身的原因造成的，就可通过索赔及时挽回工程成本损失，即工程成本管理是搞好索赔管理的基础。

(4) 索赔管理与文档管理的关系

索赔必须要求有充分证据，证据是索赔报告的重要组成部分，证据不足的情况下，要取得索赔成功是相当困难的，如果文档管理混乱、资料不及时整理和保存，就会给索赔证据的提供带来很大困难。

9.2 工程索赔计算原则与方法

9.2.1 工程索赔计算原则

费用索赔是整个合同索赔的重点和最终目标，工期索赔在很大程度上也是为了费用索赔。在承包工程中，干扰事件对成本和费用影响的定量分析和计算是极为困难和复杂的。选用不同的计算方法，对索赔数值影响很大。计算方法必须符合大家所公认的基本原则，能够为业主、监理工程师、调解人或仲裁人接受。如果计算方法不合理，使费用索赔数值计算明显过高，会使整个索赔报告和索赔要求被否定。所以费用索赔要注意以下几个计算原则：

9.2.1.1 实际损失原则

费用索赔都以赔（补）偿实际损失为原则。在费用索赔计算中，它体现在如下几个方面：

(1) 实际损失，即为干扰事件对承包人工程成本和费用的实际影响。这个实际影响即可作为费用索赔值。按照索赔原则，承包人不能因为索赔事件而受到额外的收益或损失，索赔对业主不具有任何惩罚性质。实际损失包括两个方面：

① 直接损失，即承包人财产的直接减少。在实际工程中，常常表现为成本的增加和实际费用的超支。

② 间接损失，即可能获得的利益的减少。例如由于业主拖欠工程款，使承包人失去这笔款的存款利息收入。

(2) 所有干扰事件引起的实际损失，以及这些损失的计算，都应有详细的具体证明，在索赔报告中必须出具这些证据。没有证据，索赔要求是不能成立的。

实际损失以及这些损失计算的证据通常有：各种费用支出的账单，工资表（工资单），现场用工、用料、用机的证明、财务报表，工程成本核算资料，甚至还包括承包人同期企业经营和成本核算资料等。监理工程师或业主代表在审核承包人索赔要求时，常常要求承包人提供这些证据，并全面审查。

(3) 当干扰事件属于对方的违约行为时，如果合同中有违约条款，按照合同法原则，先用违约金抵充实际损失，不足的部分再赔偿。

9.2.1.2 合同原则

费用索赔计算方法必须符合合同的规定。赔偿实际损失原则，并不能理解为必须赔偿承包人的全部实际费用超支和成本的增加。在实际工程中，许多承包人常常以自己的实际生产值、实际生产效率、工资水平和费用开支水平计算索赔值，以为这即为赔偿实际损失原则，这是一种误解。这样常常会过高地计算了索赔值，而使整个索赔报告被对方否定。在索赔数值的计算中还必须考虑：

(1) 扣除承包人自己责任造成的损失，即由于承包人自己管理不善、组织失误等原因造成损失由他自己负责。

(2) 符合合同规定的赔（补）偿条件，扣除承包人应承担的风险。任何工程承包合同都有承包人应承担的风险条款。对风险范围内的损失由承包人自己承担。如某合同规定“合同价格是固定的，承包人不得以任何理由增加合同价格，如市场价格上涨，货币价格浮动，生活费用提高，工资基线提高，调整税法等”。在此范围内的损失是不能提出索赔的。此外，超过索赔有效期提出的索赔要求无效。

(3) 合同规定的计算基础。合同是索赔的依据，又是索赔数值计算的依据。合同中的人工费单价、材料费单价、机械费单价、各种费用的取值标准和各分部、分项工程合同单价都是索赔数值的计算基础。当然有时按合同规定可以对它们作调整，例如由于社会福利费增加造成人工工资基准提高，而合同规定可以调整，则可以提高人工费单价。

(4) 有些合同对索赔数值的计算规定了计算方法、计算公式、计算过程等。这些必须执行。

9.2.1.3 合理性原则

(1) 符合规定的或通用的会计核算原则。索赔数值的计算是在成本计算和成本核算基础上，通过计划和实际成本对比进行的。实际成本的核算必须与计划成本（报价成本）的核算有一致性，而且符合通用的会计核算原则。例如采用正确的成本项目的划分方法、各成本项目的核算方法、工地管理费和总部管理费的分摊方法等。

(2) 符合工程惯例，即采用能为业主、调解人、仲裁人认可的在工程中常用的计算方法。

9.2.1.4 有利原则

如果选用不利的计算方法，会使索赔数值计算过低，使自己的实际损失得不到应有的补偿，或失去可能获得的利益。通常索赔值中应包括如下几方面因素：

(1) 承包人所受的实际损失。它是索赔的实际期望值，也是最低目标。如果最后承包人通过索赔从业主处获得的实际补偿低于这个值，则导致亏本。有时承包人还希望通过索赔弥补自己其他方面的损失，如报价低、报价失误、合同规定风险范围内的损失、施工中管理失误造成的损失等。

(2) 对方的反索赔。在承包人提出索赔后，对方常常采取各种措施反索赔，以抵消或降低承包人的索赔值。例如在索赔报告中寻找薄弱环节，以否定其索赔要求；抓住承包人工程中的失误或问题，向承包人提出罚款、扣款或其他索赔，以平衡承包人提出的索赔。业主的管理人员（监理工程师或业主代表）需要反索赔的业绩，故而会积极地进行反索赔。

(3) 最终解决中的让步。对重大的索赔，特别是对重大的一揽子索赔，在最后解决中，承包人常常必须作出让步，即在索赔数值上打折扣，以争取对方对索赔的认可，争取索赔的早日解决。

9.2.2 工程索赔的计价方法

在工程索赔中，能够影响索赔成功的因素有很多，比如提交索赔意向书的时间限制、索赔相关工程资料的详细程度、索赔理由的充分程度等，但是在很大程度上索赔的金额和计算方法直接影响到了索赔成功的关键。所以对于索赔管理人员来说应该熟练掌握索赔的计算方法，在不同的施工环境下利用不同的计算方法计算出合理的索赔值，才能够加大索赔的成功率。

9.2.2.1 工期索赔

工期索赔一般采用分析法进行计算，其主要依据合同规定的总工期计划、进度计划，以及双方共同认可的对工期修改文件，调整计划和受干扰后实际工程进度记录。如施工日记、工程进度表等。分析的基本思路为：假设工程施工一直按原网络计划确定的施工顺序和工期进行。现发生了一个或一些干扰事件，使网络中的某个或某些活动受到干扰，如延长持续时间，或活动之间逻辑关系变化，或增加新的活动。将这些活动受干扰后的持续时间代入网络中，重新进行网络分析，得到一新工期。则新工期与原工期之差即为干扰事件对总工期的影响，即为工期索赔值。通常，如果受干扰的活动在关键线路上，则该活动持续时间的延长即为总工期的延长值。如果该活动在非关键线路上，受干扰后仍在非关键线路上，则这个干扰事件对工期无影响，故不能提出工期索赔。

工程拖延可分为“可原谅拖期”和“不可原谅拖期”两种情况，如表 9.1 所示。

表 9.1　工期索赔的处理原则

拖期性质	拖期原因	责任者	处理原则	索赔结果
可原谅拖期	① 修改设计 ② 施工条件变化 ③ 业主原因 ④ 工程师原因	业主/工程师	可准予延长工期和给以经济补偿	工期延长+经济补偿
	不可抗力(如天灾以及非为业主、工程师或承包人原因造成的拖期)等	客观原因		
不可原谅拖期	由承包人原因造成的拖期	承包人	不延长工期,不给予经济补偿,竣工结算时业主和扣除合同规定竣工误期违约赔偿金	无权索赔

《建设工程施工合同（示范文本）》规定如下：“不可抗力导致的人员伤亡、财产损失、费用增加和（或）工期延误等后果，由合同当事人按以下原则承担：

（1）永久工程、已运至施工现场的材料和工程设备的损坏，以及因工程损坏造成的第三方人员伤亡和财产损失由发包人承担；

（2）承包人施工设备的损坏由承包人承担；

（3）发包人和承包人承担各自人员伤亡和财产的损失；

（4）因不可抗力影响承包人履行合同约定的义务，已经引起或将引起工期延误的，应当顺延工期，由此导致承包人停工的费用损失由发包人和承包人合理分担，停工期间必须支付的工人工资由发包人承担；

（5）因不可抗力引起或将引起工期延误，发包人要求赶工的，由此增加的赶工费用由发包人承担；

(6) 承包人在停工期间按照发包人要求照管、清理和修复工程的费用由发包人承担。不可抗力发生后，合同当事人均应采取措施尽量避免和减少损失的扩大，任何一方当事人没有采取有效措施导致损失扩大的，应对扩大的损失承担责任。

因合同一方迟延履行合同义务，在迟延履行期间遭遇不可抗力的，不免除其违约责任。”

处理时应根据表9.1及上款判断如何处理各项索赔。

工程实际施工过程中，往往有两种或多种原因同时造成工期延误，这种情况称为“共同延误”或“平行延误”。这时应根据以下原则来确定哪一种情况是有效延误，即承包人可以据之得到工期延长，或既可得到工期延长，又可得到费用补偿。

(1) 首先判断造成拖期的哪一种原因是最先发生的，即确定“初始延误”的责任者。在初始延误发生期间，其他平行发生的延误责任者不承担延误责任。

(2) 如果初始延误责任者是业主或工程师，则在为此造成的延误期内，承包人可得到工期延长，经济补偿按前述条款处理。

(3) 如果初始延误责任者是客观原因，则在客观因素发生影响的期间内，承包人可得到工期延长，经济补偿按前述条款处理。

(4) 如果初始延误责任者是承包人，则承包人不能索赔。

【例9-1】 某工程施工中发生如下事件：5月20日到5月26日，因承包人的施工设备故障停工；5月24日到6月9日业主延期交付图纸，无法施工。本工程承包人可获得的工期索赔值为多少天？

解：施工设备的故障属于承包人的责任，故承包人从5月20日到5月26日期间无权索赔。图纸延期交付为业主责任，承包人有权提出工期和经济索赔，工期索赔天数为14天（从5月27日到6月9日）。

9.2.2.2 工期索赔的计算方法

确定工期索赔一般有三种方法，简述如下：

(1) 网络分析法。通过干扰事件发生前后的网络计划，比照两种工期计算结果，计算出工期索赔值，这是一种科学、合理的分析方法，适合于各种干扰事件的索赔。网络分析法是利用进度计划的网络图，分析其关键线路。如果延误的工作为关键工作，则总延误的时间为批准顺延的工期；如果延误的工作为非关键工作，当该工作由于延误超过时差限制而为关键工作时，可以批准延误时间与时差的差值；若该工作延误后仍为非关键工作，则不存在工期索赔问题。

(2) 比例分析法。网络分析法虽然最科学，也是最合理的，但实际工程中，干扰事件常常仅影响某些单项工程、单位工程或分部分项工程的工期，分析它们对总工期的影响可以采用更简单的比例分析法，即以某个技术经济指标作为比较基础，计算出工期索赔值。可分为两种方法：

① 按合同价所占比例计算。

对于已知部分工程的延期的时间：

$$工期索赔值=\frac{受干扰部分工程的合同价}{原合同总价}\times该受干扰部分工期拖延时间$$

【例9-2】 某工程施工中，业主改变办公楼工程基础设计图纸的标准，使单项工程延期10周，该单项工程合同价为80万元，而整个工程合同总价为400万元。则承包人提出工期索赔值可按下式计算：

$$总工期索赔值=\frac{受干扰事件影响的那部分工程的价值}{整个工程的合同总价}\times该部分工程受干扰后的工期拖延$$

即：总工期索赔值 $\Delta T=(80/400)\times 10=2$ 周

② 按单项工程工期拖延的平均值计算。

对于已知额外增加工程量的价格：

$$工期索赔值=\frac{额外增加的工程量的价格}{原合同总价}\times 原合同总工期$$

③ 以上两种方法的比较。实际运用中，也可按其他指标，如按劳动力投入量，实物工程量等变化计算。比例分析的方法虽然计算简单、方便，不需要复杂网络分析，在意义上也容易接受，但也有其不合理、不科学的地方。例如，从网络分析可以看出，关键线路上工作的拖延方为总工期的延长，非关键线路上的拖延通常对总工期没有影响，但比例分析法对此并不考虑，而且此种方法对有些情况也不适用，例如业主变更施工次序，业主指令采取加速施工措施等不能采用这种方法，最好采用网络分析法，否则会得到错误的结果。

（3）赢值法

赢值法就是在横道图或时标网络计划的基础上，求出三种费用，以确定施工中的进度偏差和成本偏差的方法。其中这三种费用是：

① 拟完工程计划费用（BCWS)。指进度计划安排在某一给定时间内所应完成的工程内容的计划费用。

② 已完工程实际费用（ACWP)。指在某一给定时间内实际完成的工程内容所实际发生的费用。

③ 已完工程计划费用（BCWP)。指在某一给定时间内实际完成的工程内容的计划费用。

在费用和进度控制根据以下关系分析费用与进度偏差：

费用偏差＝已完工程实际费用－已完工程计划费用

其中：费用偏差为正值表示费用超支，为负值表示费用节约。

进度偏差＝拟完工程计划费用－已完工程计划费用

其中：进度偏差为正值表示进度拖延，为负值表示进度提前。

工期索赔的计算主要有网络图分析和比例计算法两种。

9.2.2.3 费用索赔

索赔费用在确定赔偿金额时，应遵循下述两个原则：所有赔偿金额，都应该是施工单位为履行合同所必须支出的费用；按此金额赔偿后，应使施工单位恢复到未发生事件前的财务状况。即施工单位不致因索赔事件而遭受任何损失，但也不得因索赔事件而获得额外收益。根据上述原则可以看出，索赔金额是用于赔偿施工单位因索赔事件而受到的实际损失（包括支出的额外成本失掉的可得利润)，而不考虑利润。所以索赔金额计算的基础是成本，用索赔事件影响所发生的成本减去事件影响时所应有的成本，其差值即为赔偿金额。索赔金额的计算方法很多，各个工程项目都可能因具体情况不同而采用不同的方法，主要有三种。

① 总费用法。计算出索赔工程的总费用，减去原合同报价，即得索赔金额。这种计算方法简单但不尽合理，因为实际完成工程的总费用中，可能包括由于施工单位的原因（如管理不善，材料浪费，效率低等）所增加的费用，而这些费用是属于不该索赔的；另一方面，原合同价也可能因工程变更或单价合同中的工程量变化等原因而不能代表真正的工程成本。凡此种种原因，使得采用此法往往会引起争议，故一般不常用。但是在某些特定条件下，当需要具体计算索赔金额很困难，甚至不可能时，则也有采用此法的。这种情况下应具体核实已开支的实际费用，取消其不合理部分，以求接近实际情况。

② 修正的总费用法。原则上与总费用法相同，计算对某些方面作出相应的修正，修正的内容主要有：一是计算索赔金额的时期，仅限于受事件影响的时段，而不是整个工期。二

是只计算在该时期内受影响项目的费用，而不是全部工作项目的费用。三是不采用原合同报价，而是采用在该时期内如未受事件影响而完成该项目的合理费用。根据上述修正，可比较合理地计算出因索赔事件影响而实际增加的费用。

③ 实际费用法。实际费用法即根据索赔事件所造成的损失或成本增加，按费用项目逐项进行分析、计算索赔金额的方法。这种方法比较复杂，但能客观地反映施单位的实际损失，比较合理，易于被当事人接受，在国际工程中广泛被采用。实际上费用法是按每个索赔事件所引起损失的费用项目分别分析计算索赔值的一种方法，通常分三步：第一步分析每个或每类索赔事件所影响的费用项目，不得有遗漏，这些费用项目通常应与合同报价中的费用项目一致。第二步计算每个费用项目受索赔事件影响的数值，通过与合同价中的费用价值进行比较即可得到该项费用的索赔值。第三步将各费用项目的索赔值汇总，得到总费用索赔值。

9.3 索赔的处理和解决

9.3.1 索赔的依据和证据

9.3.1.1 索赔的依据

（1）法律法规

① 法律，如《中华人民共和国民法典》《中华人民共和国建筑法》《中华人民共和国招标投标法》等。

② 行政法规，如《建设工程质量管理条例》等。

③ 司法解释，如最高人民法院《关于审理建设工程施工合同纠纷案件适用法律问题的解释》等。

④ 部门规章，如《建设工程价款结算办法》等。

⑤ 地方性法规，如《××省（市）建筑市场管理办法》《××省（市）建设工程结算管理办法》等。

（2）合同

建设工程合同是建设工程的发包人为完成工程，与承包人签订的关于承包人按照发包人的要求完成工作，交付建设工程，并由发包人支付价款的合同。因此，建设工程合同一旦签订，就代表双方愿意接受合同的约束，严格按照合同约定行使权利、履行义务及承担责任。而出于对风险的预估，合同中往往会有关于索赔责任的约定。因此，一方可以依据合同中明确约定的索赔条款要求对方承担责任。另外，有时虽然合同中可能没有明确约定索赔条款，但是从合同的引申含义和合同相关的法律法规可以找到索赔的依据，即默示条款。

（3）工程建设交易习惯

交易习惯是指平等民事主体在民事往来中反复使用、长期形成的行为规则，这种规则约定俗成，虽无国家强制执行力，但交易双方自觉地遵守，在当事人之间产生权利和义务关系。《中华人民共和国民法典》第五百一十条规定：合同生效后，当事人就质量、价款或者报酬、履行地点等内容没有约定或者约定不明确的，可以协议补充；不能达成补充协议的，按照合同相关条款或者交易习惯确定。由此可见，交易习惯在合同履行过程中有重要的补漏功能，另外也有学者认为交易习惯具有合同模式条款的功能，即根据当事人的行为，根据合同其他明示条款或习惯，不言自明，理应存在于合同，而当事人在合同中没有写明的条款在当事人的长期交易中，由于共同遵循某种习惯或者形成了固定的交易惯例，在订立合同时，为了节省谈判时间和交易成本，提高效率，当事人一般不在合同中列出这些内容，但作为默示条款，仍支配着当事人的行为。因此，工程建设惯例也可作为索赔的依据。

9.3.1.2 索赔证据

索赔证据是当事人用来支持其索赔成立或与索赔有关的证明文件和资料。索赔证据作为索赔报告的组成部分，在很大程度上关系到索赔的成功与否。证据不全、不足或没有证据，索赔是不可能获得成功的，索赔证据既要真实、全面、及时，又要具有法律证明效力。

在工程项目实施过程中，常见的索赔证据主要有如下几项：①各种工程合同文件；②施工日志；③工程照片及声像数据；④来往信件、电话记录；⑤会议纪要；⑥气象报告和资料；⑦工程进度计划；⑧投标前发包人提供的参考数据和现场数据；⑨工程备忘录及各种签证；⑩工程结算数据和有关财务报告；⑪各种检查验收报告和技术鉴定报告；⑫其他，包括分包合同、订货单、采购单、工资单、官方的物价指数等。

9.3.1.3 工程索赔原则与审查

(1) 索赔处理的原则

① 合同原则。合同作为双方就工程实施事项在自愿的基础上达成的共识，是项目实施的第一标准，也是索赔处理的最高标准。在进行索赔处理的过程中，首先应该查看该索赔事项相关的合同约定，如果合同有约定就要按照合同约定处理，如果合同没有约定可以按照行业惯例或国际惯例，或相关法律的约定进行处理。

② 实际损失原则，或者有效证据原则。所谓实际损失是指由于索赔事项的发生给对方造成的有证据证明的损失。所谓有效证据是指符合证据构成要件的资料，即符合真实性、客观性和关联性的资料。由于建设项目复杂性的特点，使得在项目实施过程中，会发生很多在签订合同时无法预料的情形，由此带来很多变更，影响双方利益。为了确保各自的利益，当索赔事项发生时，双方都会提起相关的索赔，对索赔的结果可能会发生争执，解决这种争执的基本原则就是实际损失原则，即谁主张权利谁提供相关证据证明自己的损失，证据得到双方认可，则此部分索赔可以得到支持，否则不能得到补偿。基于这种索赔处理原则，就要求双方在项目实施过程中积极收集有效证据。

③ 项目整体利益第一原则。项目整体利益第一原则通常会被人们忽略。合同双方在进行索赔和反索赔的过程中，最容易犯的错误是忽略项目的整体利益，过分强调双方的经济利益或项目带来的经济效益，忽略了项目带来的其他效益。如公益项目或公共项目相比其经济效益来讲，可能及时投入运营带来的社会效益会更重要。但是很多项目在实施的过程中，往往会由于双方的分歧导致项目停工，由此带来的社会效益的损失却被忽略了。

④ 双赢的原则。合同实施过程中可能会出现非自己原因被索赔的情形，在处理这种索赔事项的时候，最好的处理方式不是直接拒绝，而是本着双赢的原则进行处理。如必要的时候给对方以一定的道义补偿。如采用固定总价合同时，如果变更过多，虽然按照合同约定合同价款不能进行调整，但是，业主应该知道当承包人成本增加过大的情况下，如果不能给予合理的补偿，则承包人可能通过其他的手段，如偷工减料等降低工程质量以确保自己的利益，进而损耗项目的利益。此时业主应该给承包人以道义上的补偿来确保项目的利益。这种情形下，在进行索赔处理的时候要考虑双方的利益，尽量实现双赢，而不是保护一方的同时

牺牲另一方的利益。

(2) 索赔报告的审查

对索赔报告中要求顺延的工期，在审核中应注意以下几点：

① 划清施工进度拖延的责任。因承包人的原因造成施工进度滞后，属于不可原谅的延期；只有承包人不应承担任何责任的延误，才是可原谅的延期。有时工期延期的原因中可能包含有双方责任，此时工程师应进行详细分析，分清责任比例，只有可原谅的延期部分才能批准顺延合同工期。可原谅延期，又可细分为可原谅并给予补偿费用的延期和可原谅但不给予补偿费用的延期；后者是指非承包人责任的影响并未导致施工成本的额外支出，大多属于发包人应承担风险责任事件的影响，如异常恶劣的气候条件造成的停工等。

② 被延误的工作应是处于施工进度计划关键线路上的施工内容。只有位于关键线路上工作内容的滞后，才会影响到竣工日期。但有时也应注意，既要看被延误的工作是否在批准进度计划的关键路线上，又要详细分析这一延误对后续工作的可能影响。因为若对非关键路线工作的影响时间较长，超过了该工作可用于自由支配的时间，也会导致进度计划中非关键路线转化为关键路线，其滞后将导致总工期的拖延。此时，应充分考虑该工作的自由时间，给予相应的工期顺延，并要求承包人修改施工进度计划。

③ 无权要求承包人缩短合同工期。工程师有审核、批准承包人顺延工期的权力，但也不可以扣减合同工期。也就是说，工程师有权指示承包人删减掉某些合同内规定的工作内容，但不能要求他相应缩短合同工期。如果要求提前竣工的话，这项工作属于合同的变更。

9.3.2 工程索赔策略与技巧

9.3.2.1 工程索赔策略

索赔策略是承包人工程经营策略和索赔向导的重要环节，包括承包人的基本方针和索赔目标的制订、分析实现目标的优劣条件、索赔对承包人利益和发展的影响、索赔处理技巧等。索赔需要总体谋略，总体索赔是索赔成功的关键。一般来讲，要做好索赔总体谋略，承包人必须全面把握以下几个方面的问题。

(1) 确定索赔目标

施工索赔目标是指承包人对施工索赔的基本要求。可对要达到的目标进行分解，按难易程度进行排列，分析它们实现的可能性，从而确定最低和最高目标。也可分析实现目标的风险。例如，能否抓住施工索赔机会，保证在施工索赔有效期内提出施工索赔，是否按期完成合同约定的工程量，执行发包人加速施工指令；能否保证工程质量，按期交付，工程中出现失误后的处理办法等。

(2) 对发包人进行分析

分析发包人的兴趣和利益所在，要让施工索赔在友好和谐的气氛中进行，处理好单项施工索赔和总施工索赔的关系，对于理由充分且重要的单项施工索赔应力争尽早解决，对于发包人坚持拖后解决的施工索赔，要按发包人的意见认真积累有关资料，为最终施工索赔做准备。

在国际工程中，尤其要注意对发包人的社会心理、价值观念、传统文化、生活习惯、了解和尊重，对索赔的处理和解决有极大的影响。

(3) 承包人自身的经营战略分析

承包人的经营战略直接制约着索赔策略和计划。在分析发包人的目标、发包人的情况和工程所在地的情况后，承包人应考虑如下问题。

① 有无可能与发包人继续进行新的合作，例如发包人有无新的工程项目？

② 承包人是否打算在当地继续扩展业务或扩展业务的前景如何？

③ 承包人与发包人之间的关系对当地扩展业务有何影响？

这些问题是承包人决定整个索赔要求、解决方法和解决期望的基本点，由此确定承包人对整个索赔的基本方针。

(4) 承包人的主要对外关系分析

在合同履行过程中，承包人有多方面的合作关系，如与发包人、监理工程师、设计单位、发包人的其他承包人和供货商、承包人的代理人或担保人、发包人的上级主管部门或政府机关等，承包人对各个方面要进行详细分析，利用这些关系，争取各方面的理解、合作和支持，造成有利于承包人的氛围，从各个方面向发包人施加影响，这往往比直接与发包人谈判更为有效。

(5) 对发包人索赔的估计

在工程问题比较复杂、双方都有责任，或工程索赔以一揽子方案解决的情况下，应对对方已提出的或可能提出的索赔值进行分析和估算。在国际承包工程中，常常有这种情况：在承包人提出索赔后，发包人采取反索赔策略和措施，例如找一些借口提出罚款和扣款，在工程验收时挑毛病，提出索赔用以平衡承包人的索赔。这必须充分估计到。对发包人已经提出的和可能提出的索赔项目进行分析，列出分析表，并分析发包人这些索赔要求的合理性，即自己反驳的可能性。

(6) 承包人的索赔值估计

承包人对自己已经提出的及准备提出的索赔进行分析，分析可能的最大值和最小值以及这些索赔要求的合理性和发包人反驳的可能性。

(7) 合同双方索赔要求对比分析

通过分析可以看出双方要求的差距。己方提出索赔，目的是通过索赔得到费用补偿，则两估计值对比后，己方应有盈余。如果己方为反索赔，目的是反击对方的索赔要求，不给对方费用，则两估计值对比后应至少平衡。

(8) 可能的谈判过程

索赔一般最终在谈判桌上解决。索赔谈判是合同双方面对面的较量，是索赔能否成功的关键。一切索赔计划和策略都要在此付诸实施，接受检验，索赔报告在此交换、推敲、反驳；双方都派最精明强干的专家参加谈判。在这里要考虑：①如何在一个友好和谐的气氛中将对方引入谈判；②谈判将有哪些可能的进程；③如何争取对自己有利的形势，谈判过程中对方有什么行动；④我方应采取哪些对应措施。

9.3.2.2 施工索赔的技巧

索赔的技巧是为索赔的战略和策略目标服务的，因此，在确定了索赔的战略和策略目标之后，索赔技巧就显得格外重要，它是索赔策略的具体体现。索赔技巧应因人、因客观环境条件而异，现提出以下各项供参考。

(1) 要及时发现索赔机会

一个有经验的承包人，在投标报价时就应考虑到将来可能要发生索赔的问题，要仔细研究招标文件中的合同条款和规范，仔细查勘施工现场，探索可能索赔的机会，在报价时要考虑索赔的需要。在进行单价分析时，应列入生产效率，把工程成本与投入资源的效率结合起来。这样，在施工过程中论证索赔原因时，可引用效率降低来论证索赔的根据。

在索赔谈判中，如果没有效率降低的资料，则很难说服监理工程师和发包人，索赔无取胜可能，反而可能被认为生产效率的降低是承包人施工组织不好，没达到投标时的效果，应采取措施提高效率，赶上工期。

要论证效率降低，承包人应做好施工记录，记录好每天使用的设备工时、材料和人工数量，完成的工程量及施工中遇到的问题。

（2）选准并把握索赔时机进行索赔

索赔时机选择是否恰当，在很大程度上影响着索赔的质量，虽然相关法律法规都对索赔意向书、索赔报告的提出、上报时间作了规定，然而承包人发现索赔很难在法律法规要求的时间内得到答复并得到应有补偿。因此承包人必须选准索赔时机，采取各种灵活的方式敦促发包人履行合同，维护自己的正当权利，并适时向发包人、监理单位提出索赔要求并要求尽快解决。

一个有索赔经验的承包人，往往把握住索赔机会，使大量的索赔事件在施工过程前1/4～3/4这段时间内基本逐项解决。如果实在不能，也应在工程移交前完成主要索赔的谈判和付款。

（3）尽量采用单项索赔，减少综合索赔

单项索赔由于涉及的索赔事件比较简单，责任分析和索赔值的计算不太复杂。金额也不会太大，双方容易达成协议，获得成功。尽量采用单项索赔，随时申报、单项解决、逐月支付，把索赔款的支付纳入按月支付的轨道，同工程进度款的结算支付同步处理。综合索赔的弊端往往由于索赔额大，干扰事件多，索赔报告审问、评价难度大，谈判难度也大，大多以牺牲承包人利益而终，承包人难以实现预期的索赔目标。

（4）正确处理个性与共性索赔事件

多个承包人施工时，索赔事件要区分个性与共性的问题。这就要求承包人拥有大量的信息，对其他标段的合同及索赔情况有一定的程度的认知和了解。

个性的问题应集中力量优先解决。共性的索赔事项由于牵涉面广，涉及的金额大，往往解决的时间滞后，通常需要多个承包人共同努力才能解决。

（5）商务条款苛刻时，多从技术方面取得突破

合同条款特别是商务条款近乎苛刻，如何在索赔上取得突破，是一个有经验承包人要考虑的首要问题。大多数合同是固定单价合同，如何实现由价到量的转变，根本出路是从技术方面入手，合同条件发生变化，就可申请单价变更。

（6）商签确定合同协议

在商签合同过程中，承包人应该对明显把重大风险转嫁给承包人的合同条件提出修改的要求。对于达成修改的协议应以“谈判纪要”的形式写出，作为该合同文件的有效组成部分。

（7）对口头变更指令要得到确认

监理工程师的口头指令工程变更，承包人应对监理工程师的口头指令予以书面确认。

（8）及时发出“索赔通知书”

一般合同都规定，索赔事件发生后的一定时间内，承包人必须送出“索赔通知书”，过期无效。

（9）索赔事件论证要充分

承包合同通常规定，承包人在发出“索赔通知书”后，每隔一定时间，应报送一次证据资料，在索赔事件结束后的28日内报送总结性的索赔计算及索赔论证，提交索赔报告。索赔报告一定要令人信服，经得起推敲。

（10）索赔计价方法和款额要适当

索赔计算时采用“附加成本法”容易被对方接受。因为这种方法只计算索赔事件引起的计划外的附加开支，计价项目具体，使经济索赔能较快得到解决。另外，索赔计价不能过高，要价过高容易引起对方反感，使索赔报告束之高阁，长期得不到解决。还有可能促使发

包人准备周密的反索赔计价，以高额的反索赔对付高额的索赔，会使索赔工作更加复杂化。

(11) 坚持采用“清理账目法”

承包人往往只注意接受发包人按月结算索赔款，而忽略了索赔款的不足部分，没有以文字的形式保留自己今后应获得不足部分款额的权利，等于同意并承认了发包人对该索赔的付款，以后再无权追索。

在索赔支付过程中，承包人和监理工程师对确定新单价和工程量方面经常存在不同意见。按合同超定，监理工程师有决定单价的权力，如果承包人认为监理工程师的决定不尽合理而坚持自己的要求时，可同意接受监理工程师决定的“临时单价”，或按“临时价格”付款，先拿到一部分索赔款，对其余不足部分，则书面通知监理工程师和发包人，作为索赔款的余额，保留自己的索赔权利；否则，承包人将失去将来要求付款的权利。

(12) 按时提交高质量的索赔报告

在施工索赔业务中，索赔报告书的质量和水平对索赔成败关系密切。一项符合合同要求的索赔，如果索赔报告书写得不好，例如对索赔权论证无力、索赔证据不足、索赔计算有误等，承包人会失去索赔中的有利地位和条件，轻则使索赔大打折扣，重则使索赔失败。

索赔报告的编写，首先要根据合同分清责任，阐述索赔事件的责任方是对方的根据；其次是论述的逻辑性要强，强调索赔事件、工程受到的影响、索赔值三者间的因果关系，索赔计算要详细、准确，索赔报告的内容要齐全，语言简洁，通俗易懂，论理透彻；用词要委婉，避免生硬、刺激性、不友好的语言，考虑周全，避免波及监理、设计单位。对于大型土建工程，索赔报告应就工期和费用索赔分册编写报告报送，不要混为一体。小型工程或比较简单的索赔事项，可编写在同一个报告中。

(13) 力争友好解决，防止对立情绪

索赔争端是难免的，如果遇到争端不能理智地协商讨论问题，使一些本来可以解决的问题悬而未决。承包人尤其要头脑冷静，防止对立情绪的产生，力争友好解决索赔争端。

(14) 注意同监理工程师搞好关系

监理工程师是处理解决索赔问题的公正的第三方，争取工程师的公正裁决，竭力避免仲裁或诉讼。

案例分析

【案例分析一】

某汽车制造厂土方工程中，承包人在合同标明有松软石的地方没有遇见松软石，因此工期提前 1 个月。但在合同中另一未标明有坚硬岩石的地方遇到更多的坚硬岩石，开挖工作变得更加困难，由此造成了实际生产率比原计划低得多，经测算影响工期 3 个月，由于施工速度减慢，使得部分施工任务拖到雨季进行，按一般公认标准推算，又影响工期 2 个月。为此承包人准备提出索赔。

问题：

(1) 该项施工索赔能否成立？

(2) 在该索赔事件中，应提出的索赔内容包括哪些方面？

(3) 通常施工索赔的程序是怎样的？

(4) 监理工程师应如何审查索赔报告？

分析要点：

(1) 该项索赔能成立。施工中发生的地质条件的变化是由业主原因造成的。

（2）索赔内容应包括费用索赔和工期索赔。

（3）索赔程序：①发出索赔意向通知；②递交索赔报告；③监理工程师审查索赔报告；④监理工程师与承包人协商补偿；⑤监理工程师索赔处理决定；⑥业主审查索赔处理；⑦承包人是否接受最终索赔处理。

（4）监理工程师应抓紧时间对索赔报告进行分析，提出处理意见，并在合同规定的时间内对索赔给予答复，在索赔事件发生后，也应积极收集证据，以便分清责任，反击对方的无理索赔要求。

【案例分析二】

某工程，建设单位与监理公司签订了施工阶段的监理合同，与承包人签订了施工合同。工程施工中发生了如下事件：

（1）承包人按合同规定负责采购该工程的材料设备，并提供产品合格证明。在材料设备到货前，承包人按合同规定时间通知工程师清点，工程师在清点时发现采购的设备要求不符。

（2）合同约定：该工程的门窗安装普通玻璃，颜色未明确。承包人认为白玻璃透光性好，性价比高，又不宜过时，属大众化产品，故采用了白玻璃。施工后业主认为，绿色是近两年的流行色，绿玻璃美观、时尚，又有一定的防紫外线功能，要求改装绿玻璃。承包人不同意，由此双方产生了争议。

问题：

（1）对于合同约定由承包人采购材料设备的，在质量控制方面对承包人有什么要求？

（2）对本案中发生的设备质量问题，监理工程师应如何处理？

（3）依《建设工程施工合同（示范文本）》规定，业主和承包人可以通过什么方式处理该施工争议？

分析要点：

（1）承包人应对专用条款的约定及设计和有关标准的要求采购工程需要的材料设备，并提供产品合格证明，对其质量负责。承包人应在材料设备到货前24小时通知工程师清点。

（2）对采购设备与设计标准要求不符的问题，监理工程师应要求承包人在规定的时间内将设备运出施工现场，重新采购符合要求的产品，并承担由此发生的费用，由此延误的工期不予顺延。

（3）合同当事人双方通过和解或者要求合同管理及其有关主管部门调解解决。如当事人不同意和解、调解或者和解或调解不成的，双方可以通过专用条款内约定的方式（仲裁或诉讼）解决争议。

【案例分析三】

我市A服务公司因建办公楼与B建设工程总公司签订了建筑工程承包合同。其后，经A服务公司同意，B建设工程总公司分别与市C建筑设计院和市D建筑工程公司签订了建设工程勘察设计合同和建筑安装合同。建筑工程勘察设计合同约定由C建筑设计院对A服务公司的办公楼水房、化粪池、给水排水、空调及煤气外管线工程提供勘察、设计服务，作出工程设计书及相应施工图纸和资料。建筑安装合同约定由D建筑工程公司根据C建筑设计院提供的设计图纸进行施工，工程竣工时依据国家有关验收规定及设计图纸进行质量验收。合同签订后，C建筑设计院按时作出设计书并将相关图纸资料交付D建筑工程公司，D建筑公司依据设计图纸进行施工。工程竣工后，发包人会同有关质量监督部门对工程进行验收，发现工程存在严重质量问题，主要是由于设计不符合规范所致。原来C建筑设计院未对现场进行仔细勘察即自行进行设计导致设计不合理，给发包人带来了重大损失。由于设计人拒绝承担责任，B建设工程总公司又以自己不是设计人为由推卸责任，发包人遂以C建筑设计院为被告向法院起诉。法院受理后，追加B建设工程总公司为共同被告，让其与C建筑设计院一起对工程建设质量问题承担连带责任。

问题：试分析法院这一行为是否正确？

分析要点：

本案中，市A服务公司是发包人，市B建设工程总公司是总承包人，C建筑设计院和市D建筑工程公司是分包人。对工程质量问题，B建设工程总公司作为总承包人应承担责任，而C建筑设计院和D建筑工程公司也应该依法分别向发包人承担责任。总承包人以不是自己勘察设计和建筑安装的理由企图不对发包人承担责任，以及分包人以与发包人没有合同关系为由不向发包人承担责任是没有法律依据的。所以本案判决B建设工程总公司和C建筑设计院共同承担连带责任是正确的。

【案例分析四】

某项目部承接一项直径为4.8m的隧道工程，起始里程为DK10＋100，终点里程为DK10＋868，环宽为1.2m，采用土压平衡盾构施工。盾构隧道穿越底层主要为淤泥质黏土和粉砂土。项目施工过程中发生了以下事件：

事件一：盾构始发时，发现洞门处地质情况与勘察报告不符，需改变加固形式。加固施工造成工期延误10天，增加费用30万元。

事件二：盾构侧面下穿一座房屋后，由于顶模部设定的盾构土仓压力过低，造成房屋最大沉降达到50mm。穿越后房屋沉降继续发展，项目部采用二次注浆进行控制。最终房屋出现裂缝，维修费用为40万元。

事件三：随着盾构逐渐进入全断面粉砂层，出现掘进速度明显下降现象，并且刀盘扭矩和总推力逐渐增大，最终停止盾构推进。经分析为粉砂流塑性过差引起，项目部对粉砂采取改良措施后继续推进，造成工期延误5天，费用增加25万元，区间隧道贯通后计算出平均推进速度为8环/天。

问题：

在事件一、二、三中，项目部可以索赔的工期和费用各是多少？说明理由。

分析要点：

事件一：可以索赔，项目部可以索赔的工期10天，费用30万元，因为地质条件变化是发包人责任，所以可以索赔。

事件二：不可以索赔，上述原因是该项目部施工不当造成的，所以不能索赔。

事件三：①若地质条件符合勘探报告，则由于施工单位未考虑施工措施及方法造成的，不能索赔。②若地质条件与勘探报告不相符，项目部可以索赔5天工期，25万元费用。

<<<< 思考题 >>>>

1. 简述索赔的概念。它的法律依据是什么？
2. 索赔申请的程序与批准的原则是什么？
3. 简述工期索赔的计算方法。
4. 索赔的策略有哪些？
5. 索赔的技巧有哪些？

参考文献

[1] 王平．工程招投标与合同管理．2版．[M]．北京：清华大学出版社，2020.
[2] 沈中友．工程招投标与合同管理．2版．[M]．北京：机械工业出版社，2021.
[3] 龚小兰．工程招投标与合同管理案例教程．2版．[M]．北京：化学工业出版社，2022.
[4] 刘冬学．工程招投标与合同管理．2版．[M]．武汉：华中科技大学出版社，2022.
[5] 徐水太．建设工程招投标与合同管理 [M]．北京：机械工业出版社，2022.
[6] 刘晓勤．建设工程招投标与合同管理．2版．[M]．杭州：浙江大学出版社，2022.
[7] 黄丙利，李艳．建设工程招投标与合同管理 [M]．武汉：武汉大学出版社，2017.
[8] 曾瑜，金玮佳．工程招投标与合同管理 [M]．北京：中国电力出版社，2015.
[9] 邵晓双，黄越．建设工程招投标与合同管理 [M]．武汉：武汉大学出版社，2018.
[10] 孙敬涛，季敏，陈淑珍，等．建设工程招投标与合同管理 [M]．天津：天津大学出版社，2018.
[11] 中国建设监理协会．建设工程合同管理 [M]．北京：中国建筑工业出版社，2016.
[12] 李丽红．工程招投标与合同管理 [M]．北京：化学工业出版社，2016.
[13] 刘黎虹，刘晓旭，董晶．建设工程招投标与合同管理 [M]．北京：化学工业出版社，2022.
[14] 全国一级建造师执业资格考试用书编写组．建设工程法规及相关知识 [M]．北京：中国建筑工业出版社，2022.
[15] 全国一级建造师执业资格考试用书编写组．建设工程项目管理 [M]．北京：中国建筑工业出版社，2022.
[16] 全国一级建造师执业资格考试用书编写组．建筑工程管理与实务 [M]．北京：中国建筑工业出版社，2022.
[17] 曹林同．建设工程监理概论与实务 [M]．武汉：华中科技大学出版社，2013.
[18] 张国印．施工企业物资采购案例与实务 [M]．北京：法律出版社，2018.
[19] 中华人民共和国住房和城乡建设部，中华人民共和国国家质量监督检验检疫总局．建设工程工程量清单计价规范．GB 50500—2013 [S]．北京：中国计划出版社，2013.